Années 1884. 1885.

École d'Horlogerie de Paris.

Le Président. Directeur,

A. M. Rodanet

BIBLIOTHÈQUE

DES MERVEILLES

PUBLIÉE SOUS LA DIRECTION

DE M. ÉDOUARD CHARTON

L'ÉTINCELLE ÉLECTRIQUE

Imprimerie A. Lahure, rue de Fleurus, 9, à Paris.

BIBLIOTHÈQUE DES MERVEILLES

L'ÉTINCELLE
ÉLECTRIQUE

PAR A. CAZIN

DEUXIÈME ÉDITION

REVUE ET AUGMENTÉE

OUVRAGE ILLUSTRÉ DE 90 GRAVURES SUR BOIS

PAR B. BONNAFOUX ET A. JAHANDIER, ETC.

PARIS

LIBRAIRIE HACHETTE ET Cie

79, BOULEVARD SAINT-GERMAIN, 79

1880

Cette deuxième édition a été mise au courant des découvertes les plus récentes par M. E. LEFEBVRE, professeur des sciences physiques au Lycée de Versailles.

LES MERVEILLES

DE

L'ÉTINCELLE

ÉLECTRIQUE

INTRODUCTION

1. — Lois et Théories.

L'étincelle électrique est peut-être le plus frappant des phénomènes qui sont produits par l'électricité. Ses modifications sont le sujet de mille expériences, qui charment la vue, et qui, lorsqu'on veut les approfondir, excitent à la recherche des plus intéressants problèmes de philosophie naturelle. La petite lumière qui jaillit à l'extrémité d'un long fil télégraphique, instantanément, au gré de l'opérateur, les flots de lumière éblouissante que lance un phare électrique, rival du soleil, n'excitent pas moins d'admiration que la contemplation du ciel parsemé d'étoiles. C'est qu'en présence de ces spectacles si divers, nous sommes saisis d'un désir invincible d'en connaître les causes, de découvrir les rouages cachés qui animent le monde des atomes aussi bien que celui des espaces célestes. Comment la pile électrique et le fil conducteur engendrent-ils cette lumière? Comment la matière qui les compose entre-t-elle en mouvement pour produire dans nos yeux ces images extraordinaires, sortes d'étoiles terrestres que Dieu semble avoir mis en nos mains pour que nous puissions les diriger à notre gré, tandis que sa toute-puissance régit les étoiles innombrables de l'univers? Et lorsqu'à chacune des questions que pose notre esprit inquiet, la nature semble rester muette et nous dérober ses mystères, devons-nous céder au découragement, renoncer à interroger cette belle nature, jouir de ses trésors comme si nous n'avions pas une âme digne de la comprendre? N'est-il pas probable que, semblables à l'enfant qui questionne au hasard et sans réflexion, nous abandonnons notre esprit aux caprices d'une curiosité déréglée, et ne devons-nous pas espérer que devenus maîtres de nous-mêmes, et capables de poser les questions avec sagesse, nous pourrons graduellement approcher de la vérité, sinon l'atteindre. Au premier mouvement d'impatience doivent succéder le sentiment de notre faiblesse devant les œuvres du Tout-Puissant, et celui des ressources précieuses dont il nous a dotés, et dont nous avons le devoir de faire un noble usage.

Les premières questions qu'il nous est donné de résoudre sont relatives aux rapports qui existent entre plusieurs phénomènes qui paraissent au premier abord distincts les uns des autres. Car tout est lié dans la nature par des lois rigoureuses, et quand il s'agit des phénomènes de la matière, nos sens aidés d'instruments délicats, produits de notre intelligence, nous permettent de découvrir ces lois, sinon dans toute leur majestueuse simplicité, au moins avec un degré d'approximation suffisant pour beaucoup d'usages, et sans cesse perfectible. Le but particulier de la physique est la coordination des phénomènes de la matière, à l'aide de lois expérimentales, qui nous les présentent aussi bien dans le détail que dans l'ensemble, et dont le nombre diminue, à mesure que les méthodes d'observation et de calcul se perfectionnent, et permettent de les rattacher entre elles par des lois plus générales.

Les questions de ce genre ne peuvent rester sans réponses; c'est à nous de les trouver par un travail assidu et consciencieux. Nous pouvons lire dans le *livre de la nature* à force de persévérance, en nous guidant les uns les autres. Cette lecture, bannissant tout sentiment d'orgueil, nous procurera toujours les plus douces jouissances, et ennoblira notre esprit aussi bien que notre cœur.

Après les questions qu'on peut résoudre à l'aide de l'expérience, viennent d'autres questions d'un ordre plus élevé, dont la solution dépasse peut-être les forces de l'esprit humain. Demander par quel mécanisme le mouvement est transmis par la matière, depuis la pile, source de l'électricité, jusqu'au foyer lumineux dont nous avons étudié les lois expérimentales, c'est demander quelle est la constitution de la matière, quel est le principe de la force électrique, et de toutes celles qui sont mises en jeu dans le phénomène que l'on considère. Une telle question n'est pas du domaine de la physique; la science des principes des choses constitue une branche spéciale des connaissances humaines, la philosophie ; et pour aborder cette étude, il ne suffit pas de connaître les phénomènes du monde matériel, il faut y joindre toutes les notions que l'esprit humain peut acquérir, aussi bien dans l'ordre moral que dans l'ordre physique. C'est dire quelle immense difficulté présentent ces questions; elles agitent l'humanité depuis son origine et nous ne savons que trop combien de luttes elles ont excitées.

Ce que la physique peut nous apprendre à ce sujet c'est seulement le possible; elle peut écarter des solutions qui sont notoirement contraires aux faits observés. C'est à cela que se borne son rôle philosophique. Lorsqu'une hypothèse est présentée, concernant la constitution des

corps, il appartient à la physique d'en tirer par le calcul
toutes les conséquences possibles, et de soumettre ces
conséquences au contrôle de l'observation. On voit par là
de quelle utilité sont les hypothèses sur la nature des
forces physiques ; elles suggèrent des expériences, et
bien souvent celles-ci donnent des résultats inattendus,
qui contribuent à accroître nos connaissances, tout en
démontrant l'absurdité de l'hypothèse qui les a suggérées.

C'est ainsi qu'on a fait usage de l'hypothèse des deux
fluides électriques, imaginée par Symmer. On suppose,
dans cette théorie, que tous les corps à l'état naturel contiennent des quantités égales et indéfinies de deux fluides,
dont l'un est appelé *positif* et l'autre *négatif*, que les
particules de chaque fluide se repoussent entre elles et
qu'elles attirent celles de l'autre, que dans l'état électrique, les fluides sont séparés et qu'ils peuvent entraîner
dans leurs mouvements la matière pesante. En appliquant
à cette hypothèse diverses données expérimentales sur la
grandeur des attractions et des répulsions des petits
corps électrisés, découvertes par Coulomb, les mathéma-
ticiens ont édifié un enchaînement rationnel des principaux phénomènes de l'électricité, qui permet de prévoir
par le calcul un grand nombre d'effets, mais qui est loin
de représenter tout ce que l'expérience a révélé. On ne
cherche pas d'ailleurs par quelle sorte de mécanisme les
particules des fluides électriques s'attirent ou se repoussent mutuellement et attirent les particules de la matière
pesante. On réalise seulement un rapprochement artificiel
et grossier entre divers phénomènes dus à la même
cause sans rien apprendre sur la nature de cette cause.
Aussi ceux qui font encore usage de l'hypothèse de Symmer ont-ils cessé d'employer le mot fluide dans son sens
ordinaire ; ce n'est plus qu'une abstraction, l'indication
d'une manière d'être de la matière, représentée en langage mathématique, et, dès lors, il y a avantage à sup-

primer complètement ce mot, et à se servir simplement des expressions symboliques *électricité positive, électricité négative*, pour indiquer les deux manières d'être des corps électrisés. Quand on dit aujourd'hui qu'un corps conducteur possède à sa surface une couche d'électricité d'une épaisseur déterminée, on n'est pas plus avancé à l'égard de la nature de la force électrique, que lorsqu'à propos d'un corps pesant et de la force de pesanteur, on représente celle-ci par une traction vers le centre de la terre, exercée sur le centre de gravité du corps. On exprime simplement un fait en style mathématique. Suggérée par le désir de tout connaître, l'hypothèse en physique n'a qu'un règne éphémère; elle est bientôt abandonnée pour une autre mieux appropriée aux faits récemment découverts; mais elle a eu son utilité, ayant contribué aux découvertes, et introduit des conceptions mathématiques commodes pour grouper les phénomènes, et susceptibles de transformations graduelles, à mesure que progresse la science expérimentale. La forme abstraite de ces conceptions facilite leur transformation et peut satisfaire l'esprit humain, tant qu'il n'essaye pas de dépasser les bornes que le Créateur a assignées à sa puissance. Elle fournit la réponse au *pourquoi* qui obsède sans cesse; elle est au monde matériel ce que le tableau du peintre est au paysage, ce que l'art, sous quelque forme qu'il soit, est à la réalité.

Il résulte de cette impuissance de notre esprit dans la recherche des causes, que les hypothèses les plus diverses peuvent être mises à l'essai et l'histoire de l'électricité nous en offre de curieux exemples.

L'abbé Nollet s'était laissé guider surtout par l'apparence des aigrettes lumineuses qui jaillissent des corps électrisés. De son temps, le nombre des phénomènes électriques connus était peu considérable, les lois exactes étaient ignorées; le physicien contemplait, et ne mesurait guère ce qu'il avait sous les yeux. Les étincelles électriques, avec leurs formes variées et bizarres, devaient surtout attirer l'attention des expérimentateurs. Voici comment l'abbé Nollet cherchait à se figurer la cause de l'électricité.

L'électricité serait l'effet d'un fluide particulier,. sans doute le même qui produit les effets de la chaleur et de la lumière, *uni à quelque autre substance qui lui donne l'odeur*. Ce fluide serait présent partout, dans l'intérieur des corps, comme dans l'air qui les environne. Ses particules se meuvent, autant que possible, en ligne droite, et traversent les corps conducteurs avec facilité. Quand elles sortent d'un corps électrisé, elles forment des jets divergents, sortes d'aigrettes visibles ou non. Tant que durent ces émanations, des particules semblables viennent de toutes parts sur le corps, de sorte qu'il y a deux courants de fluide électrique, se mouvant en sens contraires ; mais l'un d'eux est plus fort que l'autre : les pores par lesquels le fluide sort du corps, pendant qu'on l'électrise, ne sont pas en aussi grand nombre que ceux par lesquels il y entre.

L'hypothèse de Nollet eut peu de succès. Il n'en est pas de même de celle du célèbre Franklin. Dans celle-ci on admet un seul fluide, dont les particules se repoussent mutuellement et attirent les particules de la matière pesante, de telle façon qu'à l'état naturel ces actions se fassent équilibre vis-à-vis des corps extérieurs. Dans un corps électrisé, la quantité de fluide est plus grande ou plus petite que celle qu'il possède à l'état naturel. Quant au mécanisme des attractions et répulsions dont il s'agit, l'hypothèse est muette, et ne donne pas plus de satisfaction que les précédentes à l'esprit du philosophe.

Aujourd'hui la découverte de la corrélation qui existe entre le travail mécanique des corps pesants, la chaleur et l'électricité, celle de l'identité du rayonnement de la chaleur et de celui de la lumière, celle de l'identité des causes de l'électricité et du magnétisme, ont amené les physiciens à chercher une hypothèse capable d'embrasser tous les phénomènes du monde matériel, en les considérant comme les effets variés d'un agent unique ; c'est ce qu'on appelle le problème de l'*unité des forces physiques*. Une solution simple et générale d'un tel problème serait certainement une admirable invention ; elle permettrait d'embrasser d'un coup d'œil unique l'ensemble des nombreux phénomènes que nous sommes habitués à attribuer à des causes distinctes, et fournirait aux observateurs de la nature un puissant moyen d'investigation. Serait-elle la vérité ? S'il s'agit de voir dans l'hypothèse nouvelle un tableau exact du monde matériel, une figure représentative, elle pourra atteindre une ressemblance de plus en plus frappante, à mesure qu'un plus grand nombre d'artistes, de plus en plus expérimentés, retoucheront l'œuvre primitive. Mais elle ne révélera rien de ce qui concerne l'essence des forces, le principe des choses. Il y aura toujours, à chaque explication donnée, un *pourquoi* ou plutôt un *comment* sans réponse. On aura reculé l'obstacle, on ne l'aura pas franchi.

Vous dites qu'un seul fluide universel, l'*éther*, engendre les phénomènes d'électricité, de chaleur et de lumière ; qu'un corps électrisé *positivement* renferme ce fluide condensé, qu'un corps électrisé *négativement* renferme le même fluide raréfié ; puis pour expliquer l'action mutuelle, attractive ou répulsive, de deux corps électrisés, vous cherchez les conditions d'équilibre des deux corps et de l'air où ils sont placés. Cela vous oblige à doter le fluide hypothétique de certaines qualités qui sont suggérées par le résultat même que vous voulez atteindre. Certainement vous arriverez à un enchaînement d'idées logique ; et votre démonstration aura une rigueur mathématique, en ce sens que la conclusion sera une conséquence forcée des prémisses. Mais ces prémisses, que sont-elles, sinon des produits de votre imagination ? Si vous me les donnez comme telles, je les accepte volontiers, tant

qu'elles seront possibles, c'est-à-dire conformes aux faits
observés : je ne saurais les accepter comme des *vérités*
démontrées.

Dans vos raisonnements, vous êtes obligé de recourir à
des analogies entre votre fluide hypothétique et les fluides réels et pesants que vous connaissez par expérience.
Vous parlez de pressions exercées par les corps sur l'air
ou *vice versa*.

Qu'est-ce qu'une pression ? Considérée comme un effet,
elle a un sens précis. S'agit-il d'un fluide pesant, c'est
un poids, effet mesurable, dont nous ignorons la cause,
mais dont la mesure nous suffit. Comment l'*éther* donne-
t-il lieu à des effets analogues ? A cela, pas de réponse.
De là l'usage inévitable d'un mot pour exprimer les causes
inconnues des phénomènes. Ce mot, c'est *force*. Il représente une chose non figurable ; c'est une nécessité du
langage. Qu'on le supprime, qu'on attribue la pression à
la rencontre de particules en mouvement, on retrouvera
dans le *choc* de ces particules quelque chose d'analogue,
et aussi peu explicable.

Newton a dit : « déduire des phénomènes de la nature
« deux ou trois principes généraux de mouvement, en-
« suite faire voir comment les propriétés de tous les
« corps et les phénomènes découlent de ces principes
« manifestes, serait faire un grand progrès dans la philo-
« sophie naturelle, bien que les causes de ces principes
« fussent inconnues. »

On ne saurait énoncer d'une manière plus simple et
plus précise le but de la physique. Tout porte à croire
que le problème de l'unité des forces physiques, ainsi
posé, recevra une solution dans un avenir peu éloigné.
Dans l'état actuel de nos connaissances expérimentales il
semble qu'on puisse le poser comme il suit.

L'univers matériel étant envisagé comme l'assemblage
de deux systèmes de particules, les unes constituant les
corps pondérables, les autres existant partout, soit dans

les corps pondérables, soit dans les espaces qui les séparent et constituant l'*éther*, trouver quelles sont les propriétés qu'il faut attribuer à ces deux sortes de particules, pour qu'on puisse enchaîner entre eux tous les phénomènes connus, en suivant les règles de la mécanique.

Déjà nous connaissons les propriétés nécessaires pour expliquer le rayonnement de la chaleur et de la lumière : elles servent de bases à la *théorie des ondulations*. On peut évidemment les compléter, de façon que l'électricité soit traitée comme un effet du mouvement de ces mêmes particules, que la gravitation et l'action chimique entrent aussi dans le même cadre. Jusqu'à ce qu'une bonne théorie soit éclose, l'enseignement des faits est le seul acceptable, surtout dans les ouvrages de vulgarisation. Les hypothèses passent ; les faits restent ; eux seuls nous avertissent de l'erreur de nos raisonnements et imposent à notre vanité un frein salutaire.

Avant d'aborder notre sujet, il est utile de faire une revue sommaire de quelques phénomènes dont la connaissance facilitera l'intelligence de ceux qui doivent nous occuper plus spécialement. Cette revue nous rendra manifestes l'unité qui règne dans la nature, et l'importance des lois générales par lesquelles nous formulons les résultats de l'observation. Ces lois expriment les analogies des phénomènes, et permettent d'établir des comparaisons qui remédient à l'insuffisance de nos organes, ou diminuent la fatigue de notre esprit.

2. — Incandescence par les actions mécaniques.

Tout corps suffisamment échauffé est lumineux sans avoir perdu ni gagné aucune quantité de matière pondérable. L'exemple le plus simple de cette propriété des corps, le plus simple parce qu'aucun autre corps n'intervient dans le phénomène, auquel on puisse attribuer la communication du *feu*, est l'incandescence d'un projectile à l'instant où il vient choquer un obstacle. Ainsi une balle de fer lancée avec une vitesse suffisante, vient-elle heurter un obstacle inébranlable et mauvais conducteur de la chaleur, au moment du choc, la balle s'échauffe au rouge ; elle devient lumineuse. Ce phénomène ne dure d'ailleurs qu'un instant, parce que la balle se refroidit. ensuite très rapidement, soit par le rayonnement, soit par la conductibilité.

Une balle ayant une vitesse de 1194 mètres, atteint dans ces circonstances la température de 1500 degrés qui est celle de la fusion du fer.

Comme il est difficile de se trouver dans des circonstances favorables pour être témoin de ce phénomène, on doit chercher à faire une expérience de cabinet, qui montre un effet du même genre. Tel sera pour nous l'usage d'un appareil connu depuis longtemps sous le nom de briquet dans le vide. On s'en servait autrefois sans en tirer la conclusion dont nous avons besoin. Mais le progrès de la science a en quelque sorte rajeuni une vieille expérience, et elle remplit très bien notre but.

Un rouage d'horlogerie fait tourner rapidement une roue d'acier, sur le bord de laquelle s'appuie un silex.

Le rouage étant mis au repos, on le place sur la platine de la machine pneumatique et on le recouvre d'une cloche de verre munie d'une tige qu'on peut mouvoir du dehors. On fait le vide dans la cloche en manœuvrant les pistons de la machine ; puis avec la tige, on met le rouage en liberté. La roue d'acier tourne en frappant le silex, et des parcelles incandescentes jaillissent du point de contact.

Nous battons ainsi le briquet dans le vide ; de l'acier se détachent, sous le choc du silex, de petites parcelles de fer. Avant le choc, ces parcelles avaient la vitesse de la roue ; elles perdent brusquement cette vitesse en rencontrant la pierre et elles s'échauffent spontanément, au point de devenir lumineuses.

Lorsque nous battons le briquet dans l'air, le phénomène précédent se produit encore ; mais il se complique
de l'action de l'air sur les parcelles incandescentes.
L'oxygène de l'air se combine avec le fer suffisamment
chauffé, et cette combinaison est par elle-même une
source de chaleur et de lumière. Aussi, lorsqu'on reçoit
les parcelles détachées pendant le choc sur une feuille de
papier, et qu'on les observe au microscope, on en distingue trois sortes. Les unes sont anguleuses, ternes et sans
éclat métallique ; ce sont des parcelles de silex ; les autres ont l'éclat métallique et n'ont pas de forme déterminée ; ce sont les parcelles d'acier qui ont été simplement
échauffées pendant le choc. Enfin on observe des globules
arrondis, doués du même éclat ; ce sont les parcelles de
fer qui se sont combinées avec l'oxygène, et qui ont
éprouvé la fusion par l'effet de l'action chimique.

Ces observations expliquent bien pourquoi l'incandescence est moindre dans le vide que dans l'air ; et elles
viennent à l'appui de notre expérience.

Les corps deviennent lumineux dans d'autres circonstances analogues. Les essieux des roues s'échauffent
quelquefois au rouge par le frottement, et mettent le feu
aux voitures ; le fer des chevaux fait jaillir sur le pavé
des étincelles ; deux morceaux de bois frottés vivement
l'un contre l'autre s'allument spontanément ; c'est un
moyen qu'emploient les sauvages pour faire du feu. Dans
tous ces exemples, nous avons un corps animé d'une certaine vitesse qui perd cette vitesse en rencontrant un obstacle ; c'est à cet instant que la chaleur apparaît, et si cette
chaleur est assez considérable, il y a production de lumière. Il n'est pas nécessaire qu'il y ait une action chimique ; ces effets se manifestent dans le vide, et le corps
incandescent n'a pas changé de poids ; ce qu'il est aisé
de constater à l'aide de la balance.

La loi qui régit tous les phénomènes d'incandescence
dont il s'agit, est contenue dans la proposition suivante :

Lorsqu'un corps animé d'une certaine vitesse perd cette vitesse sans la communiquer à d'autres corps, *l'énergie de mouvement* est convertie en *énergie de chaleur*.

On évalue *l'énergie de mouvement* en mécanique, à l'aide de la masse et de la vitesse du corps, et l'*énergie de chaleur* en physique, à l'aide du poids du corps, de sa *chaleur spécifique* et de l'élévation de sa *température*.

Ce qu'on appelle ordinairement *échauffement* est, en langage scientifique, l'élévation de *la température*, mesurée à l'aide du *thermomètre*. Dans l'exemple précédent, notre balle de fer s'échauffait de 1500 *degrés centigrades* [1].

C'est à partir de 500 degrés environ, que les métaux deviennent lumineux quand on les échauffe. Ainsi l'argent est au rouge à 649 degrés, au rouge orange à 899 degrés ; il fond à 1000 degrés, et est alors au rouge blanc.

La couleur de la lumière émise par diverses substances varie d'ailleurs avec leur nature à la même température.

Y a-t-il une nouvelle transformation d'énergie, lorsque l'incandescence a lieu par un échauffement progressif ? Doit-on dire que l'*énergie de chaleur* est convertie en *énergie de lumière* ?

La science moderne rejette cette idée : elle admet que la chaleur et la lumière sont les résultats d'une seule et même modification subie par le corps, laquelle est simplement plus ou moins intense.

Lorsque cette modification a lieu à basse température, le corps n'agit pas sur l'organe de la vue pour y produire la sensation optique ; lorsque la modification a lieu à une température assez élevée, non seulement le corps est plus chaud que précédemment ; mais encore il agit sur notre œil et nous percevons la lumière. La distinction de *chaleur* et *lumière* est donc relative à nos sensations ; on dit qu'elle est *subjective*. Dans le corps qui est à la fois chaud

---

[1] Consulter pour la définition des mots scientifiques le *Dictionnaire des sciences* de Bouillet. Nouvelle édition, entièrement refondue. Hachette.

et lumineux, nous ne concevons pas deux modifications opérées simultanément ; il y a identité entre *chaleur* et *lumière* au point de vue du corps ; on dit qu'elle est *objective*.

En quoi consiste cette modification ?

Nous sommes sans cesse spectateurs de phénomènes de mouvement : nous voyons un corps animé d'une certaine vitesse rencontrer un autre corps et rentrer au repos, tandis que celui-ci acquiert du mouvement et, de plus si nous mesurons suivant les règles de la mécanique l'*énergie de mouvement* du corps choquant et celle du corps choqué, dans le cas où nul échauffement n'est appréciable; nous trouvons que ces deux quantités d'énergie sont égales. Tel est le résultat de l'expérience ancienne qui montre une boule d'ivoire choquant une boule semblable et d'égale grosseur.

Les deux boules sont suspendues par des fils, de manière que leurs centres soient à la même hauteur et qu'elles se touchent légèrement. On écarte l'une d'elles et on la laisse retomber ; à l'instant du choc, elle rentre au repos et la seconde boule est projetée de l'autre côté. Avec quelques mesures prises sur le cercle gradué le long duquel se meuvent les boules et avec leur poids déterminé à la balance quand elles sont inégales, on vérifie aisément que l'*énergie de mouvement* a été conservée pendant le choc, dans tous les cas réalisables.

Cet exemple montre le sens du principe de la *conservation de l'énergie du mouvement*, dont la connaissance est très ancienne, et l'importance très grande, puisqu'il régit nos machines motrices, telles que les moteurs hydrauliques, et tous ceux où l'on obtient du travail en utilisant la force *pesanteur*.

Lorsque l'énergie se transforme en chaleur, n'est-il pas naturel de penser que le mouvement *visible* du corps choquant engendre dans les particules de ce corps un autre mouvement *invisible*, qui produit les effets de la chaleur et de la lumière ? Notre œil muni des instruments les plus délicats ne pourrait saisir les déplacements de particules qui constituent cette sorte de mouvement ; nos sens ne pourraient recueillir que l'effet extérieur de ces déplacements.

Cette conception n'est évidemment qu'une hypothèse. Mais n'est-elle pas conforme à toutes les notions que nous possédons sur l'univers matériel ? Les mondes stellaires, qui nous semblent attachés à la voûte céleste, ne sont-ils pas dans notre pensée des corps doués de mouvements immenses, dont les détails échappent à notre vue, dont l'ensemble harmonieux nous est seul accessible ? C'est donc par une puissante *induction* que nous pouvons accepter cette conception. A mesure que les conséquences que nous pouvons en *déduire* par le raisonnement sont vérifiées par l'observation, elle tend de plus en plus à devenir l'expression de la vérité ; c'est justement cette série de vérifications que nous offre la physique moderne ; aussi la *chaleur et la lumière doivent-elles être considérées aujourd'hui comme un mode de mouvement.*

Quel est ce mode de mouvement ?

Ici la question est beaucoup plus embarrassante. Il faut chercher à se figurer un mouvement de particules des corps capables de produire tous les effets connus de la chaleur et de la lumière ; essayer diverses hypothèses, en soumettant chacune d'elles au calcul, jusqu'à ce que l'une d'elles satisfasse le mieux possible aux conditions imposées, et accepter *provisoirement* cette hypothèse. Je dis provisoirement, parce qu'il peut arriver qu'une nouvelle *observation* ne puisse pas s'en *déduire* par le raisonnement, et qu'alors il faille la rejeter ou au moins la modifier, pour qu'elle s'accorde toujours avec les faits connus.

3. — Incandescence par les actions chimiques.

Nous avons habituellement recours aux phénomènes chimiques pour nous procurer la lumière. Il ne semble pas, au premier coup d'œil, qu'il y ait beaucoup de ressemblance entre une flamme de gaz et l'incandescence d'une parcelle de fer détachée par le briquet à pierre. Nous allons pourtant prouver que la ressemblance est réelle, et que dans les actions chimiques il y a encore une transformation d'énergie mécanique en énergie de chaleur. Par là, nous étendrons le principe que nous avons posé, et nous comprendrons dans la même loi des phénomènes très divers.

Nous devons d'abord nous rendre compte d'une combinaison chimique, et pour cela nons prendrons un exemple qu'il est très aisé de vérifier.

Jetez quelques gouttes d'acide sulfurique sur un fragment de baryte; immédiatement celle-ci devient incandescente. Si vous opérez sur 76 grammes de baryte, vous pourrez ajouter 40 grammes d'acide sulfurique anhydre et, après l'opération, vous aurez totalement changé la nature des substances mises en présence.

La baryte a un aspect terreux, grisâtre, spongieux; elle est un peu soluble dans l'eau ; l'acide sulfurique est un liquide huileux, très dense, qui dégage de la chaleur quand on le mêle à l'eau ; il rougit la teinture de tournesol bleue, tandis que la solution de baryte ramène au bleu cette même teinture rougie par un acide. Voilà deux substances essentiellement différentes l'une de l'autre. Eh bien, lorsque le contact a eu lieu entre elles, on obtient finalement une substance blanche, complètement insoluble dans l'eau, et sans aucune action soit sur la teinture bleue de tournesol, soit sur cette teinture rougie par un acide. Avec les proportions indiquées plus haut, vous obtenez 116 grammes de cette substance, qu'on appelle *sulfate de baryte.* Vous retrouvez donc dans le produit de l'expérience la somme intégrale des poids de l'acide sulfurique et de la baryte primitivement employés.

Ainsi le mélange de ces deux substances a créé de la chaleur et de la lumière, sans qu'il y ait eu ni perte ni gain de matière et il en est résulté un nouveau corps, n'ayant aucune ressemblance avec elles : tel est le caractère essentiel de toute *combinaison chimique.*

Ajoutons que si l'on observe attentivement toutes les parcelles du sulfate de baryte, on les trouve semblables entre elles. L'action chimique s'est donc effectuée entre les plus petites particules de l'acide et celles de la baryte : on dit que les *molécules* de ces deux substances se sont unies étroitement. La force qui détermine cette réunion est appelée par les chimistes *affinité :* c'est une expression qui simplifie le langage, sans rien expliquer.

Il est évident que pour effectuer leur réunion les molécules d'acide sulfurique et celles de baryte se sont précipitées les unes contre les autres; par conséquent elles ont acquis de la vitesse, puis cette vitesse a été anéantie. Bien que nous ne puissions voir ces mouvements moléculaires, nous les concevons très clairement, parce qu'ils sont inséparables dans notre pensée de l'idée de réunion.

Qu'est-ce que la chute des corps terrestres, sinon leur réunion au globe ? Nous appelons *pesanteur* la force qui détermine cette réunion, et les phénomènes journaliers de la pesanteur ne nous embarrassent nullement, bien que nous ne cherchions d'aucune manière à nous figurer la nature intime de cette force.

Nous devons procéder de la même façon à l'égard des phénomènes *d'affinité chimique;* l'analogie est un guide excellent pour observer la nature. Or, ici elle est la plus grande possible.

Quand un corps terrestre tombe et ne rebondit pas, il crée de la chaleur pendant le choc. Une balle de fer qui tomberait dans ces circonstances d'une hauteur de 72 681 mètres, s'échaufferait de 1500° ; elle atteindrait le sol justement avec la vitesse que nous lui supposions dans le paragraphe précédent. Nous assistons quelquefois à un phénomène de ce genre ; lorsqu'un *bolide*, ou pierre tombée du ciel, rencontre la terre, il s'y enfouit en volant en éclats, et chaque éclat possède pendant un instant une très haute température. C'est la chaleur créée par le choc qui fait éclater le bolide, surtout quand il est mauvais conducteur.

De même quand les molécules de deux corps différents se précipitent les unes contre les autres et forment un composé nouveau, il y a choc et création de chaleur. L'*énergie de mouvement moléculaire* due à l'affinité est convertie en *énergie de chaleur*.

L'incandescence due aux actions chimiques est donc bien un phénomène semblable à l'incandescence due aux actions mécaniques. Cette proposition établie, nous comprendrons aisément quelles sont les circonstances principales qui donnent lieu aux flammes dont nous faisons usage.

Toutes les combinaisons chimiques produisent de la chaleur ; mais pour qu'il y ait lumière, il faut que l'affinité des corps mis en présence soit très grande. De plus, si nous voulons entretenir une source de lumière, il faut que le corps résultant de la combinaison soit enlevé, à mesure qu'il se produit, et que l'on renouvelle sans cesse à la même place les substances qui doivent se combiner entre elles. Alors à cette place apparaît un foyer continu de chaleur et de lumière.

Le type le plus parfait d'une source lumineuse est la flamme du gaz de la houille. Ce dernier est renfermé dans un gazomètre, et il se rend aux becs par des tuyaux au fur et à mesure que l'oxygène de l'air le brûle. Examinons avec quelque détail comment les choses se passent

Le gaz de la houille est un composé de charbon et d'hydrogène ; lorsqu'il arrive au contact de l'air, et qu'on

en approche une allumette enflammée, on chauffe le mélange ; il en résulte une séparation du charbon et de l'hydrogène, et une combinaison de ce dernier avec l'oxygène de l'air, qui est l'eau en vapeur. Le charbon reste
pendant un instant à l'état de particules solides, fortement chauffées et très lumineuses ; puis il se combine à
son tour avec l'oxygène et produit du gaz acide carbonique. Ce gaz et la vapeur d'eau sont donc les produits de
la combustion ; ils se dissipent très vite dans l'atmosphère. Mais à la place même qu'ils quittent arrive une
nouvelle quantité de combustible ; elle est échauffée par
la flamme de la précédente et se combine comme elle en
produisant le même effet, et ainsi de suite. Il y a donc à
la sortie du bec une suite de flammes qui se succèdent
très rapidement à la même place, et cette place présente
l'aspect d'une flamme continue, vacillante à cause des
courants d'air qui déforment le lieu de l'action chimique.

Une flamme est toujours le lieu d'une combinaison chimique incessamment renouvelée, le théâtre de mouvements invisibles des particules de la matière, dont l'énergie est transmise aux corps environnants sous forme de
chaleur, et à nos yeux sous forme de lumière. La flamme
n'est visible que par les corpuscules pondérables qu'elle
contient en suspension ; sans le charbon qui existe en
liberté dans la flamme du gaz de la houille avant sa combinaison avec l'oxygène de l'air, il n'y aurait qu'une
lumière très faible, et pourtant les mouvements des particules gazeuses existeraient encore, ils agiraient seulement comme chaleur et non comme lumière.

Introduisons dans la flamme un fil très fin de platine.
Il est alors chauffé à l'incandescence, et son éclat est
beaucoup plus grand que celui du reste de la flamme.
Déposons sur ce fil quelques parcelles d'un sel de cuivre, immédiatement la flamme deviendra verte ; avec un
sel de soude, elle serait jaune ; avec un sel de strontiane,

rouge. Chaque substance produit à l'état d'incandescence
une lumière de couleur particulière, suivant sa nature.

A quel état sont les particules en suspension dans la
flamme? Comment peut-on les reconnaître, les distinguer les unes des autres, et apprécier les mouvements
qui sont la cause de la lumière? Ce problème semble
bien difficile à résoudre ; il paraît moins complexe, si
l'on se laisse guider par les analogies que présente ce
phénomène avec d'autres déjà connus.

Vous êtes placé assez loin d'un orchestre pour que votre œil ne puisse voir ce qui s'y passe ; vous entendez les
sons des instruments, et votre oreille perçoit des impres-
sions multiples qui se traduisent dans votre âme en sensations variées, tristes ou joyeuses, douces ou sévères.
L'orchestre invisible est la source de ces sensations,
comme la flamme est la source de la lumière qui frappe
vos yeux. Faites abstraction de la sensation musicale, et
cherchez à analyser le phénomène qui s'accomplit en dehors de vous ; les expériences les plus simples et les plus
concluantes vous auront bientôt fait connaître le mécanisme du son.

Placé près des instruments, vous reconnaîtrez d'abord
que ce qui vous paraissait de loin un son unique, est un
composé de sons simultanés dus à la vibration des divers instruments. Avec quelques artifices, vous verrez
comment chacun d'eux est le lieu d'un mouvement oscil-
latoire de la matière qui le compose, comment ce mouvement est propagé par l'air jusqu'à votre oreille; comment celle-ci entre aussi en vibration. Lorsque cent instruments émettent à la fois cent notes différentes, chacun
d'eux vibre à sa manière : ceux des notes graves exécutent des vibrations lentes, ceux des notes aiguës des vibrations rapides ; chacune de ces vibrations engendre
dans l'air une ondulation semblable à celle qu'engendre
à la surface de l'eau le choc d'une pierre. Cent ondulations se propagent à la fois, sans se nuire les unes aux

autres, en se superposant suivant une loi d'harmonie, de
même que cent pierres tombant à la fois sur une nappe
d'eau tranquille développent à sa surface cent rides qui
se propagent ensemble, et donnent lieu à un mouvement
composé de cent mouvements ondulatoires simples.

Quand cette notion du son vous sera familière, vous
serez en état de voir avec l'œil de l'esprit ce qui se passe
dans une flamme.

Chacune des substances qui s'y trouvent est comparable
à un instrument de musique; les molécules qui composent cette substance exécutent des mouvements vibra-
toires qui sont transmis à l'œil par l'*éther*. Cette sorte de
matière n'est pas plus hypothétique que la matière pondérable; puisqu'elle représente simplement, par définition, la partie matérielle de l'univers qui est spécialement chargée de produire les phénomènes lumineux. La
couleur de la flamme résulte de la superposition des ondulations lumineuses ; le vulgaire ne sait pas décompo-
ser cette couleur en ses éléments; mais le physicien,
aidé d'instruments ingénieux, opère cette décomposition
et réussit à analyser la couleur aussi bien que le son.
Tel est le but de la méthode d'observation connue
sous le nom d'*analyse spectrale*. Après les découvertes de
Newton, de Frauenhofer, de Masson, de Foucault, et de
tant d'autres physiciens, cette méthode a été vulgarisée par
Kirchoff et Bunsen, et elle constitue une des conquêtes
les plus importantes de la science moderne. Nous allons
voir comment elle nous révèle la constitution d'une
flamme à l'aide du spectroscope.

4. — Analyse spectrale.

La flamme du gaz de la houille est placée derrière une
fente étroite qui est au foyer d'une lentille convergente
(*fig.* 1). Les rayons lumineux émanés de cette flamme

traversent la fente, puis la.lentille, deviennent parallèles et vont rencontrer un prisme de verre. Changeant alors de direction à travers le prisme, les rayons tombent sur une seconde lentille, qui les rassemble à son foyer, et ils for-

Fig. 1. — Spectroscope.

ment une image de la fente que l'on peut recevoir sur un écran blanc, s'il s'agit de la montrer à plusieurs personnes à la fois. Pour une observation individuelle et précise, il vaut mieux regarder cette image avec une troisième lentille convergente ou oculaire, que les rayons lumineux traversent avant de pénétrer dans l'œil.

On voit sur la figure, en avant, une bougie qui sert à éclairer une petite règle divisée transparente, dont on observe l'image par réflexion sur la face du prisme placée à gauche, du côté de l'oculaire. L'œil voit à la fois le spectre et les divisions de la règle, ce qui sert à désigner la position de chaque raie spectrale.

Voici maintenant les divers spectacles auxquels on peut assister.

Lorsque la partie brillante de la flamme est placée près de la fente, on voit l'image colorée qu'on appelle le spectre continu. Elle est produite par les parcelles de charbon solide qui sont en suspension dans la flamme ; celles-ci

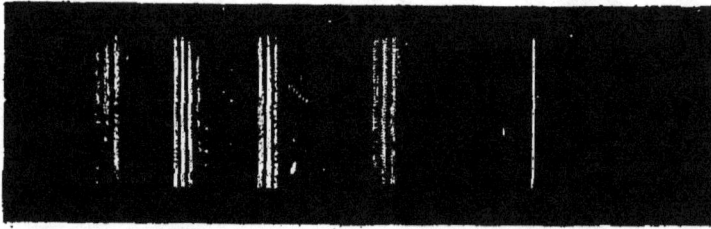

Rouge.   Orangé. Jaune.   Vert.   Bleu.   Indigo.   Violet.
Fig. 2. — Spectre du carbone.

développent des ondulations de toute grandeur qui ne présentent entre elles aucun rapport saisissable; elles se comparent à un instrument d'acoustique qui engendrerait une infinité de sons superposés, sans loi d'harmonie.

Lorsqu'on amène devant la fente du spectroscope le bas de la flamme qui est bleuâtre, on voit plusieurs faisceaux de lignes brillantes jaunes, vertes, bleues se détachant avec netteté sur un fond peu éclairé (fig. 2). Ces lignes sont produites par le charbon en vapeur, véritable gaz, aussi fluide que l'air. Ses particules viennent de se séparer de l'hydrogène, auquel elles étaient unies avant la combustion, et elles n'ont pas encore formé les agrégations solides dont nous venons d'observer les effets dans la partie brillante de la flamme.

Un fil fin de platine introduit dans la flamme engendre un spectre continu, comme celui du charbon solide. Mais lorsqu'on dépose sur ce fil une parcelle d'un composé métallique volatil, on voit apparaître un spectre de lignes brillantes qui est produit par le métal à l'état gazeux. Chaque métal est ainsi caractérisé par le spectre de sa vapeur incandescente. Si le fil de platine est recouvert de plusieurs substances différentes, chacune d'elles développera son spectre. Vous aurez réalisé cet orchestre mystérieux où chaque son est une couleur, où l'œil remplace l'oreille, et vous voyez dans votre pensée surgir un monde nouveau, que vous avez hâte d'explorer et qui vous prépare des merveilles inconnues.

Muni du spectroscope vous pouvez vous approcher de ces orchestres d'un nouveau genre qu'on appelle les flammes, découvrir les instruments qui les composent, compter même leurs vibrations. Il n'y a plus de distance qui soit un obstacle. Les astres eux-mêmes sont devenus accessibles. Vous saurez par l'aspect de leurs spectres de quelles substances ils sont formés ; vous distinguerez dans le soleil les éléments gazeux et ceux qui sont solides et liquides ; votre puissance d'investigation est tellement accrue que votre curiosité ne sent plus de bornes. Mais gardez-vous d'une audace téméraire ! Que le succès d'une première tentative ne nous fasse pas oublier combien nous sommes petits devant l'œuvre du Créateur.

5. — Incandescence par le courant voltaïque.

La production de la chaleur par le courant voltaïque n'est qu'une forme particulière de l'activité chimique. Les expériences de M. Joule et plus tard celles de M. Favre ont mis cela hors de doute. Prenez un bocal rempli d'eau légèrement acidulée ; plongez dans cette eau une lame de cuivre de quelques décimètres carrés de surface, et une lame de zinc amalgamé de même dimension, en évitant que ces lames se touchent, et réunissez hors de l'eau les deux lames par un fil de métal; vous aurez constitué une *pile* et un *circuit voltaïque*.

Que se passe-t-il dans cet assemblage?

Une action chimique a lieu dans le bocal; le zinc, l'oxygène de l'eau et l'acide se combinent en créant de la chaleur. Mais cette chaleur se distribue à la fois dans le bocal et dans le fil de métal, au lieu de rester confinée dans les corps qui entrent en combinaison.

La cause de cette distribution est *l'électricité*, dont la nature intime nous échappe, aussi bien que celle de la pesanteur et de l'affinité. On emploie le mot *courant* pour désigner l'état du circuit formé par le cuivre, le fil métallique, le zinc et l'eau acidulée. On exprime simplement un fait en disant que le *courant voltaïque échauffe le fil*.

Si on allonge le fil, ou si on diminue sa section, on augmente la proportion de chaleur qui s'y développe. On peut par le choix d'un fil convenable y introduire la moitié, le tiers, le quart de la chaleur totale qui correspond à l'action chimique opérée dans la pile. Cette chaleur produira des échauffements différents suivant la disposition du fil.

Lorsque le fil a partout le même diamètre, l'élévation de température est la même en tous les points.

Lorsqu'une portion du fil a une section moindre que celle de l'autre portion, l'élévation de température y est plus grande. Avec une portion de fil assez courte, et assez fine, on verra le fil rougir et demeurer incandescent, tant que l'action chimique durera dans la pile. Telle est l'incandescence par le courant voltaïque.

C'est à M. Joule que nous devons la loi de cet échauffement. Supposons que la portion étroite du fil ait une section égale au centième de celle de l'autre portion; l'expérience montre que si on remplace la portion étroite par un autre fil de même substance, mais d'une section et d'une longueur centuples, la quantité de zinc dissous dans la pile et la proportion de chaleur développée dans le fil total pendant un temps donné ne changent pas. Le fil fin équivaut donc à un fil de section et de longueur centuples, et la chaleur créée dans le fil fin est égale à celle qui serait créée dans une longueur de fil gros cent fois plus longue. Or le poids du gros fil est 10 000 fois celui du fil fin; par conséquent ce dernier recevra une élévation de température 10 000 fois plus grande.

De plus supposons que le fil fin ait un décimètre de longueur, le gros fil qui complète le circuit ayant dix décimètres. Nous venons de voir que le décimètre de fil fin équivaut à une longueur centuple de gros fil, c'est-à-dire à 100 décimètres. La chaleur se distribue donc entre le fil fin d'un décimètre et le gros fil de 10 décimètres, comme elle se distribuerait entre un gros fil de 100 décimètres et le même fil de 10 décimètres. Puisque dans ce dernier cas la chaleur serait distribuée uniformément, le fil de 100 décimètres dégagera 10 fois plus de chaleur que l'autre. Ce sera la même proportion entre notre fil fin d'un décimètre et l'autre portion de gros fil qui forment le circuit supposé. Donc finalement en établissant le circuit voltaïque avec un fil fin, ayant une longueur égale au dixième de celle du gros fil, et une section cent fois moindre, on développera dans ce fil fin dix fois plus de chaleur que dans l'autre, et comme son poids est mille fois moindre, son élévation de température sera dix mille fois plus grande.

On voit bien quels sont les rôles de la longueur et de la section, quand il s'agit de l'incandescence.

Les mêmes principes s'appliquent à la célèbre expérience de Davy, désignée sous le nom d'*arc voltaïque*.

La pile est formée d'un grand nombre d'éléments analogues à celui que nous venons de décrire (fig. 3).

Aux extrémités sont attachés d'une part au zinc, d'autre part au cuivre, deux fils de cuivre qui aboutissent à des

Fig. 3. — Arc voltaïque.

tiges métalliques portant des charbons taillés en cône. Les pointes des cônes étant mises en contact, le courant s'établit. Dès qu'on les éloigne légèrement l'une de l'autre, une lumière éblouissante jaillit dans l'intervalle; c'est la lumière électrique ou arc voltaïque. L'analyse spectrale nous a appris que ce jet lumineux est constitué par des particules de charbon, de sorte qu'elles complètent le circuit, comme le fil fin de notre expérience précédente. Une très petite longueur de ce jet équivaut à une longueur considérable du fil de cuivre. Voilà pourquoi l'élévation de sa température et la lumière émise sont énormes.

En remplaçant les charbons par des cônes de divers métaux, on obtient encore le même effet; mais la lumière a une couleur particulière et l'analyse spectrale nous prouve que l'arc est formé par des particules de métal détachées des cônes et réduites en vapeur. Toutes les particularités de ces belles expériences sont conformes à la loi de Joule, relative à l'échauffement des fils fins placés dans le circuit voltaïque.

Quant à la nature de l'électricité, c'est-à-dire de la force chargée de distribuer le mouvement calorifique dans la pile et dans le *conducteur du courant*, il faudrait imaginer une hypothèse capable d'expliquer les lois de cette distribution et tous les faits relatifs au courant voltaïque, et cette hypothèse serait provisoire, et subordonnée aux découvertes ultérieures, aussi bien que l'hypothèse qui concerne la nature de la chaleur. Le choix de telles hypothèses est le but le plus élevé de la physique, et l'incertitude qui les entoure rend leur exposition plutôt nuisible qu'utile dans un enseignement populaire. Comme nous le disions plus haut, la vulgarisation des conquêtes de la science ne doit comprendre que la description fidèle des phénomènes qui ont été observés et l'enchaînement rationnel de ces phénomènes, fondé sur un petit nombre de propositions qui sont l'expression la plus générale possible des résultats de l'observation. C'est la seule manière d'initier le lecteur à la connaissance de la nature, et de lui fournir les moyens d'utiliser cette connaissance pour le bien-être de l'humanité. Fortifié par cette première étude, il peut à son tour entrer dans la voie des découvertes, sans craindre de confondre le réel avec l'imaginaire, et si une culture mathématique suffisante lui permet d'essayer quelque théorie fondée sur l'hypothèse, il saura toujours discerner une vérité physique d'une conception provisoire, nécessairement entachée de l'incertitude qui règne dans les spéculations abstraites de l'esprit humain.

CHAPITRE PREMIER

HISTORIQUE DE L'ÉTINCELLE ÉLECTRIQUE

Depuis Thalès de Milet, 600 ans avant l'ère chrétienne, jusqu'au dix-septième siècle, le seul phénomène électrique connu était l'attraction des corps légers par un morceau d'ambre frotté. Un médecin anglais, Gilbert, reconnut que l'ambre n'était pas la seule substance capable d'acquérir cette propriété par le frottement. Ses expériences décrites dans son *Traité de l'aimant* appelèrent l'attention des académiciens de Florence qui augmentèrent la liste des corps jouissant de la même propriété.

Vers le milieu du dix-septième siècle, Otto de Guericke, bourgmestre de Magdebourg, qui s'occupait de physique avec succès, découvrit par hasard la répulsion électrique. Il électrisait un globe de soufre, en le faisant tourner, afin que sa main appliquée sur le globe produisit le frottement nécessaire, et il présentait à ce corps électrisé de petits corps très légers, tels que des fragments de papier sec, de sureau, des barbes de plume. Il vit avec surprise quelques-uns de ces fragments fuir le globe de soufre, dès qu'ils l'avaient touché. Ce fut le point de départ de nouvelles recherches. Plus tard, ayant suspendu à des

cordons de soie une corde de chanvre, il approcha une
de ses extrémités du globe de soufre électrisé et il observa que la corde de chanvre attirait aussi dans ces circonstances les corps légers ; il découvrait ainsi que les
corps peuvent s'électriser par communication, quand ils
sont suspendus convenablement. C'est aussi Otto de Guericke qui aperçut le premier l'*étincelle électrique*. Se
trouvant dans l'obscurité et ayant approché la main du
globe électrisé, il vit une lueur très faible et instantanée
entre le globe et sa main ; il compara cette lueur à celle
que présente le sucre quand on le broie dans l'obscurité.
Réitérant cette expérience, il entendait un petit bruit à
l'instant où la lueur apparaissait.

Otto de Guericke mourut en 1686 ; il laissait un champ
très vaste à explorer ; aussi les savants de toute l'Europe
se mirent à l'œuvre, et dans le siècle suivant la physique
s'enrichit de nombreuses découvertes en électricité.

Complétant une découverte précédente d'Otto , le
physicien anglais Grey démontra en 1727 que tous les
corps peuvent être électrisés ; les uns comme l'ambre, le
soufre, le verre, la résine, par le frottement ; les autres,
tels que les métaux, par communication, à condition
qu'ils soient soutenus par des supports de la première
espèce. C'est donc à Grey que nous devons la distinction
en corps bons et mauvais conducteurs de l'électricité. On
appelle *isoloirs* les supports mauvais conducteurs que
l'on emploie pour électriser les corps bons conducteurs.
Grey employait des tubes de verre, qu'il frottait avec une
étoffe de laine pour les électriser ; il reconnut que
l'étincelle éclate entre un pareil tube et tout corps conducteur qu'on en approche. On pouvait alors obtenir des
étincelles de 1 ou 2 centimètres, visibles dans une demi-
obscurité, et faisant entendre un bruit que Hauksbée appelle un *craquement*.

Outre l'étincelle proprement dite, on avait observé certaines lueurs sur les corps électrisés. Boyle paraît être le

premier qui ait été témoin de ce phénomène; Sympson avait aussi remarqué qu'en passant la main bien sèche sur le dos d'un chat on rendait son poil lumineux dans l'obscurité. Grey fit une étude particulière de ces lueurs, en se servant de barres de fer suspendues par des cordons de soie (1754). Ayant ainsi disposé une barre de fer pointue dans l'obscurité, il approcha d'une extrémité un tube de verre électrisé, et il vit luire à l'autre un cône de lumière faible et violacée; il lui donna le nom d'*aigrette électrique* que l'on a conservé. Grey fut tellement émerveillé de cette découverte, que, « comme saisi d'un
« esprit de prophétie, il annonça une découverte qui ne
« se fit que bien longtemps après. Quoique ces effets,
« dit-il dans les *Philosophical Transactions*, n'aient été
« produits que très en petit, il est probable qu'on pourra,
« avec le temps, trouver une façon de rassembler une plus
« grande quantité de feu électrique, et par conséquent
« d'augmenter la force de cette puissance, qui, par plu-
« sieurs de ces expériences, s'il est permis de comparer
« les petites choses aux grandes, *semble être de la même*
« *nature que celle du tonnerre et de l'éclair* [1]. »

Grey était le précurseur de Franklin, à qui était réservée la gloire de démontrer en 1752 l'identité de la foudre et de l'électricité, et celle plus grande encore d'enseigner à l'homme les moyens de se préserver de ses redoutables atteintes.

Grey avait un digne émule en France : c'était Dufay, auquel nous devons la découverte capitale de la *dualité électrique*. Une de ses plus belles expériences conduit à deux conclusions: d'abord que l'électricité du verre poli frotté avec la laine n'est pas de même espèce que l'électricité de la résine frottée de la même façon (pour exprimer ces deux manières d'être de l'électricité, Franklin a appelé *positive* la première et *négative* la se-

---

1 *Éléments de Physique* de Sigaud de Lafond, Tome IV. 1777.

conde) ; ensuite qu'un corps électrisé quelconque ne peut posséder une troisième espèce d'électricité.

Personne, avant Dufay, n'avait tiré une étincelle d'un corps animé, rendu électrique par l'approche d'une source d'électricité. Voici comment il fit cette découverte :

Il s'était mis dans un plateau de bois, suspendu par des cordons de soie, comme un plateau de balance, afin de se faire électriser. On approchait de lui un tube de verre récemment frotté, et il attirait avec ses mains de petites feuilles de métal qu'on lui présentait. Une de ces feuilles étant tombée sur sa jambe, une personne voulut la ramasser, et en la touchant elle sentit une petite piqûre au bout du doigt. On répéta l'expérience : les assistants entourèrent Dufay et firent ainsi une certaine obscurité autour de lui. Alors on vit qu'une étincelle éclatait entre le doigt et le point du corps de Dufay qui en était le plus voisin : Dufay lui-même sentait une piqûre à l'endroit de l'étincelle.

Telle est l'origine de la célèbre expérience du *tabouret isolant* sur lequel une personne se place pour être électrisée. On tire des étincelles de toutes les parties de son corps ; elle-même en fait jaillir une toutes les fois qu'elle cherche à toucher les objets voisins qui ne sont pas isolés. En même temps ses cheveux se hérissent et elle éprouve sur le visage une sensation semblable à celle que produit le contact d'une toile d'araignée.

De telles expériences étaient à cette époque faites pour exciter une vive admiration : aussi elles étaient répétées sous les formes les plus variées, et elles devenaient un sujet de récréation fort recherché. Brydone faisait monter sur des tabourets isolants deux personnes dont l'une avait une abondante chevelure, blonde autant que possible, et qui n'avait été ni poudrée, ni pommadée depuis plusieurs mois. L'autre tenait un peigne à la main et le passait dans l'abondante chevelure. Chaque coup de peigne produisait une lueur et l'on tirait des étincelles de ces deux personnes.

Bose, professeur à Wittemberg, eut un grand succès avec une expérience qu'il appelait la *béatification électrique*. Il mettait sur la tête de la personne montée sur le tabouret isolant une couronne de métal à pointes mousses. Lorsque cette personne était électrisée dans l'obscurité, il sortait de sa tête, par les pointes de sa couronne, des aigrettes lumineuses dont l'assemblage représentait assez bien l'auréole que les peintures nous montrent autour de la tête des saints. Bose ayant publié cette expérience, les physiciens cherchèrent à la répéter ; mais comme l'auteur n'avait pas mentionné la couronne, aucun d'eux ne réussit. La béatification devenait simplement une innocente supercherie. Pourtant Jallabert, professeur à Genève, s'approcha beaucoup de l'expérience de Bose, sans se servir du même artifice. Un jeune homme fut isolé avec soin, il était vêtu d'un tissu de fil et de coton, et il communiquait au moyen d'une grosse barre de fer avec un excellent globe que l'on électrisait. « Ses habits, dit Jallabert, principalement vers « les bords, se parsemèrent d'une infinité de points lu- « mineux. J'en aperçus aussi aux extrémités de ses che- « veux, surtout à ceux du derrière de la tête.... A six « pieds de distance de la barre, un bout de ficelle atta- « chée au plancher et qui servait de prolongement à un « des cordons de soie sur lesquels reposait la barre se « couvrit aussitôt de points lumineux[1]. »

Des lueurs électriques furent observées dans une foule de circonstances, non seulement dans l'air, mais aussi dans le vide de la machine pneumatique. Hauksbée faisait rentrer l'air dans le récipient de cette machine sous forme de bulles traversant une couche de mercure ; le mercure paraissait en feu. Mais il ne suffisait pas d'ob-

---

[1] *Éléments de Physique* de Sigaud de Lafond. Tome IV, 1777.

server les apparences bizarres des étincelles, des aigrettes et des lueurs, il fallait en étudier toutes les propriétés.

En 1744, Ludolf, médecin allemand, confirma l'idée de Dufay, que l'étincelle électrique était un véritable feu. Jusqu'alors aucune expérience n'avait montré la chaleur dans l'étincelle. Ayant versé de l'éther dans une capsule de métal isolée, il la fit communiquer avec le conducteur de sa machine électrique, et il tira avec le doigt une étincelle au-dessus du liquide; immédiatement l'éther s'enflamma. On réussit ensuite à enflammer l'alcool, la poussière de colophane, la poudre à canon, en la mêlant avec un peu de camphre et la chauffant préalablement; on ralluma une bougie, en faisant passer l'étincelle à travers la mèche encore chaude. Une importante propriété de l'étincelle se trouva démontrée par ces expériences.

Une nouvelle découverte vint agrandir encore le domaine de l'électricité; elle fut due encore au hasard; mais, reconnaissons-le bien, un pareil hasard n'arrive qu'à ceux qui consacrent leur vie à de patientes recherches, et pour lesquels la découverte d'une loi de la nature est la plus belle récompense que Dieu réserve à leur dévouement. Habitués à observer attentivement ce qui se passe autour d'eux, ils ne laissent rien échapper à leur investigation, et leur principal mérite est de savoir profiter d'une circonstance fortuite, d'en tirer les conséquences qui échapperaient à un spectateur ordinaire.

En 1746, à Leyde, Muschenbrock, célèbre professeur de cette ville, remarquant avec ses amis Cunéus et Allaman que les corps électrisés exposés à l'air perdaient rapidement leur électricité, imagina d'isoler les corps de l'air en les renfermant dans des vases mauvais conducteurs. Il voulut donc voir si l'eau placée dans une bouteille de verre recevrait plus d'électricité que si elle était contenue dans un vase ordinaire. Tenant d'une main

la bouteille, il voulut détacher la chaîne qui faisait communiquer l'eau avec le conducteur de la machine électrique, lorsqu'il crut l'eau suffisamment électrisée ; à cet
instant il se sentit frappé, sur les bras et sur la poitrine,
d'un coup subit qui l'étonna tellement que, rendant

Fig. 4. — Découverte de la bouteille de Leyde.

compte, quelques jours après, de cette expérience à
Réaumur, il l'assurait qu'il ne voudrait point la recom-
mencer pour la couronne de France [1] (fig. 4).

Ajoutons, pour compléter ce récit, qu'une étincelle
jaillit entre la main de l'opérateur et la chaîne, en même
temps qu'a lieu la commotion.

[1] *Éléments de Physique* de Sigaud de Lafond. Tome IV, 1777.

Après une étude sérieuse de ce phénomène, on adopta plusieurs perfectionnements qui augmentèrent la puissance de ce nouvel appareil. Allaman plongea la bouteille dans l'eau jusqu'au goulot, pendant qu'on l'électrisait, et pour recevoir la commotion, il toucha cette eau d'une main, tandis que de l'autre il touchait la chaine. La commotion et l'étincelle étaient plus fortes que précédemment. Enfin, Bevis supprima l'eau, aussi bien en dedans qu'en dehors de la bouteille ; il colla une feuille d'étain extérieurement, jusqu'à une certaine hauteur, remplit la bouteille de feuilles de clinquant, et ferma le goulot avec un bouchon traversé par une tige de cuivre recourbée. Telle est la forme usitée encore de nos jours. Pour se servir de l'appareil, on tient la bouteille par la panse, et on touche la machine électrique avec la tige de métal. Quand la bouteille est chargée d'électricité, il suffit d'approcher l'autre main du crochet pour éprouver la commotion et voir l'étincelle. Cette étincelle est grosse et brillante, lorsqu'on réunit la feuille d'étain extérieure et le crochet par un conducteur de cuivre à charnière (fig. 5). On appelle ce conducteur l'*excitateur*, et *armatures* les feuilles de métal qui garnissent l'appareil.

Pendant la seconde moitié du dix-huitième siècle, les physiciens multiplièrent à l'infini les expériences d'électricité.. Les appareils furent perfectionnés, particulièrement les machines électriques.

Dufay n'avait employé que des tubes de verre, bien que déjà Hauksbée eût disposé un globe tournant rapidement autour d'un axe. Hausen à Leipzig, Bose à Wittemberg, se servaient de ce dernier procédé. Le P. Gordon faisait tourner un cylindre de verre à l'aide d'un archet. Les globes de verre étaient généralement adoptés à l'époque de l'expérience de Leyde. Leur usage était assez périlleux. On voyait souvent un globe voler en éclats pendant sa rotation et les fragments de verre étaient projetés assez loin dans un plan perpendiculaire à l'axe. Sigaud de Lafond raconte qu'un jour il vit un éclat de son globe couper à vingt-trois pieds de distance une corde qui supportait un aimant. Les machines à cylindre tournant rapidement donnaient lieu aux mêmes accidents. Aussi était-il nécessaire d'éviter l'emploi de la main comme frottoir. Winkler, à Leipzig, fixa un coussin contre le-

Fig. 5. — Décharge de la bouteille de Leyde.

quel le globe se frottait en tournant; mais, comme son coussin était trop rigide, le globe, qui n'était pas rigoureusement sphérique, ne touchait pas le coussin uniformément. Aussi Nollet rejeta l'usage du coussin et continua à se servir de la main. Il était pourtant bien facile de remédier à la rigidité du coussin : il suffisait de le presser légèrement contre le globe avec un ressort, et le contact se trouvait par là assuré pendant la rotation : c'est ce que fit Sigaud de Lafond.

En 1766, Ramsden construisit à Londres la première machine électrique à plateau de verre ; c'est encore ce genre de machine qui est le plus répandu aujourd'hui. Puis vinrent les machines de Van Marum, de Nairne. On obtint avec des plateaux de 1 à 2 mètres de diamètre de magnifiques étincelles ; on put charger de grandes bouteilles de Leyde, qu'on disposa *en batterie*, et les propriétés de ces beaux appareils furent rapidement connues.

On voit une machine de cette époque au Conservatoire des arts et métiers ; elle appartenait au duc de Chaulnes.

La plus grande machine à plateau est, dit-on, celle de l'Institut polytechnique de Londres ; son plateau a $2^m,27$ de diamètre et elle est mise en mouvement par une machine à vapeur. Celle du musée Teyler, à Harlem, construite en 1785 par Cuthberston, dans le système de Van Marum, a aussi une grande réputation. Les étincelles atteignent aisément 60 centimètres de longueur ; elles sont grosses comme un tuyau de plume et le *craquement* de Hauksbée devient une forte détonation. Parmi les plus importantes découvertes qui furent faites dans cette période, celles qui se rattachent à notre sujet sont les découvertes de l'*influence électrique* par Canton en 1753, de l'électrophore par Wilke, en Suède, vers 1776, de la propagation de l'électricité à de très grandes distances, qui fut observée en Angleterre sur le mont Shooter, vers 1747.

Lorsqu'un conducteur isolé est en présence d'un corps électrisé, il présente à son extrémité la plus rapprochée de l'électricité contraire à celle du corps, et à son extrémité la plus éloignée de l'électricité semblable. L'étude approfondie de ce phénomène permit d'enchaîner entre eux la plupart des faits connus. Malheureusement on se servit d'hypothèses relatives à la nature de l'électricité, pour établir cet enchaînement, et la théorie de Symmer et d'Œpinus, qui eut assez de vogue pour être professée jusqu'à nos jours, n'est pas conforme aux principes de la méthode expérimentale. Les apparences lumineuses que

présentent les corps électrisés conduisirent tous les physiciens à regarder l'électricité comme un fluide que la
plupart confondaient avec la matière du feu. Nous savons
aujourd'hui que le feu n'est pas un fluide, et les considérations développées dans le chapitre précédent s'appliquent à l'agent inconnu des phénomènes électriques.
Tout nous porte à penser que cet agent est un mode particulier du mouvement de la matière, et qu'une hypothèse fondée sur une telle conception est seule acceptable.
On voit par ces remarques quelle était l'importance de
la découverte de Canton.

L'électrophore de Wilke est la plus simple des machines
électriques, et il peut donner de très fortes étincelles,
quand il a des dimensions suffisantes. On en construisit
un à Gœttingue, dont le diamètre avait plus de deux mètres. C'est simplement un plateau de métal, ou de bois
recouvert d'étain, qui est muni d'un manche de verre et
posé sur un gâteau de résine. Pour s'en servir, on frappe
le gâteau avec une peau de chat, ce qui l'électrise négativement. Puis, posant le plateau conducteur, on le touche
avec le doigt ; une étincelle jaillit. Ensuite on enlève le
plateau, en le tenant par son manche de verre, et il se
trouve électrisé positivement, et capable de donner des
étincelles. Cette série d'opérations peut-être répétée un
grand nombre de fois, sans qu'il soit nécessaire de frap-
per de nouveau le gâteau de résine avec la peau de chat,
celui-ci conservant longtemps son électricité.

On peut regarder l'expérience du mont Shooter comme
le précurseur de la télégraphie électrique et d'une foule
d'applications de l'étincelle, que nous étudierons dans la
suite. Elle a donc pour nous une importance capitale :
aussi la décrirons-nous avec quelques détails.

Deux observateurs se placèrent à une distance de
10 600 pieds environ l'un de l'autre, sur un terrain sec.
Entre eux était une bouteille de Leyde isolée, de laquelle
partaient deux fils de fer soutenus par des morceaux de

bois sec. L'un de ces fils, ayant 6732 pieds de long, communiquait avec l'armature extérieure de la bouteille, et arrivait à la portée d'un des observateurs; l'autre fil, ayant 3868 pieds de long, partait de l'armature intérieure et aboutissait à l'autre observateur. Lorsque la bouteille eut été chargée, le premier toucha le fil de fer placé près de lui, et le second approcha son doigt du fil correspondant. Une étincelle jaillit, et les deux observateurs reçurent simultanément un e commotion [1]. L'électricité s'était donc propagée avec une rapidité extrême le long d'un fil de 10 600 pieds.

Avec les puissants engins que l'on possédait déjà à cette époque, avec des machines capables de charger des batteries de 58 mètres carrés de surface (batterie de Harlem), dont la commotion tuait un bœuf, qui rendaient incandescent et fondaient un fil de fer de 20 mètres, il était facile d'établir l'identité de la foudre et de l'étincelle électrique. Lorsque Franklin, Dalibard, de Romas, Le Monnier et tant d'autres physiciens eurent réussi à charger des conducteurs, des batteries de Leyde, avec l'électricité des nuages, et à reproduire dans le laboratoire la plupart des effets de la foudre, tous les doutes furent dissipés.

La foudre n'est qu'une gigantesque étincelle entre un nuage et un point voisin du sol; l'éclair est l'étincelle entre deux nuages; le tonnerre est le bruit de ces étincelles, lequel est prolongé lorsque les divers points de l'étincelle sont à des distances inégales de l'observateur, ou lorsqu'il y a succession d'étincelles. Telle est la conclusion des recherches souvent périlleuses des savants du dernier siècle. Dans une période de cent années à peine, le petit fait connu depuis Thalès avait transformé la physique, et amené l'homme à dompter l'une des forces les plus formidables de la nature. Aussi que d'admiration

---

[1] *Histoire de l'Électricité*, par Priestley. Tome I.

chez les spectateurs qui se pressaient à l'envi autour des appareils d'électricité ! que de courage et de persévérance chez les savants qui scrutaient les mystères de cette force nouvelle ! La science compte parmi ses martyrs un célèbre électricien de ce temps.

Richmann, à Saint-Pétersbourg, avait disposé dans son cabinet une boule de métal, au bas d'une longue tige de fer qui traversait le toit, et qui était isolée. Lorsqu'un nuage orageux passait au-dessus de la tige, celle-ci s'électrisait par influence, ainsi que la boule. Au-dessous était un conducteur communiquant avec le sol, que l'on plaçait auprès de la boule, afin d'en tirer des étincelles. Richmann s'approcha un jour trop près de la boule ; une étincelle de 30 centimètres le frappa au front et le tua : c'était le 16 mai 1753.

Le commencement du dix-neuvième siècle fut encore plus fécond en découvertes inattendues. Après la pile de Volta (1800) et l'expérience d'Oerstedt (1820), la science de l'électricité progressa avec une rapidité dont on n'avait jamais eu l'exemple.

Non seulement des faits nouveaux s'accumulèrent et des lois nombreuses furent déduites des expériences, mais encore les applications les plus extraordinaires surgirent de toutes parts. Grâce à la perfection des instruments d'observation et à la précision des méthodes, il semble qu'il suffisait de toucher un corps terrestre pour y voir apparaître l'électricité. Cet agent, presque inconnu un siècle auparavant, se révélait alors à chaque pas, devant l'œil attentif du physicien, comme une force incessamment en action, aussi universelle que la chaleur et la lumière. Physiciens, chimistes, naturalistes, tous ceux qui interrogeaient la nature consacraient une partie de leurs veilles à cette science nouvelle, qui envahissait tout, mais qui les récompensait largement de leurs efforts. Parmi tant de glorieuses conquêtes, l'industrie trouva de nouveaux moyens d'accroître sa puissance ; elle créa la té-

légraphie, l'éclairage électrique, les machines électroma-
gnétiques, qui passionnent aujourd'hui tant d'inventeurs.

Essayons de suivre, au milieu de cet immense mouvement scientifique, la trace des découvertes qui concernent l'étincelle, afin de nous renfermer dans notre sujet.

Volta et tous les physiciens qui s'étaient servis de la pile
avaient remarqué que lorsqu'on sépare les deux fils conducteurs qui ferment le circuit, une petite étincelle apparaît au point de rupture. On désigne ce phénomène
sous le nom d'*Étincelle de rupture*. Il n'y avait guère de
ressemblance entre cette étincelle et celle que donne
une bouteille de Leyde.

En 1813, Davy fit à l'Institution royale de Londres la
célèbre expérience de l'arc voltaïque. Sa pile était composée de 2000 couples, zinc et cuivre, ayant chacun une
surface de 2 décimètres carrés environ. Les conducteurs
aboutissaient à deux morceaux de charbon ayant 3 centimètres de longueur et 5 millimètres de diamètre ; leurs
extrémités taillées en pointe étant séparées par un intervalle d'un millimètre : on vit paraître une brillante étincelle, et les charbons devinrent incandescents dans la
moitié de leur longueur. Davy écarta ensuite les charbons l'un de l'autre jusqu'à la distance de 11 centimètres,
et la lumière persista, ayant l'aspect d'une gerbe de feu,
se courbant et s'agitant continuellement. Le platine,
métal infusible au feu de forge, fondait dans cette gerbe,
comme la cire dans la flamme d'une bougie ; les pierres
les plus réfractaires, le diamant, disparaissaient rapidement au milieu de ce foyer qui semblait les dévorer.
La pile ressemblait à une puissante batterie de Leyde
mettant en jeu une quantité intarissable d'électricité.

On fit l'expérience dans le vide en disposant les charbons au centre d'un ballon de verre ; on réussit à donner à
l'arc lumineux une longueur de 18 centimètres. Le même
appareil servit à étudier l'arc au milieu de divers gaz. On
le produisit aussi dans les liquides.

Les physiciens répétèrent à l'envi cette belle expérience et étudièrent les diverses propriétés de l'arc voltaïque. Les principales recherches faites sur ce sujet depuis Davy sont celles de Brandt, de La Rive, Faraday, Quet, Sillimann, Despretz, Van Breda, Matteucci, Daniell, Fizeau et Foucault, Wheatstone. Ce dernier découvrit les raies brillantes du spectre que l'on observe en regardant l'arc à travers un prisme. Des raies analogues avaient été vues pour la première fois, en 1802, par Wollaston, dans le spectre des étincelles ordinaires. Frauenhofer, Wheatstone et surtout Masson, en 1850, poursuivirent cette étude qui a conduit à l'*analyse spectrale*, dont nous avons déjà parlé.

En 1832, Faraday en Angleterre, et Henry en Amérique, faisaient deux découvertes qui firent connaître de nouveaux moyens de produire l'étincelle électrique, soit avec la pile, soit avec des aimants, soit enfin par le simple déplacement d'un conducteur convenablement orienté par rapport au globe terrestre. De ces deux découvertes, la plus importante était celle de Faraday. Suggérée par les conséquences que l'illustre Ampère avait tirées de ses expériences d'*électro-dynamique*, et de celles d'Arago sur l'*électro-magnétisme*, expériences qui suivirent de près celle d'Oerstedt, l'idée de l'*induction* avait été émise par Ampère lui-même ; mais il n'avait pas réussi à la réaliser, et la découverte de cette nouvelle classe de phénomènes électriques était réservée à Faraday.

Elle fut le point de départ d'une admirable série de recherches, poursuivies sans relâche jusqu'en 1868, époque de sa mort. Faraday rattacha sa propre découverte et celle d'Henry au même principe, lequel embrasse une foule de phénomènes qui ont été successivement observés par divers expérimentateurs.

Voici en quoi il consiste essentiellement :

Ayez deux circuits fermés voisins, dont l'un soit à l'état naturel, et l'autre traversé par un courant électrique ;

tout déplacement momentané de l'un d'eux fera naître
dans le premier un courant également momentané.

Dans l'une des premières expériences qui conduisirent
à ce principe, Faraday avait enroulé sur une bobine de
bois creuse (fig. 6) un fil de cuivre recouvert de soie.
Les extrémités de ce fil étaient réunies au fil d'un *galvanomètre* ; une seconde bobine pouvant entrer dans la première était enveloppée d'un fil semblable, dont les extrémités communiquaient respectivement avec les pôles

Fig. 6. — Induction volta-électrique.

d'une pile voltaïque. En rapprochant les deux bobines, il
vit l'aiguille du galvanomètre dévier un instant, ce qui,
d'après l'expérience d'Oerstedt, indiquait un courant temporaire dans le premier fil ; en les séparant, il vit l'aiguille dévier de l'autre côté, et pendant un instant seulement, ce qui indiquait un courant temporaire de sens
contraire au précédent.

Faraday vit les mêmes effets se produire quand il introduisait dans la bobine creuse un aimant ou quand il
le retirait. Telle est l'origine des courants que l'on dési-

gne ordinairement sous les noms de *courants d'induction
volta-électriques* et de *courants d'induction magnéto-électriques.*

L'année même de la découverte de l'induction, Pixii
construisit à Paris un appareil produisant des courants
magnéto-électriques assez intenses, et il réussit à faire
jaillir des étincelles de rupture, et même à charger faiblement une bouteille de Leyde. Saxton et Clarke perfec-
tionnèrent ce genre de machines, avec lesquelles on obtint de l'électricité à l'aide d'un aimant, sans qu'on eût
besoin ni de plateau de verre, ni de pile ; de plus, elles
donnaient aussi bien les effets des machines à frottement
que ceux de la pile. Plus tard, on les perfectionna tellement, qu'on les fit servir à l'éclairage électrique. C'est à
cette classe d'appareils qu'appartiennent la machine de
Nollet, aujourd'hui employée aux phares ; celle de Ladd,
construite pour le même usage, d'après les idées de
Wheatstone et Siemens ; enfin celle de Gramme.

On imagina aussi une foule d'appareils volta-électriques, dans lesquels ce n'est plus un aimant, mais une
pile qui est l'excitateur du courant. Les appareils de cette
espèce jouent un rôle plus important que les précédents
dans la production des étincelles. Mais leur histoire est
liée à celle de la découverte d'Henry, et par conséquent
nous avons besoin de la faire connaître préalablement.

Henry remarqua le premier que, les conducteurs de la
pile étant plongés dans une capsule pleine de mercure,
l'étincelle qui se produit au point d'interruption du circuit, lorsqu'on retire du mercure l'un des conducteurs,
est plus brillante avec un conducteur très long qu'avec
un conducteur très court. L'étincelle augmente encore
d'intensité lorsque le fil est enroulé un grand nombre de
fois sur lui-même. Vers la même époque, Dal Nagro observa le même accroissement de l'étincelle de rupture,
en employant comme conducteur le fil d'un *électro-
aimant.* Jenkins, Masson, Pouillet, observèrent aussi que,

si on touche d'une main le mercure, de l'autre l'extrémité du conducteur, on reçoit une commotion très forte
dans les circonstances où l'étincelle de rupture est grosse
et bruyante. Faraday reconnut que ce phénomène est dû
à l'influence que chaque portion du fil conducteur exerce
sur les portions voisines, influence qu'il a appelée *induction du courant sur lui-même* et *extracourant*.

L'étude de l'extracourant fut poursuivie à Paris par
Masson, qui entrevoyait la solution d'un nouveau problème.

Sans doute Davy avait obtenu une succession rapide
d'étincelles entre deux conducteurs séparés par un petit
intervalle ; mais il fallait pour cela que la pile fût composée d'un nombre considérable de couples, et le phénomène de l'arc différait essentiellement de l'étincelle de
nos machines à frottement, par l'énorme chaleur qui vaporisait les conducteurs, et par la petitesse de la longueur. On dit que dans l'arc voltaïque, et plus généralement dans le courant ordinaire de la pile, il y a en jeu
une énorme *quantité* d'électricité, et qu'elle est dépour-
vue de *tension*. On caractérise de cette manière la différence de cette électricité avec celle des machines à frottement, dont une faible quantité peut produire de longues
étincelles. En général, les mots *quantité* et *tension* de
l'électricité désignent deux qualités de l'étincelle ; la
quantité correspond à la grosseur, à l'éclat, à la chaleur
de l'étincelle, et la tension à sa longueur seulement.
L'emploi du premier de ces mots est assez naturel, quelque idée qu'on se fasse de la nature de l'électricité ; celui
du second résulte de ce que cet agent semble exercer
une pression sur l'air à la surface des corps, et vaincre
la résistance de cet air au point où éclate l'étincelle, de
même qu'un fluide renfermé dans une vessie la presse
intérieurement et la crève en un point, si la résistance
n'est pas suffisante.

Il était intéressant de trouver un moyen de donner de

la tension à l'électricité des piles. Car, si la quantité d'é-
lectricité qu'une pile ordinaire produit en une seconde
était répandue dans un conducteur isolé, elle pourrait
donner d'immenses étincelles, qui auraient la puissance
de la foudre. Tel est le problème que Masson voulait résoudre. On dit habituellement que l'électricité des machines à frottement est *statique* ou en équilibre, et que
celle du circuit voltaïque est *dynamique* ou en mouvement. Le problème de Masson était donc la conversion
de l'électricité dynamique en électricité statique.

C'est en 1841 qu'il obtint pour la première fois, avec
la collaboration de Bréguet, une étincelle à distance, en
utilisant l'extracourant d'une pile de huit éléments (système Daniell). Le conducteur était formé par un fil de
cuivre recouvert de coton, ayant $2^{mm},5$ de diamètre et
1300 mètres de longueur. Il était enroulé sur lui-même,
de manière à constituer une bobine creuse, ayant $0^m,25$
de hauteur, $0^m,22$ de diamètre extérieur, $0^m,17$ de diamètre intérieur. Un des bouts de ce fil communiquait
avec un *pôle* de la pile et avec une boule de *l'œuf électrique* (fig. 7). L'autre bout communiquait avec l'autre
pôle de la pile, par l'intermédiaire d'un appareil particulier, appelé *interrupteur*, et aussi avec la seconde boule
de l'œuf. Cet interrupteur se composait d'une roue de
cuivre dentée, montée sur un axe de fer isolé, et garnie
de bois dans l'intervalle des dents, puis de deux ressorts
de cuivre isolés, dont l'un touchait l'axe, et l'autre le
bord de la roue : à ces ressorts aboutissaient les conducteurs qui faisaient communiquer la pile avec le second
bout du fil de la bobine. Pour que cette communication
fût réelle et que le courant voltaïque s'établit dans la
bobine, il fallait que le second ressort touchât une des
dents métalliques de la roue. Quand celle-ci tournait, le
ressort touchait successivement une dent et le bois qui
la séparait de la suivante, et le courant était interrompu
chaque fois que le ressort touchait le bois.

On enleva l'air de l'œuf électrique avec la machine pneumatique ; on rapprocha les boules l'une de l'autre, en laissant un intervalle de deux ou trois millimètres ; puis on fit tourner la roue. Une succession d'étincelles apparut entre les boules, et en écartant les boules, on les amena à une longueur de 2 centimètres. « La boule

Fig. 7. — Étincelle par l'extracourant.

« et toute la tige formant le pôle positif, disent les au-
« teurs, sont entourées d'une atmosphère violette ; la
« boule négative est entièrement nue. Entre les deux
« boules existe une aigrette lumineuse, une espèce de
« flamme rougeâtre, dont la boule négative est la base,
« et l'on aperçoit sur cette même boule une multitude
« de petits points très brillants, qui représentent une

« sorte de bouillonnement. Souvent, en augmentant en-
« core la distance des boules, nous avons aperçu l'ai-
« grette *interrompue par un petit intervalle obscur.* De
« la tige de laiton positive s'échappaient de temps en
« temps des éclairs très brillants, de petites flammes
« blanches bordées de bleu, formant la base d'arcs d'un
« rouge violacé qui se terminaient à une pareille flamme
« sur la boule négative [1]. » Ces curieux détails de l'étincelle sont justement ceux qu'on observe dans le même
appareil avec l'électricité des machines à frottement. Le
problème posé par Masson était donc résolu. Masson et
Bréguet complétèrent leur découverte en répétant l'expérience de l'œuf électrique avec les courants induits de
Faraday.

Pour cela, la bobine précédente fut remplacée par une
bobine à deux fils juxtaposés. Un des fils formait le circuit *inducteur* avec la pile et l'interrupteur ; l'autre formait le circuit *induit* avec l'œuf électrique. Quand on
tournait la roue, la gerbe lumineuse apparaissait entre
les boules.

Ils employèrent aussi des courants magnéto-électriques
et obtinrent des effets que ni la machine de Pixii ni
celles de Saxton et de Clarke ne pouvaient produire.

Ces remarquables travaux ouvraient la voie aux constructeurs, et les appareils volta-électriques prirent place
dans tous les cabinets de physique, sous le nom de
bobines d'induction.

Ruhmkorff, à Paris, acquit bientôt une grande réputation, par les nombreux perfectionnements qu'il apporta
dans ces appareils. Mettant à profit ses propres observations et celles des physiciens du monde entier, parmi
lesquels on doit signaler au premier rang de La Rive,
Poggendorff, Fizeau, Foucault, il acheva d'une manière
inattendue l'œuvre entreprise par Masson, qu'une mort

[1] *Annales de Physique et de Chimie,* 3e série. Tome IV.

prématurée avait ravi à la science. En 1851, Ruhmkorff
construisait des bobines d'induction qui donnaient dans
l'air des étincelles de quelques centimètres. Apprenant
que Hearder, à Plymouth, avait construit un appareil
plus puissant que le sien, il se mit courageusement à
lutter avec son rival, et quelque temps après il offrait au
monde savant une grande bobine sur laquelle était
savamment enroulé un fil de cuivre excessivement fin,
parfaitement isolé, et ayant une longueur de plusieurs
centaines de kilomètres ; entre les extrémités de ce fil,
excité par le courant inducteur d'une pile de huit couples, jaillissait une étincelle de 80 centimètres. La victoire lui resta ; victoire glorieuse, car, en même temps
que Ruhmkorff contribuait au progrès de la science, en
lui fournissant un engin nouveau, il apportait à l'industrie de nombreuses applications, dont l'importance égalait
au moins celle de la télégraphie, de l'éclairage électrique,
et de toutes les inventions fondées sur l'emploi de l'électricité ! Le monde entier admirait les expériences variées
que l'on fait avec le nouvel appareil. Le gouvernement français ayant mis au concours l'*application de la
pile*, le jury décerna le prix à la *bobine Ruhmkorff*
en 1867.

Outre les courants volta-électriques et magnéto-électriques, la découverte de Faraday eut encore une conséquence qui permit de produire l'étincelle électrique sans
pile et sans aimant.

L'action de la terre sur les aimants, connue depuis
Thalès, et celle qu'elle exerce sur les courants, observée
pour la première fois par Ampère en 1820, conduisirent
Faraday à penser qu'il pourrait produire l'induction dans
un circuit fermé en le faisant mouvoir d'une manière
convenable. Il vérifia par l'expérience la justesse de son
raisonnement, et il appela *électro-telluriques* les courants
de ce nouveau genre. Ce furent Palmeiri et Santi-Linari
qui réussirent les premiers à en tirer l'étincelle ; mais

elle était très faible, et son origine est la seule chose qui nous intéresse.

On voit par ce qui précède que l'année 1800, époque de l'apparition de la pile, partage les recherches sur l'électricité en deux grandes périodes : la première, de 150 ans environ, est exclusivement consacrée à l'électricité statique ; la seconde, qui s'étend jusqu'à nos jours, est en grande partie consacrée à l'électricité dynamique, et elle est incomparablement plus féconde que la première. Sans doute il reste encore des découvertes à faire ; mais ce que la science a le droit de réclamer avant tout, après que tant d'observations ont été accumulées, c'est l'éclaircissement des questions obscures, l'achèvement de quelques-unes, et finalement la coordination rationnelle de tous les faits bien connus ; c'est, en un mot, le parachèvement de l'œuvre commencée il y a deux siècles à peine.

Parmi les divers modes de production de l'étincelle qui sont connus aujourd'hui et qui appartiennent à la seconde période, il y en a deux qui ne se rattachent pas à la pile de Volta ; c'est pour cela que je les ai réservés pour la fin de cette exposition.

En 1840, le mécanicien Patterston, dans une houillère de Newcastle, voulant un jour ajuster un poids sur la soupape de sa chaudière, fut très étonné de sentir des picotements particuliers, quand il touchait le levier ; l'une de ses mains touchait le jet de vapeur qui sortait de la soupape, pendant que l'autre touchait le levier. Il observa plus attentivement la cause de ces picotements et il vit que des étincelles jaillissaient entre sa main et le levier, et même toutes les parties de la chaudière. Informé de ces curieux effets, Armstrong se livra à une série d'expériences sur diverses chaudières à vapeur, notamment sur une locomotive qu'il eut soin d'isoler. Monté lui-même sur un tabouret isolant il tenait d'une main un conducteur qu'il plongeait dans le jet de vapeur, et de l'autre il tirait des étincelles de tous les corps voisins. Il opéra ensuite. avec une. petite chaudière spéciale afin de mieux préciser les circonstances du phénomène, et il trouva que l'électricité se développait à l'endroit du robinet où

Fig. 8. — Machine hydro-électrique d'Armstrong.

le passage du jet était rétréci. Plus tard, Schafhœutl reconnut que la vapeur sèche ne donnait pas d'électricité ; il fallait qu'elle fût mêlée à des gouttelettes liquides. Ce fut Faraday qui prouva définitivement que l'électricité était developpée par le frottement de ces gouttelettes contre les parois de l'ajutage. Pour recueillir l'électricité, on disposa devant l'ajutage un conducteur muni de pointes et isolé (fig. 8); on isola aussi la chaudière. On obtint de longues étincelles, soit entre le conducteur et le corps de la chaudière, soit entre l'un ou l'autre et un corps quelconque communiquant avec le sol.

Telle est la *machine hydro-électrique* d'Armstrong. Celle de la Faculté des sciences de Paris est la plus grande que l'on ait construite ; le robinet de sortie de la vapeur porte 80 becs ; elle donne des étincelles de plusieurs décimètres de longueur et de plusieurs centimètres de largeur. Elle se trouve au Conservatoire des arts et métiers, dans la galerie des machines.

En 1862, Holtz, de Berlin, a inventé une nouvelle machine électrique d'un emploi très commode, quand on a besoin d'une succession rapide de longues étincelles. L'électricité de cette machine est remarquable par la *quantité* et par la *tension :* elle peut donc faciliter certaines recherches sur l'étincelle. Son principe est celui de l'*influence*. On l'amorce à l'aide d'un corps quelconque, électrisé par le frottement, et elle peut fournir ensuite des quantités indéfinies d'électricité. Nous la décrirons dans le chapitre suivant.

Piche et Bertsh ont aussi construit des machines jouissant de propriétés analogues. Leur principe est celui de l'électrophore de Wilke.

Ces diverses machines sont aujourd'hui très répandues, et elles subissent chaque jour quelque modification entre les mains des physiciens ou des amateurs qui se plaisent à répéter les expériences d'électricité, dont on est presque aussi avide qu'au temps de l'abbé Nollet.

CHAPITRE II

Ces appareils se divisent en deux grandes classes, comprenant d'une part ceux qui produisent l'*étincelle explosive*, d'autre part ceux qui produisent l'*arc voltaïque*, c'est-à-dire une lumière continue entre deux conducteurs.

PREMIÈRE CLASSE

1. — Machines électriques à frottement.

Le type de ces machines est la machine à plateau de verre de Ramsden; on la trouve dans tous les cabinets de physique, donnant des étincelles de 10 centimètres environ, lorsque le plateau a un diamètre de 80 centimètres. Elle a été perfectionnée par divers constructeurs, surtout en Allemagne.

On distingue deux parties dans ces machines : le *générateur*, formé du plateau de verre et des coussins, et le *récepteur*, formé de grosses pièces de cuivre, aux formes arrondies, supportées par des pieds de verre, et portant des pointes métalliques dans le voisinage du plateau. Lorsqu'on fait tourner le plateau, chaque portion s'électrise *positivement* en passant entre les coussins, tandis que ceux-ci s'électrisent *négativement;* puis, arrivée en face des pointes du récepteur, elle électrise celui-ci par *influence.*

L'électricité négative se produit aux pointes, et des aigrettes lumineuses s'y manifestent, en faisant entendre une sorte de crépitation; cette électricité *neutralise* celle du plateau. L'éctricité positive se produit dans tout le reste du récepteur et sert aux expériences.

Ces phénomènes s'accomplissent d'une manière continue quand on entretient le mouvement du plateau. Dès qu'on l'interrompt, l'électricité se perd par l'air et les pieds de verre.

Il faut que les coussins perdent l'électricité négative, à mesure qu'elle s'y développe; sans cela, leur frottement serait beaucoup moins efficace pour l'électrisation du plateau, et la machine n'aurait pas toute sa puissance. Dans la machine de Ramsden, le support de bois des coussins est muni d'un ruban de cuivre auquel on attache une chaîne descendant sur le sol, et les coussins touchent ce ruban.

Dans la machine de Hempel, il n'y a qu'une paire de coussins soutenue par une colonne de verre; on y attache une chaîne pour les faire communiquer avec le sol, quand on veut employer le récepteur à la manière ordinaire. Cette machine offre un avantage : elle peut servir à la production de l'une ou l'autre électricité, comme celle de Van Marum, et encore des deux électricités à la fois, comme celle de Nairne.

2. — Multiplicateurs électriques.

Le caractère de ces machines est de développer des quantités indéfinies d'électricité, à l'aide d'une corps fai-

blement électrisé, tel qu'une petite plaque de caoutchouc
durci frottée au préalable par une peau de chat. M. Jamin a proposé d'appeler ces appareils *multiplicateurs
électriques;* cette expression représente très bien leur caractère général.

M. Holtz, de Berlin, a imaginé la première machine de
ce genre en 1865. Après lui, MM. Piche, Bertsh, Carré, à
Paris, Tœpler, à Riga, ont construit des machines analogues; les unes et les autres sont aujourd'hui très
répandues.

On peut comparer le jeu de ces appareils à celui de
l'*électrophore.* Car nous avons vu qu'après avoir électrisé
une seule fois le gâteau de résine, on peut tirer du plateau conducteur un nombre indéfini d'étincelles. Il suffit
de toucher ce plateau avec le doigt, ce qui donne lieu à
une première étincelle; de le soulever, d'en tirer une seconde étincelle, de le replacer sur le gâteau, et de re-
commencer cette série d'opérations autant de fois que
l'on voudra. La principale difficulté consiste en ce que
l'électricité du gâteau se perd peu à peu, par l'action de
l'air et du support.

Le multiplicateur de M. Piche réalise cette série d'o-
pérations de la manière la plus simple. Le voici tel qu'il
est construit, avec quelques perfectionnements, par
M. Bertsh (fig. 9).

Un disque de verre ou de caoutchouc durci D peut
tourner assez rapidement autour d'un axe horizontal. Il
passe d'un côté entre une plaque de caoutchouc et un
peigne métallique N qui termine un conducteur isolé, de
l'autre près d'un second peigne M disposé comme le premier, au point diamétralement opposé. Un conducteur à
tirage A adapté à l'un des conducteurs sert à établir
entre eux un intervalle convenable.

Pour se servir de l'appareil, on prend à la main la
plaque de caoutchouc et on l'électrise avec une peau de
chat; puis on la remet en place et on tourne le plateau.

Immédiatement les étincelles se succèdent avec rapidité dans l'intervalle des deux conducteurs.

Analysons ce qui se passe dans les diverses parties du système. Le caoutchouc est électrisé négativement; il joue le rôle du gâteau de résine dans l'électrophore. La

Fig. 9. — Multiplicateur électrique de Bertsh.

portion du disque tournant qui l'avoisine est électrisée par influence; elle se comporte comme le plateau conducteur de l'électrophore. Entre le peigne situé de l'autre côté et le disque jaillit une étincelle; le conducteur de ce peigne se comporte comme la personne qui tire la première étincelle du plateau de l'électrophore. Puis la portion con-

sidérée du disque tournant s'éloigne rapidement, elle arrive
en face du second peigne, et produit là une seconde étincelle; celle-là est analogue à la seconde étincelle du plateau de l'électrophore. Enfin, après un demi-tour le disque
se retrouve à son point de départ; c'est la dernière
partie de l'opération. L'analogie est complète. Voici ce
qu'il y a de nouveau.

Dans le fonctionnement de l'électrophore l'opérateur
n'est pas isolé; le doigt qui fait jaillir la seconde étincelle ne l'est pas non plus généralement. Ici au contraire
les deux conducteurs munis de peignes sont bien isolés.
Par suite ils s'électrisent, et une troisième étincelle jaillit
entre leurs extrémités opposées aux peignes, quand la
distance qui les sépare n'est pas trop grande. De plus,
comme les diverses portions du disque se succèdent rapidement en passant par la même série d'opérations, il y
a continuité de petites étincelles à chacun des peignes;
elles ne sont visibles que dans l'obscurité, sous l'apparence d'aigrettes crépitantes. Les conducteurs s'électrisent, mais ils ne donnent la troisième étincelle que
lorsque l'électricité s'y trouve suffisamment accumulée :
cette étincelle n'éclate donc qu'après des intervalles de
temps appréciables, et elle est d'autant plus forte que
ces intervalles sont plus grands. On change la grandeur
de ces intervalles, en déplaçant le conducteur à tirage,
et l'on modifie de cette manière la longueur et le bruit
des étincelles. Plus les étincelles sont longues, plus elles
sont bruyantes, moins elles se succèdent rapidement.

On appelle ordinairement *pôles* de l'appareil ses deux
conducteurs A et C; le supérieur est électrisé positivement et l'autre négativement. Quant au disque tournant,
la moitié est positive en passant du peigne inférieur au
peigne supérieur.

Il est remarquable que le rôle du plateau de l'électrophore soit ici rempli par une substance qui conduit mal
l'électricité, et qu'on emploie habituellement comme

isoloir. Si l'analogie existe entre ces deux modes de production d'électricité, il n'y a pas identité; la rapidité du mouvement du disque est une condition indispensable, ce qui montre une plus grande complexité dans le phénomène. Il est probable que la plaque de caoutchouc électrise d'abord par influence le conducteur inférieur à travers le disque tournant, et que l'électrisation de ce dernier n'a lieu qu'ultérieurement, sous l'influence des pointes du peigne, parce que la tension de l'électricité développée sur ces pointes compense le défaut de conductibilité du disque. Aussi M. Riess, qui a fait une théorie de ces effets, a-t-il proposé un principe nouveau, celui de *la double influence*. Mais nous ne devons pas aborder ici cette question; il nous suffit d'avoir rattaché le multiplicateur à un instrument plus simple et connu depuis longtemps.

L'inconvénient de la machine précédente est la déperdition graduelle que subit l'électricité sur la plaque de caoutchouc. Aussi les étincelles ne persistent que pendant un temps limité. La machine de M. Carré, construite en 1868, corrige ce défaut. Elle ne diffère de la précédente que par la substitution d'un petit plateau de machine ordinaire à la plaque de caoutchouc. On voit sur la figure 10 au bas du grand disque à rotation rapide, qui tourne devant deux conducteurs, comme celui de la machine de Bertsh, un disque plus petit que l'on fait tourner lentement entre deux coussins, afin d'entretenir son électricité. La même manivelle commande les deux mouvements à l'aide d'une corde sans fin et de poulies de dimensions convenables. Ici le pôle supérieur est négatif, et l'inférieur positif.

En donnant au disque inférieur 38 centimètres de diamètre, et à l'autre 49, on obtient des étincelles de 20 centimètres. Cette machine est préférable à la précédente.

La machine de Holtz présente une particularité nouvelle. Il suffit pour la mettre en activité de faire tourner le plateau mobile et de toucher le bord d'une des fenêtres

pendant quelques instants seulement avec un corps faiblement électrisé ; on enlève ensuite ce corps et la machine fournit indéfiniment de l'électricité. Faire cette
opération préalable, c'est *amorcer* la machine.

Fig. 10. — Machine électrique de Carré.

Nous la rattacherons à l'électrophore de Wilke, en la
comparant à celle de Bertsh. Nous savons que le défaut
de cette dernière est la déperdition de l'électricité de la
plaque de caoutchouc ou co   n   ur. La machine de

Holtz non seulement produit de l'électricité dans les conducteurs munis de peignes, mais encore elle en produit pour compenser les pertes de l'inducteur, et le maintenir dans un état constant; elle répare d'elle-même ses pertes. Cette propriété lui donne un caractère incontestable d'originalité et de supériorité qui la distingue de toutes les autres. La logique eût exigé qu'elle fût inventée après les précédentes, puisqu'elle leur apporte un perfectionnement notable. Mais les découvertes dans les sciences d'observation ne se succèdent pas toujours suivant les règles de la logique; l'originalité naît le plus souvent de l'imprévu.

L'*élément principal* de la machine se compose d'une feuille de papier isolée et d'un peigne métallique, entre lesquels tourne le disque de verre. On électrise négativement ce papier en le touchant pendant quelques instants avec une plaque de caoutchouc durci, que l'on a frottée avec une peau de chat. C'est cette feuille de papier, appelée *première armature*, qui électrise ensuite par *double influence* le conducteur du peigne négativement, et le disque de verre positivement. Il faut, pour compenser la déperdition d'électricité que subit cette armature, lui fournir incessamment une petite quantité d'électricité négative. On obtiendrait ce résultat en y adaptant une pointe, dans la partie la plus éloignée du peigne, et présentant constamment à cette pointe un corps électrisé négativement, qui serait entretenu dans cet état. C'est le disque de verre lui-même qui remplit cette fonction. Nous avons vu en effet que la moitié du disque est électrisée positivement du peigne inférieur au peigne supérieur dans la machine de Bertsh, et que l'autre moitié est à l'état naturel : s'il est possible d'électriser négativement cette seconde moitié, elle agira sur la première armature, comme nous le désirons. La feuille de papier qui constitue cette armature sera donc taillée en pointe du côté où le disque tournant vient à sa rencontre (fig. 11).

Cherchons maintenant le moyen d'électriser négativement
la seconde moitié du disque.

Réunissons les deux peignes métalliques par un conducteur, au lieu de les laisser séparés, comme cela avait lieu
dans les machines précédentes ; il en résultera que l'électricité négative du peigne inférieur se portera sur les

Fig. 11. — Machine électrique de Holtz.

pointes de l'autre, et lorsque le disque arrivera en face de ces
pointes, à l'état naturel, celles-ci l'électriseront négativement par étincelle, et nous aurons la seconde moitié du
disque dans l'état qui nous convient. Tout revient donc
à ramener chaque portion du disque tournant à l'état naturel, avant qu'elle arrive en face des pointes du peigne
supérieur.

Pour atteindre ce but, plaçons en face de ce peigne, de l'autre côté du disque, une feuille de papier, disposée comme la première, avec sa pointe tournée du côté vers lequel arrive le disque ; ce sera une *seconde armature*. Elle sera électrisée par l'influence du peigne ; l'électricité positive y restera, et l'électricité négative développée à sa pointe neutralisera l'électricité positive de la portion du disque que nous considérons. Le problème est complètement résolu. La seconde armature et le peigne qui lui correspond forment *l'élément auxiliaire* de la machine.

La machine de Holtz, telle qu'elle était construite par Ruhmkorff, est représentée sur la figure 11.

Un disque de verre présente deux ouvertures ou fenêtres A et D sur un même diamètre. Chacune d'elles porte une bande de papier, collée sur l'un de ses bords et découpée en pointe vers le centre de la fenêtre. En face des deux bandes de papier sont les peignes de métal, portés par des conducteurs isolés B C. Les extrémités opposées de ces deux conducteurs peuvent être rapprochées ou éloignées l'une de l'autre à volonté. Enfin, entre le disque fixe et les peignes de métal se trouve un disque de verre que l'on peut faire tourner rapidement autour de son centre.

Pour mettre la machine en activité, on touche l'une des bandes de papier, A par exemple, avec une plaque de caoutchouc durci, préalablement frottée avec une peau de chat, et on met en contact les extrémités des conducteurs C et B. On fait tourner le disque mobile en sens contraire de la direction donnée aux pointes de papier; on sépare ensuite les conducteurs. On voit aussitôt des étincelles se succéder rapidement entre leurs extrémités C et B, quand elles sont peu écartées, et moins rapidement quand on augmente leur distance. On cesse de toucher la bande de papier A avec la plaque de caoutchouc, et la machine donne indéfiniment des étincelles, tant que dure la rotation du disque mobile.

L'armature A et le peigne qui lui correspond forment l'*élément principal*, l'armature D et son peigne forment l'*élément auxiliaire*. Résumons le rôle des diverses parties de l'appareil : le disque mobile tournant en sens inverse des aiguilles d'une montre, la portion située en A est électrisée positivement par le conducteur ABCD, lequel est électrisé négativement par l'influence de l'armature principale. Cette portion se porte rapidement vers l'armature auxiliaire ; celle-ci se trouve soumise à l'influence du conducteur, et l'électricité négative est développée à sa pointe, tandis que sa base acquiert de l'électricité positive. L'armature auxiliaire ramène donc la portion considérée du disque à l'état naturel, et accroît l'électricité négative du peigne D. Ce peigne électrise négativement le disque, et quand celui-ci s'approche de l'armature principale A, il y développe de l'électricité négative, ce qui répare les pertes de cette armature, et rentre à l'état naturel, puis en face du peigne de l'armature A, il recommence la même série d'opérations.

Le pôle négatif de la machine est à l'élément principal A ce qui veut dire que l'électricité est négative en B et positive en C, pendant que les étincelles jaillissent.

On comprend aisément qu'on ne peut faire tourner le disque mobile indifféremment dans un sens ou dans l'autre ; l'explication précédente indique formellement quel est le sens convenable.

Lorsqu'on arrête la machine, les électricités se dissipent dans l'atmosphère, et tout rentre à l'état naturel. On atténue cet inconvénient en faisant communiquer avec les conducteurs B, C, les armatures d'une petite bouteille de Leyde EF ; la machine peut conserver son activité et redonner des étincelles après quelques minutes de repos, sans qu'on ait besoin de l'amorcer de nouveau.

La machine ayant un disque de 60 cent. de diamètre donne des étincelles de 30 cent. Il faut la placer sur une table percée d'une ouverture, et mettre au-dessous un

fourneau allumé. Les disques de verre doivent être soigneusement vernis, de même que les armatures. Quand
la construction est bien faite, la machine fonctionne pendant plusieurs mois avec la plus grande régularité.

Comme il faut une très petite force pour la mettre en
mouvement, elle est d'un emploi très commode dans une
foule de recherches. On charge une batterie de Leyde en
faisant communiquer les deux éléments de la machine
respectivement avec les armatures de la batterie.

Une batterie de 9 bocaux ordinaire se charge en quelques secondes.

La machine de Holtz a reçu diverses améliorations dont
la plus importante concerne la disposition du disque fixe.
En réalité son rôle est de supporter les deux armatures,
en les isolant le mieux possible. Comme le découpage
des fenêtres est une manipulation délicate, ce qui augmente
le prix de l'appareil, on peut les supprimer, pourvu
que la pointe de l'armature se trouve toujours à l'intérieur, près du disque mobile, et que le reste du papier
soit à l'extérieur, afin qu'on puisse le toucher avec la
plaque de caoutchouc. M. Poggendorff perce un trou de
18 millimètres dans le verre, et l'obstrue avec du liège ;
puis il colle sur ce liège la pointe de papier en dedans et
la base en dehors. M. Bouchotte, de Metz, fait mieux encore ; il colle de chaque côté la pointe et la base du papier et les fait communiquer entre elles à l'aide d'une
petite bande d'étain de 5 millim. de largeur qui contourne le bord du disque.

On a disposé sur le plateau fixe plusieurs couples d'éléments au lieu d'un seul ; mais cette disposition rend la
machine coûteuse, sans offrir des avantages bien nota-
bles. L'isolement des armatures devient d'ailleurs plus
difficile.

Enfin, M. Kaiser, à Leyde, a combiné deux machines,
de manière à faire agir sur un seul système de conducteurs deux disques montés sur un seul axe mobile et les

5

deux plateaux fixes qui leur correspondent. Une machine
de ce genre donne plus d'électricité que deux machines
simples.

M. Tœpler, à Riga, a aussi combiné un plus grand
nombre de disques d'après le même principe. Mais tous
ces appareils sont très fragiles, très coûteux et leur entretien est plus difficile que celui de la machine simple ;
aussi est-elle presque exclusivement employée.

M. Holtz avait à l'Exposition universelle de 1867 une
machine à deux plateaux, qui tournaient en sens contraire entre quatre peignes conducteurs disposés de chaque côté des plateaux alternativement : Cette seconde
forme n'est pas usitée [1].

Une remarque importante doit être faite à propos des
multiplicateurs électriques en général et de la machine
de Holtz en particulier. Lorsqu'on a amorcé cette dernière
en communiquant à la bande de papier une certaine
quantité d'électricité, il suffit de tourner le plateau pour
en obtenir d'une manière continue et pendant tout le
temps que l'on voudra : ce plateau mobile est d'ailleurs
complètement libre ; aucun frottement n'intervient comme
dans la machine ordinaire pour produire l'électricité. Il
semblerait donc que, sans dépense d'aucune sorte, on obtient une création de force électrique : la machine de
Holtz serait tout simplement la réalisation du mouvement
perpétuel puisqu'elle donnerait une production indéfinie
de force sans dépense correspondante. L'expérience montre qu'il y a là une illusion et que le principe fondamental de la mécanique n'est pas en défaut. Si l'on fait tourner le plateau d'une machine bien construite sans qu'elle
ait été amorcée, l'effort à faire est extrêmement faible :
mis en mouvement de rotation et abandonné à lui-même,
le plateau continue à tourner très longtemps. Opérons de

---

[1] Voir les *Annales de chimie et de physique*, 4ᵉ série, tome XIII,
et le *Traité d'électricité* de M. Mascart. 1870.

même après avoir amorcé l'armature et nous reconnaî-
trons qu'il faut exercer un effort très notable pour entretenir le mouvement de rotation : nous serons obligés de
développer sur la manivelle de la machine un travail
mécanique bien plus grand que si l'appareil n'était pas
amorcé. Ce travail est la cause de la production de l'électricité. Il n'y a pas création de force, mais simplement
transformation d'une action mécanique en électricité :
l'apparition de celle-ci est accompagnée d'une dépense
de force musculaire qui lui est correspondante.

3. — Appareils d'induction magnéto-électrique.

Les appareils de Pixii et de Clarke ne donnent que
l'étincelle de rupture ; mais en partant de leur principe,
qui est celui des courants *magnéto-électriques*, M. Bréguet a construit en 1867 un nouvel appareil qui produit
de petites étincelles à distance, et dont les applications
sont très intéressantes : il lui a donné le nom d'*Exploseur
magnéto-électrique*, à cause de son application principale,
qui est l'explosion des mines. On le désigne communé-
ment sous le nom de *Coup de poing Bréguet*, d'après la
manière de s'en servir (fig. 12).

Deux bobines de fil de cuivre isolé, très fin et très
long, E, E, enveloppent les extrémités d'un aimant en fer
à cheval N D S; les communications de ces fils entre
eux et avec les bornes D, D, sont établies de façon qu'en
réunissant ces bornes par un conducteur, on forme un
circuit fermé, et de plus le sens de l'enroulement est le
même sur les bobines par rapport à l'aimant, supposé
rectiligne.

Une plaque de fer AA, est portée par un levier coudé
BM en cuivre, lequel est mobile autour d'un axe *a* parallèle à la ligne des pôles de l'aimant, et un gros bouton

de bois ou tampon se trouve au bout du levier B. Un ressort placé au-dessous presse ce levier et détermine le
contact de la plaque AA ou *armature* avec les extrémités de l'aimant.

Quand on frappe du poing le tampon B du levier, on
détache l'armature AA des extrémités de l'aimant; les
pôles se rapprochent de ces extrémités, et un courant est
induit dans le circuit des bobines. Ce courant n'a qu'une

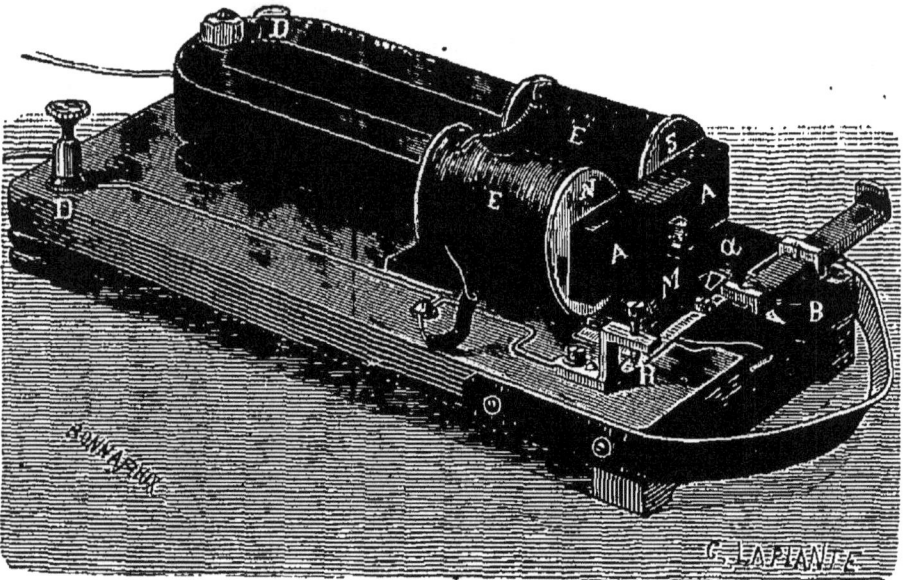

Fig. 12. — Exploseur de Bréguet.

très courte durée, d'autant moindre que l'arrachement
de l'armature est plus rapide.

Si on remplace le conducteur DD par deux pointes qui
ne laissent entre elles qu'un très petit intervalle, le courant s'établit encore et une étincelle jaillit dans l'intervalle qui les sépare.

M. Bréguet a ajouté une pièce qui accroît considérablement la tension de l'électricité, de sorte que la longueur de l'étincelle peut être beaucoup plus grande
qu'avec la disposition qui précède.

Sur le levier Ba est ajustée une lame de métal R parallèle à l'axe de rotation a, et que le levier entraîne avec lui. Lorsque l'armature AA touche l'aimant, cette lame touche une vis métallique isolée, et celle-ci est réglée de façon que la lame soit légèrement courbée. Quand on donne le coup de poing pour détacher l'armature, la lame R s'abaisse; mais elle ne cesse de toucher la vis qu'un instant après, au moment où elle se trouve redressée. Le contact de la vis et de la lame persiste donc pendant un certain temps, tandis que le courant induit est développé dans le fil des bobines, et le contact cesse avant que le courant ait disparu. On emploie cette pièce pour interrompre le courant induit, pendant son existence, et utiliser son *extracourant*.

Nous savons comment Masson et Bréguet opéraient quand il s'agissait d'un circuit voltaïque.

Ils établissaient de chaque côté du point d'interruption une communication avec les boules de l'œuf électrique, et quand l'interruption avait lieu, l'étincelle jaillissait entre les boules. Il faut faire ici la même chose : c'est-à-dire faire passer le courant induit par la lame R et la vis, et établir une première communication entre la vis et l'une des pointes D, puis une seconde entre la lame et l'autre pointe D ; alors ce sera l'étincelle d'extracourant qui jaillira entre les pointes.

Tout cela est réalisé dans l'exploseur de Bréguet. L'un des bouts du fil des bobines communique avec la lame R, et l'autre avec la vis qui lui correspond, et comme ces bouts communiquent déjà avec les bornes D, D, celles-ci mettent les pointes entre lesquelles doit jaillir l'étincelle en rapport avec la lame et la vis.

En résumé, voici quelle est la série d'opérations accomplies dans les diverses parties de l'exploseur; au moment où l'armature se détache de l'aimant, les pôles de celui-ci se déplacent; un courant induit se développe dans le circuit formé par le fil des bobines, la lame et la vis ;

rien n'a encore eu lieu entre les pointes explosives.
Avant que ce courant, dont l'intensité diminue graduellement, se soit notablement affaibli, il est interrompu
entre la vis et la lame; à cet instant les électricités contraires affluent sur ces deux pièces *avec une grande tension* et elles produisent l'étincelle entre les pointes,
pourvu que la résistance de l'intervalle qui les sépare
soit moindre que celle du fil des bobines.

On peut remplacer les pointes par les boules de l'œuf
électrique et obtenir l'étincelle dans le vide.

4. — Appareils d'induction volta-électrique.

Les appareils fondés sur le principe des courants volta-
électriques étaient construits par Ruhmkorff avec une
perfection que nous avons déjà signalée au lecteur. Les
bobines d'induction possèdent maintenant une *tension* si
considérable, qu'elles peuvent remplacer très avantageuse-
ment les machines ordinaires pour les expériences d'électricité statique. Les unes, de petite dimension, d'un prix
peu élevé, donnent des étincelles de deux ou trois centimètres dans l'air et servent fréquemment dans les laboratoires. Les autres, de grande dimension, assez coûteuses,
donnent des étincelles dont la longueur peut atteindre
quatre-vingts centimètres. Pour charger une batterie, il
faut que l'étincelle ait au moins quinze centimètres. Nous
décrirons les deux formes principales qui sont usitées;
elle se rattachent d'ailleurs de la même manière au principe de l'induction volta-électrique.

Le circuit *inducteur* est formé par une pile de quelques
éléments et par un gros fil de cuivre isolé, qui fait quelques tours seulement autour d'un faisceau de fils de fer
A (fig. 13). On a représenté le faisceau séparé de la bobine;
il s'introduit dans la cavité centrale de la grande bobine C.

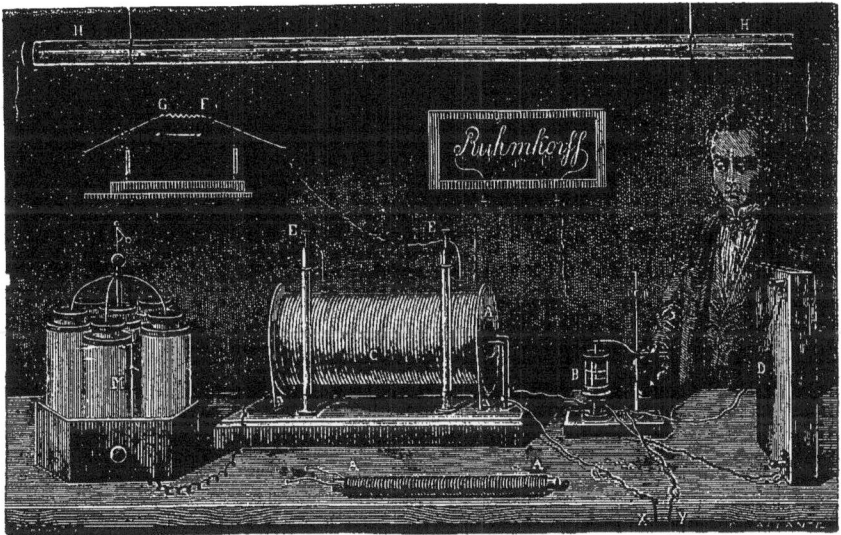

Fig. 13. — Bobine de Ruhmkorff.

L'interrupteur B est formé d'une pointe de platine communiquant avec un des conducteurs Y de la pile, et d'une couche de mercure communiquant avec le fil du faisceau A. L'autre bout du même fil est en communication avec le second conducteur X de la pile.

Une bobine C formée d'un fil de cuivre isolé, très fin et très long, entoure le faisceau A, et les extrémités de ce fil aboutissent à deux conducteurs isolés E E auxquels on attache des fils de métal qui établissent un circuit ayant une solution de continuité en G F ; c'est là que doit jaillir l'étincelle. Cette bobine et les conducteurs extérieurs composent le circuit *induit*.

Tant que le circuit inducteur est fermé, il est le siège d'un courant voltaïque continu, et il ne se produit rien dans le circuit induit. Mais sitôt qu'on ouvre le circuit inducteur en séparant la pointe de platine et le mercure au point B, il y a un courant temporaire dans la bobine C et l'étincelle jaillit dans l'intervalle G F, pourvu que celui-ci ne soit pas trop grand. Il y a de l'électricité positive à l'un des conducteurs E, et de l'électricité négative à l'autre. Ces électricités sont développées dans chaque moitié du fil de la bobine, avec une tension décroissante des extrémités au milieu. Quand l'intervalle G F n'est pas trop grand, ces électricités produisent l'étincelle et disparaissent ; si l'étincelle n'a pas lieu, les électricités se neutralisent dans le fil de la bobine.

L'induction est surtout due au faisceau de fil de fer. Le fil du circuit inducteur qui l'enveloppe a pour fonction l'aimantation de ce faisceau, quand ce circuit est fermé. Lorsqu'on interrompt le courant voltaïque, le faisceau se désaimante, et c'est ce changement d'état qui détermine l'électrisation de la bobine C. On démontre aisément ce rôle du fer, en l'enlevant sans changer le reste de l'appareil. L'étincelle ne jaillit plus en G F, que si l'intervalle est très petit. L'action du conducteur de la pile s'ajoute à celle du faisceau de fer; mais elle est incomparablement plus faible.

La tension des électricités développées aux extrémités du fil induit est d'autant plus grande que l'interruption est plus brusque; de cette condition dépend par conséquent la longueur de l'étincelle. Or le phénomène de l'extracourant s'oppose à la rapidité de l'interruption. Nous savons qu'au point B de séparation des deux portions de circuit voltaïque jaillit une étincelle de rupture, d'autant plus grosse que le circuit a plus de circonvolutions; le faisceau de fer augmente aussi la grosseur de cette étincelle; enfin sa durée croît avec sa grosseur. Or, tant que dure cette étincelle, le circuit voltaïque reste fermé : donc si l'on veut diminuer le plus possible la durée de l'interruption, il faut que l'étincelle de rupture ou *d'extracourant* soit la plus petite possible.

Cette condition a été réalisée par M. Fizeau, à l'aide d'une sorte de batterie de Leyde D, dont les deux armatures communiquent respectivement avec deux points du circuit inducteur de chaque côté du point d'interruption B.

A l'instant où le courant est interrompu, les électricités de l'extracourant se portent sur les armatures, au lieu de s'accumuler au point de rupture; il n'y a plus de grosse étincelle en ce point. En outre le condensateur, chargé comme une bouteille de Leyde, se décharge par la pile et la bobine, ce qui rend plus rapide la désaimantation du faisceau de fer. Tout concourt ainsi à rendre plus brusque l'induction et par conséquent à accroître la longueur de l'étincelle.

Tels sont les phénomènes généraux qui se passent dans la bobine d'induction.

Maintenant nous pourrons aisément comprendre les dispositions adoptées par Ruhmkorff, dans ce qu'elles ont d'essentiel. Ce qui distingue la grande bobine de la petite, c'est la forme de l'interrupteur.

.. Dans la petite bobine (fig. 14), le faisceau de fer dépasse la bobine induite et au-dessous de l'extrémité de
ce faisceau est placée une petite colonne de métal, qu'on
appelle *enclume*. Entre l'enclume et le faisceau se trouve
une petite masse de fer portée par un levier de cuivre,
lequel s'appuie légèrement sur une seconde colonne latérale ; c'est le *marteau*. Il peut osciller entre le faisceau
et l'enclume, sur laquelle il repose naturellement par
son poids. L'un des bouts du fil inducteur communique
avec la seconde colonne ; l'autre aboutit à une vis de
pression, à laquelle est attaché le fil de la pile. Quant à

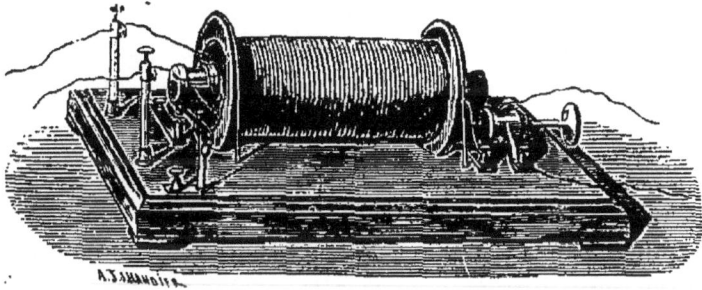

Fig. 14. — Petite bobine de Ruhmkorff.

l'enclume, elle communique par un ruban de cuivre
avec une seconde vis, à laquelle est attaché le second fil
de la pile. Quand la pile est en activité, le courant passe
par le fil inducteur, le marteau, l'enclume, et aimante le
faisceau de fer ; celui-ci attire aussitôt le marteau, et tant
qu'il le retient, le courant ne passe plus ; le point d'interruption est entre l'enclume et le marteau. Mais de ce
que le courant est interrompu, il résulte que le faisceau
perd son magnétisme, il abandonne le marteau, et celui-
ci retombe sur l'enclume. Le courant passe de nouveau,
le marteau se soulève encore, puis retombe et le même
effet se produit indéfiniment.

Ainsi le courant de la pile est lui-même chargé de régler les interruptions du circuit ; cet interrupteur *auto-*

matique très ingénieux a été imaginé par M. de la Rive, de Genève.

Quant au reste de l'appareil, il est disposé selon les principes que représente la fig. 13. Le marteau et l'enclume jouant le rôle de l'interrupteur B de cette figure, communiquent respectivement avec les deux armatures du condensateur, placé sous la tablette qui porte la bobine. Ce condensateur est formé de deux séries de feuilles d'étain entre lesquelles s'étendent des feuilles de carton ciré. Ce système produit, sous un très petit volume, le même effet qu'une grande bouteille de Leyde dont chaque armature aurait une surface égale à la surface totale des feuilles d'étain employées.

Les extrémités du fil induit aboutissent à des vis de cuivre supportées par des tiges de verre ; c'est à ces vis qu'on attache les conducteurs entre lesquels doit jaillir l'étincelle.

Enfin une pièce, appelée commutateur, se trouve placée de l'autre côté de la bobine ; elle sert à changer le sens du courant inducteur. Il est inutile de décrire ici cette pièce, parce que son rôle est secondaire.

Dans la grande bobine, fig. 13, l'interrupteur est celui de Foucault ; il est indépendant du circuit inducteur et est mis en mouvement par un circuit voltaïque distinct. Au lieu de l'enclume, c'est le godet de verre B, contenant du mercure qui communique avec le fil inducteur ; au lieu du marteau, c'est la pointe de platine qui communique avec la pile. De plus une couche d'alcool recouvre le mercure. La pointe doit osciller au-dessus du mercure, le toucher en descendant, ce qui ferme le circuit, et s'en séparer en remontant, ce qui ouvre le circuit. Il y aurait mille manières de faire osciller régulièrement cette pointe ; celle qu'a adoptée Foucault est la plus commode de toutes ; nous nous abstiendrons de tout détail à ce sujet.

On emploie habituellement une pile de 8 éléments de

Bunsen (grand modèle à auges rectangulaires) dans le circuit principal et un seul couple (moyen modèle) dans le circuit auxiliaire.

Pour charger une batterie, on fait communiquer le pôle négatif du fil induit avec l'armature extérieure de la batterie, puis à l'aide de l'excitateur on tire des étincelles G F sur le trajet des conducteurs qui vont du pôle positif à l'armature intérieure : quelques étincelles suffisent pour la charge. La figure 13 représente la disposition adoptée pour cette opération.

L'institut polytechnique de Londres possède une grande bobine qui a 3 mètres de longueur. Le faisceau de fil de fer pèse 46 kil., le fil inducteur a 2^{mm}, 4 de diamètre et 3446 m. de longueur. Le fil induit a 0^{mm}, 4 de diamètre et 241 kil. de longueur. On emploie une pile de 40 éléments de Bunsen. Cette puissante machine est surtout remarquable par la quantité d'électricité qu'elle développe. Ses étincelles ont 75 cent. de longueur et 2 cent. de grosseur. Trois étincelles chargent une batterie de $4\frac{1}{2}$ mètres carrés environ.

DEUXIÈME CLASSE.

1. — Pile voltaïque.

Ces appareils sont bien connus et nous n'avons besoin d'entrer dans aucun détail à leur sujet. Nous rappellerons seulement que la pile la plus usitée pour la production de l'arc voltaïque est celle de Bunsen. Chaque élément se compose de deux vases concentriques, dont l'intérieur est en porcelaine poreuse. Entre les deux vases on verse de l'eau aiguisée d'un seizième d'acide sulfurique, et on plonge dans cette eau un cylindre de zinc amalgamé. Dans le vase de porcelaine, on met de l'acide

azotique ordinaire et un cylindre de charbon. Une lame
de cuivre terminée par des pinces de même métal réunit
le zinc d'un élément avec le charbon de l'élément suivant. En entretenant un peu de mercure au fond du vase
extérieur, on maintient le zinc dans un bon état d'amal-
gation et l'on évite des nettoyages assez pénibles.

Pour faire l'expérience de l'arc voltaïque, on emploie
au moins 60 éléments moyens. On commence par mettre
en contact les pointes conductrices, entre lesquelles doit
jaillir la lumière, puis on les écarte graduellement ; l'arc
s'établit alors ; mais il faut le régler pour qu'il persiste
à cause de l'usure des pointes, que la forte chaleur de
l'arc vaporise et consume rapidement. Nous décrirons les
régulateurs dans le chapitre des applications.

Pour obtenir avec le courant voltaïque l'étincelle explosive, il faut employer plusieurs centaines d'éléments.
La pile de MM. Warren de la Rue, Hugo Muller et Spottiswoode est composée de 1100 éléments au chlorure d'argent. Voici comment est construit chacun d'eux.

Au fond d'un tube de verre vertical de 15 cent. de longueur, on met 15 grammes de chlorure d'argent pulvé-
risé ; on le recouvre d'une colonne d'eau salée, contenant
25 grammes de sel marin par litre. Le tube est fermé par
un bouchon que traversent un fil d'argent recouvert de
gutta-percha, et une baguette de zinc. Le fil d'argent
s'enfonce dans le chlorure d'argent et constitue le pôle
positif ; le pôle négatif est à la baguette de zinc.

Une pile ainsi disposée a une durée considérable. La force
d'un élément est à peu près celle d'un élément Daniell.

M. Gassiot a fait usage de 3000 éléments simples de
Volta chargés avec de l'eau ordinaire ; et il a observé
l'étincelle entre les extrémités des *rhéophores* pendant
plusieurs mois, sans affaiblissement notable.

Une pile fort commode, lorsqu'on n'a esboin que d'un
arc voltaïque d'une petite durée, est la pile secondaire de
M. Planté,

Chaque élément est composé de deux lames de plomb d'égales dimensions plongées dans de l'eau acidulée. Pour mettre la pile en activité, on fait communiquer les lames de plomb respectivement avec les pôles d'une petite pile de quelques éléments voltaïques. L'eau est décomposée ; son oxygène forme avec la lame de plomb positive de l'oxyde de plomb qui la recouvre d'une couche brune, et l'hydrogène se porte sur l'autre lame. Au bout de quelques heures les lames sont préparées et comme on dit polarisées. On les sépare de la petite pile, et on les dispose pour les effets du courant comme des éléments ordinaires. Sitôt qu'un conducteur ferme le circuit, un courant de courte durée s'établit ; il est dû à la recombinaison de l'oxygène et de l'hydrogène, et cesse quand la couche d'oxyde de plomb a disparu. Quand les éléments sont à grande surface, et très nombreux, on observe les effets temporaires d'une pile excessivement puissante. M. Planté a disposé de cette façon jusqu'à 400 éléments dans lesquels chaque lame de plomb avait une superficie de vingt décimètres carrés.

Une telle pile est inusable et n'exige qu'une manipulation simple et peu coûteuse. On peut la comparer à une batterie de Leyde que l'on charge avec une faible machine électrique, et dont la décharge produit pendant un instant les effets les plus intenses.

2. — Machines magnéto-dynamiques.

Le principe de ces machines est celui de l'induction par les aimants. Plaçons parallèlement deux aimants en fer à cheval (fig. 15) de façon que leurs pôles contraires A, B' soient en regard, et faisons passer entre les pôles un électro-aimant rectiligne E, formé d'un cylindre en fer autour duquel est enroulé un fil de cuivre isolé, dont les deux bouts aboutissent aux conducteurs C et D et sont réunis par un conducteur extérieur F,

Voici ce qui va se passer. En s'approchant des pôles
A B', le fer s'aimantera et produira par induction un premier courant dans le circuit E F ; en dépassant ces pôles
il se désaimantera, ce qui produira un second courant
contraire au précédent. Il arrivera ainsi en face des pôles
suivants B et A', s'aimantera encore, mais en sens contraire
au précédent, et produira un troisième courant ; puis dé-

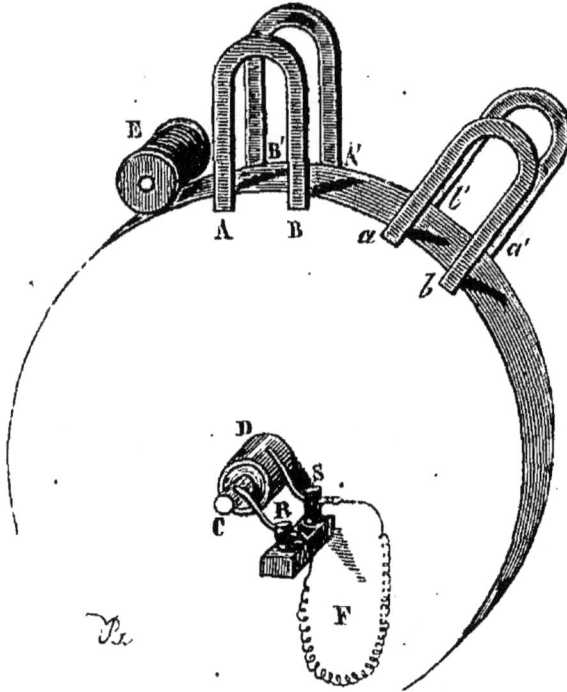

Fig. 15. — Principe de la machine magnéto-dynamique.

passant ces pôles il se désaimantera de nouveau, ce qui
produira un quatrième courant de sens opposé. De ce
que la polarité a changé de sens dans la troisième opération, il résulte que le troisième courant induit est de
même sens que le second ; par conséquent le quatrième
est de même sens que le premier. On aura ainsi dans le
circuit EF quatre courants temporaires se succédant avec
les changements de sens qui viennent d'être indiqués.

Imaginons maintenant autour d'une couronne circulaire une suite d'aimants disposés comme les précédents, de façon que les pôles consécutifs soient toujours de noms différents ; la même succession de quatre courants induits aura lieu à chaque paire d'aimants, si l'électro-aimant tourne d'une manière continue autour du centre de la couronne. Si la rotation est assez rapide, il n'y aura pas de discontinuité appréciable entre tous ces courants ; mais les changements de sens indiqués auront toujours lieu. Remarquons que le second et le troisième courant de chaque période se confondront, que le quatrième et le premier de la période suivante se confondront aussi, et que finalement à chaque révolution de l'électro-aimant autour du centre, le nombre des courants induits successivement dans un sens et dans l'autre sera double du nombre des aimants : avec 8 aimants, on aura 16 courants induits, alternativement de sens contraires.

Supposons qu'un second électro-aimant tourne en même temps que le précédent avec la même vitesse, en passant comme lui entre les aimants, les mêmes phénomènes s'y produiront. Si les deux électro-aimants s'approchent ou s'éloignent des pôles simultanément, le sens des courants développés dans leurs circuits respectifs dépendra des noms des pôles qui leur correspondront. Mais on pourra toujours réunir leurs fils en un seul circuit, de façon que le courant de l'un suive dans l'autre la même direction que celui qui y prend naissance ; le circuit formé par les deux bobines et le conducteur extérieur sera analogue à un circuit voltaïque composé de deux éléments et d'un conducteur.

Imaginons enfin 16 électro-aimants fixés sur le contour d'une seconde couronne concentrique à celle qui porte les huit aimants, avec leurs fils réunis comme nous venons de le dire, en un seul circuit ; lorsque cette couronne tournera autour de son centre, l'état du circuit sera celui d'un circuit voltaïque composé de 16 éléments.

6

Reste à voir comment nous pouvons faire tourner cette couronne, en conservant un conducteur extérieur libre. Il suffit pour cela que l'un des bouts du long fil qui est enroulé successivement sur toutes les bobines soit soudé à l'axe métallique de rotation C (fig. 15), et que l'autre bout soit soudé à une virole de cuivre D ajustée sur le même axe, mais isolée par une rondelle de verre ou d'ivoire. En appuyant sur l'axe et sur la virole deux ressorts métalliques fixes, R, S et attachant le conducteur extérieur à ces ressorts, on a une communication permanente de ce conducteur avec le fil des bobines par l'intermédiaire des ressorts, qui frottent respectivement l'axe et la virole, sans cesser de les toucher.

En résumé chaque tour de la couronne d'électro-aimants nous donnera dans le conducteur extérieur 16 courants induits, alternativement de sens contraires, comme si l'on avait un circuit voltaïque de 16 éléments dont le courant serait renversé 16 fois à l'aide d'un *commutateur*.

Il est très facile de remplacer le simple contact de l'axe et de la virole par un appareil qui change le sens du courant dans le conducteur extérieur, au moment précis où le sens du courant change dans les bobines. A l'aide d'un appareil de ce genre ou *commutateur*, on obtient dans le conducteur extérieur un véritable courant continu comme celui d'une pile ordinaire.

Telle est la machine que Nollet a inventée en 1850. La figure 16 représente une machine puissante, composée de 6 couronnes semblables à celle que nous venons de décrire. Son effet est analogue à celui d'une pile de 6 fois 16 c'est-à-dire 96 éléments. Elle donne l'arc voltaïque comme la pile ordinaire; il est à remarquer qu'il n'est pas nécessaire de faire usage du commutateur quand on veut la lumière électrique; le changement de sens des courants induits n'empêche pas la continuité de l'arc lumineux.

La machine précédente exige une force assez considé-

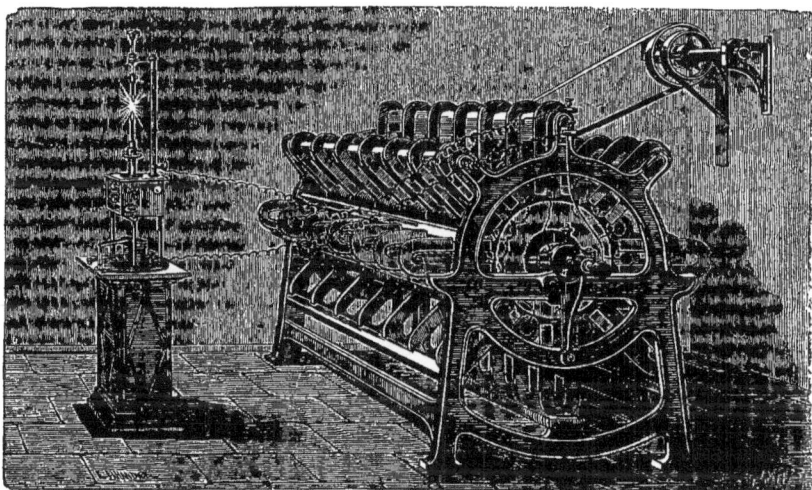

Fig. 16. — Machine magnéto-dynamique de Nollet ou machine de l'Alliance.

rable pour fonctionner. On la met en mouvement par le moyen d'une machine motrice de 4 chevaux-vapeur environ. C'est donc plutôt une machine industrielle qu'un appareil de cabinet. Il en existe une au Laboratoire de la Sorbonne. Elles sont surtout employées pour l'éclairage des phares.

MM. Siemens et Halske, de Berlin, ont introduit en 1854 un perfectionnement notable dans les machines magnéto-électriques. Ils emploient un électro-aimant de la forme suivante (fig. 17).

Le fer est façonné en cylindre, creusé suivant l'axe de deux grandes rainures larges et profondes, de sorte que

Fig. 17. — Électro-aimant de Siemens et Halske.

sa section ressemble à une double T. Le fil de cuivre isolé est enroulé dans ces rainures, parallèlement à l'axe du cylindre, et il est recouvert d'une feuille de laiton qui avec la partie du fer restée libre constitue un cylindre complet. L'un des bouts du fil est soudé à l'axe métallique du cylindre, et l'autre bout est soudé à une virol de métal isolée sur l'extrémité de cet axe. Si deux ressorts métalliques s'appuient respectivement sur l'axe et sur la virole, en attachant un conducteur à ces ressorts on formera un circuit fermé, lors même que l'électro-aimant tournera rapidement autour de son axe.

L'aimant chargé de développer les courants induits a ses extrémités entaillées pour embrasser l'électro-aimant. On ne laisse entre le cylindre et la surface de l'aimant que l'intervalle nécessaire pour que la rotation ne soit pas gênée par un frottement (fig. 18).

Cette disposition offre deux avantages ; d'abord la distance de l'aimant à l'électro-aimant est la plus petite possible ; ensuite le fer du cylindre sert d'*armature*, et empêche l'affaiblissement du pouvoir magnétique qui résulte dans les aimants non armés de l'action mutuelle de leurs deux branches. On obtient tout l'effet d'induction

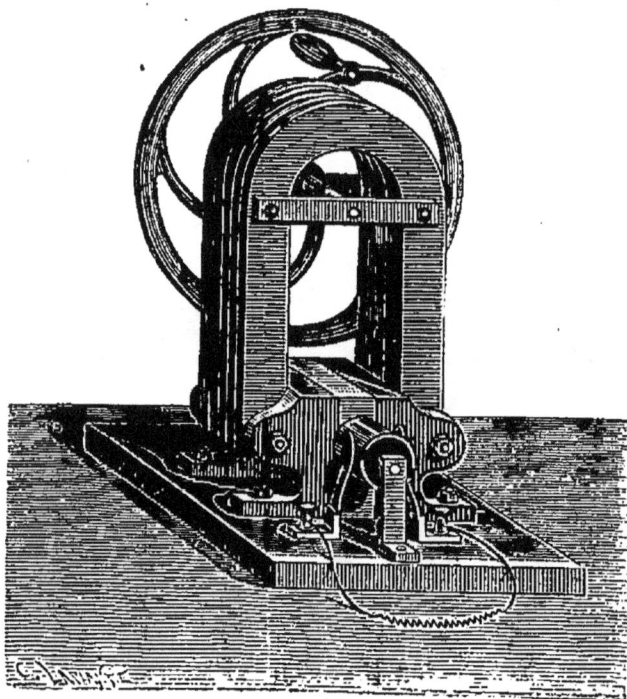

Fig. 18. — Machine magnéto-dynamique de Siemens et Halske.

dont l'aimant est capable, et par conséquent des courants plus puissants en quantité que par les autres procédés.

Le courant induit change de sens à chaque demi-tour ; il est très facile de le conduire extérieurement dans un sens constant. On place au bout de l'axe métallique de la bobine un anneau d'ivoire, dont la surface est couverte par deux demi-cylindres de cuivre, qui ne se touchent pas. L'un d'eux communique avec l'axe, et l'autre avec

la virole de métal dont il a été déjà question. Les deux
ressorts qui, avec le conducteur extérieur, doivent fermer le circuit, s'appuient sur ces demi-cylindres. Supposons qu'à un certain moment l'un des demi-cylindres soit
le pôle positif de la bobine ; le ressort qui le touche conduit le courant dans le conducteur extérieur. Après un
demi-tour c'est l'autre demi-cylindre qui est le pôle positif : mais justement il est venu se mettre en contact
avec le même ressort : donc le courant a le même sens
que précédemment. Tel est le commutateur déjà connu
dans la machine de Clarke.

3. — Multiplicateurs magnéto-dynamiques.

Lorsqu'on fait passer un courant électrique dans un fil
conducteur enroulé autour d'un morceau de fer doux,
celui-ci s'aimante immédiatement et se désaimante dès
que le courant est interrompu : le sens de l'aimantation
dépend d'ailleurs du sens du courant et reste toujours
le même si l'on a soin de faire passer le courant toujours
dans le même sens. Les aimants passagers obtenus de
cette façon, ou *électro-aimants*, sont remarquables par
une extrême puissance. Un aimant ordinaire n'a jamais
qu'une force d'attraction assez faible : M. Jamin en employant une série de lames d'acier minces, aimantées
séparément, puis superposées, a pu composer des aimants
permanents capables de porter dix à quinze fois leur
propre poids : mais cette puissance d'attraction est encore
bien faible si on la compare à celle d'un électro-aimant
qui peut facilement porter 100 ou 200 fois son poids.

De cette comparaison est née l'idée de substituer,
dans les machines magnéto-électriques, des électro-
aimants aux aimants permanents précédemment employés. Il est évident, par exemple, que l'aimant de l'ap-

pareil de Siemens et Halske peut être remplacé par un
électro-aimant, animé lui-même par un courant soit voltaïque, soit magnéto-électrique, pourvu que ce courant
ait une direction et une intensité constantes. La force
électro-motrice de la machine devra être considérablement augmentée par le fait de la substitution, puisque la
puissance magnétique de l'aimant inducteur sera beaucoup plus grande.

Tel est le principe qui a été appliqué par M. Wilde,
de Manchester, à la construction de l'appareil représenté
fig. 19. Il se compose en réalité de deux machines Siemens superposées et d'inégales dimensions. La première
que l'on voit à la partie supérieure de la figure est actionnée par un aimant M entre les pôles duquel tourne
une bobine Siemens dans laquelle se développe un courant induit magnéto-électrique. Celui-ci redressé par un
commutateur est envoyé dans l'électro-aimant AB de la
seconde machine et lui communique un magnétisme énergique et de nature constante. Les surfaces polaires TT de
ce gros électro-aimant et la garniture i de cuivre qui les
sépare entourent une cavité dans laquelle peut tourner
une seconde bobine Siemens dont le diamètre est environ
triple de celui de la première. Si l'on met en mouvement
les deux bobines, le courant de la première sert d'excitateur à l'électro-aimant de la seconde. Sous l'action
inductrice de celui-ci, il se développe dans la deuxième
bobine un courant capable de produire de puissants
effets calorifiques et lumineux. Il fallait pour cela employer des vitesses de rotation de 12 à 1500 tours à la
minute pour la grosse bobine, et de 1800 à 2000 tours
pour la plus petite.

On se fera une idée exacte des dimensions de la
machine en sachant que les branches AB du gros
électro-aimant avaient un mètre de hauteur, et que le fil
qui les recouvrait avait plus d'un kilomètre de longueur.
Aussi l'arc voltaïque surpassait tous ceux qui avaient

été vus jusqu'alors. M. Wilde obtint plus encore : il fit

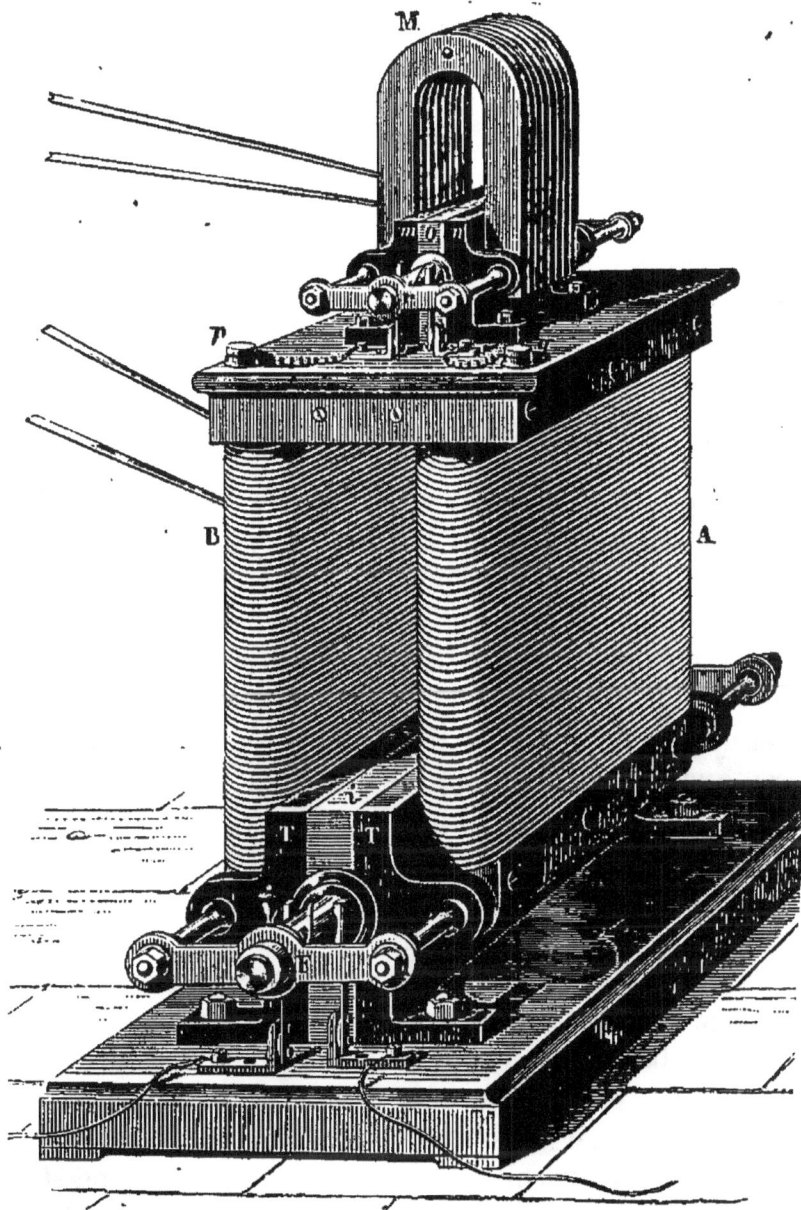

Fig. 19. — Multiplicateur magnéto-dynamique de Wilde.

passer le courant ainsi produit dans un nouvel électro-
aimant plus grand que le précédent : il avait un tiers de

mètre de plus en hauteur, et agissait comme inducteur
sur une bobine Siemens de dimensions proportionnées.
Son premier générateur servait ainsi d'excitateur dans
cette nouvelle machine. Les effets obtenus furent surprenants, la lumière électrique put être entretenue entre des
charbons gros comme le doigt et fondait rapidement des
baguettes de platine ayant 60 centimètres de longueur et
8 millimètres de diamètre.

Il semble que l'on peut ainsi multiplier presque à
l'infini la puissance électro-motrice des machines magnéto-
électriques : aussi est-il indispensable d'ajouter que si
le premier appareil de Wilde exigeait pour être mis en
mouvement une force motrice de 3 chevaux, la machine
à triple effet nécessitait un moteur de 15 chevaux de
force. Nous assistons en réalité à une simple transformation du travail mécanique en énergie électrique.

Il restait un dernier pas à faire, un perfectionnement
des plus curieux à réaliser : il s'agissait de supprimer le
premier aimant inducteur. La chose est possible. En effet,
le fer qui constitue les électro-aimants n'est jamais doux :
aussi quand le courant qui l'a aimanté cesse de passer,
l'aimantation ne disparaît pas d'une manière absolue et
il y reste toujours une faible quantité de magnétisme
permanent. Cette remarque a conduit M. Siemens à la
construction d'un appareil exposé en 1867 sous le nom
de *machine dynamo-électrique*, elle se composait d'un
seul électro-aimant et d'une seule bobine tournant entre
ses pôles. Dès qu'on fait tourner la bobine, le peu de
magnétisme permanent que possède l'électro-aimant
suffit pour donner naissance à un faible courant, qui,
dirigé dans l'électro-aimant lui-même, en augmente le
magnétisme et par suite la puissance inductrice. L'intensité du courant s'accroît donc, celle de l'électro-
aimant continue d'augmenter, en résumé il y a renforcement de l'électro-aimant par le courant de la bobine et
renforcement du courant par l'électro-aimant jusqu'à

une certaine limite qui dépend de la vitesse de rotation.

Vers la même époque, M. Ladd, constructeur anglais, fit paraître une machine fondée à peu près sur le même principe et dont nous nous bornerons à donner ici la représentation (fig. 20). Il est possible que M. Ladd ait eu l'idée du renforcement mutuel des deux parties de l'exci-

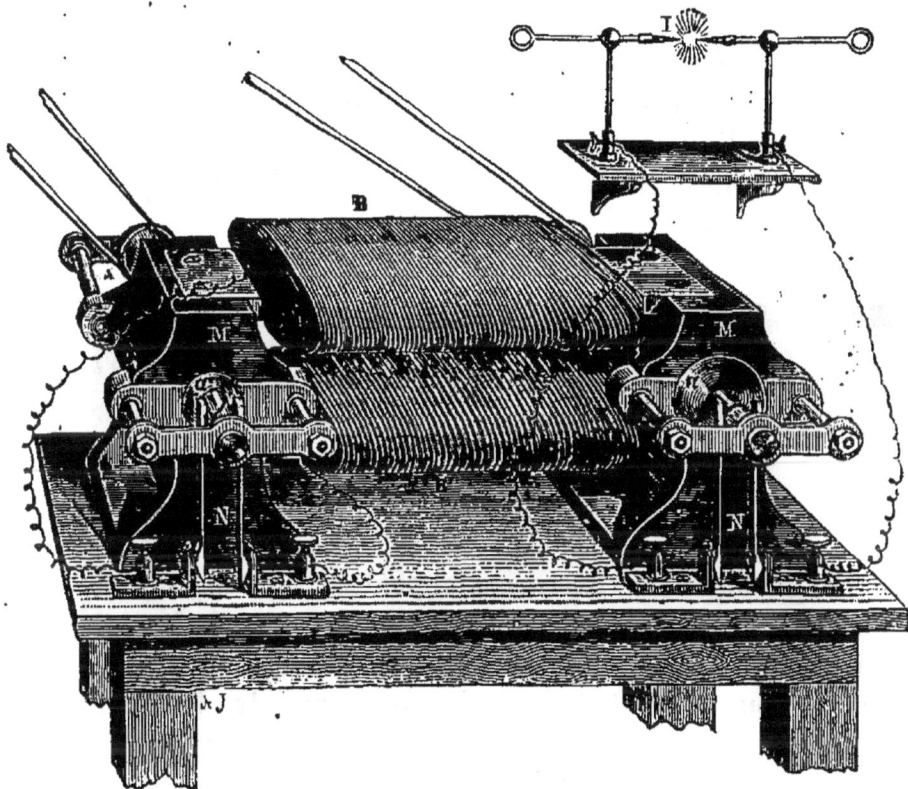

Fig. 20. — Machine magnéto-dynamique de Ladd.

tateur ; mais comme il n'a publié ses résultats qu'après MM. Siemens et Wheatstone, la priorité est certainement acquise à ces derniers.

De toutes les machines magnéto-électriques, la plus parfaite aujourd'hui est certainement celle qui a été imaginée par M. Gramme en 1873 : grâce à elle, l'éclairage électrique, qui n'était qu'une curiosité scientifique, a pu se répandre et entrer dans la pratique industrielle. Aussi, bien que leur découverte remonte à quelques années seulement, c'est par milliers que ces machines ont déjà été construites.

Le principe de la machine Gramme est essentiellement différent de celui des machines magnéto-électriques, dont nous avons parlé. Dans toutes ces dernières, l'induction se produit dans une bobine qui s'approche et s'écarte successivement des pôles d'un aimant ou d'un électro-aimant : dans la machine Gramme, l'aimant inducteur se meut dans l'intérieur de la bobine. Nous allons d'ailleurs faire connaître rapidement la construction de cet important appareil.

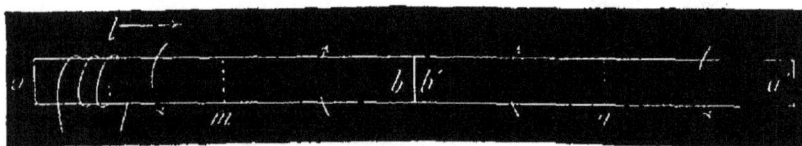

Fig. 21.

Imaginons deux barreaux aimantés (fig. 21) ayant chacun un pôle austral en a et en a' et un pôle boréal en b et en b', et supposons ces deux barreaux placés bout à bout à la suite l'un de l'autre, deux pôles de même nature étant en contact. Si nous faisons glisser le long de ce système une petite hélice de fil conducteur, telle que l, il s'y développera pendant tout son mouvement en a en a' des courants d'induction magnéto-électriques. Les lois ordinaires de ces phénomènes nous apprendront que le courant a dans le fil une certaine direction quand l'hélice va de a en m ; en ce point le courant prend une direction contraire jusqu'à ce que l'hélice soit arrivée en n ; enfin il reprendra sa direction primitive quand l'hélice parcourra l'espace $n\,a'$. Les flèches marquées sur la figure 21 indiquent le sens du courant induit dans le fil en supposant que celui-ci se transporte de a en a'. On voit par conséquent que le courant change de sens au moment où la bobine induite passe devant les lignes neutres m et n des aimants inducteurs, tandis que dans les appareils décrits précédemment, le changement de sens du courant a lieu au moment du passage devant les pôles de l'inducteur.

Ce principe admis, il est facile de comprendre que les résultats seront exactement les mêmes, si l'on donne à chacun des deux aimants la forme demi-circulaire et si l'on constitue par suite avec leur réunion l'anneau de la fig. 22 ayant un double pôle austral en $a\,a'$ et un double pôle boréal en $b\,b'$.

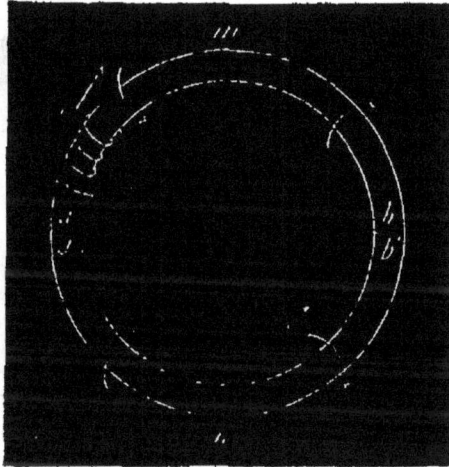

Fig. 22.

Or, pour constituer ce système, magnétique il suffit de prendre un anneau de fer doux (fig. 23) et de le placer entre les pôles A et B d'un aimant ou d'un électro-aimant énergique qui aimantera l'anneau par son influence. Remarquons enfin qu'au lieu de faire glisser l'hélice le long de l'anneau, nous pouvons la fixer à ce dernier et faire tourner celui-ci autour d'un axe de rotation passant par son centre o : l'anneau de fer, bien que tournant, sera immobile au point de vue magnétique puisque ses pôles resteront toujours aux mêmes points $a\,a'$ et $b\,b'$ en face des pôles contraires de l'aimant fixe.

Telle est la machine Gramme réduite à ses parties fondamentales : elle se compose donc d'un anneau de fer doux autour duquel sont fixées une ou plusieurs hélices de fil conducteur et qui peut recevoir un mouvement de rotation rapide autour d'un axe perpendiculaire à son plan et passant par son centre. Cet anneau est placé entre les deux larges surfaces polaires opposées d'un aimant aussi puissant que possible. Pendant ce mouvement les hélices seront parcourues par des courants induits qui auront la même direction pour toutes les hélices situées dans la demi-circonférence $n\ a\ a'\ m$ et la direction con-

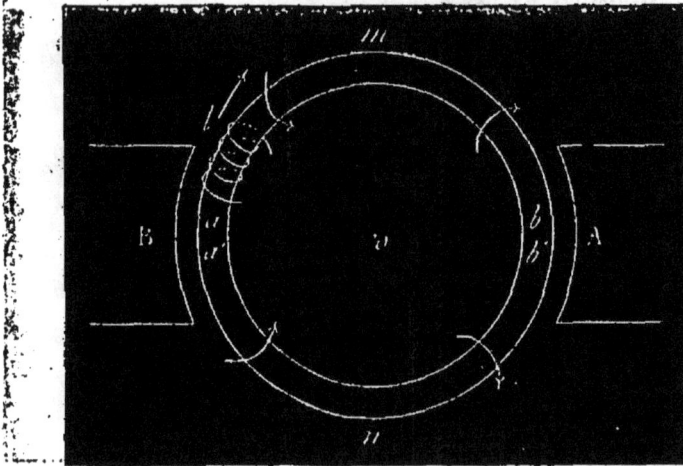

Fig. 23.

traire pour celles qui seront à droite de la verticale $m\ n$ dans la demi-révolution $m\ b\ b'\ n$.

Il reste à faire comprendre comment on peut recueillir tous ces courants et leur donner dans un fil extérieur une direction unique. Dans ce but, l'axe de rotation porte autant de lames conductrices rayonnantes (fig. 24) qu'il y a d'hélices attachées à l'anneau : à chaque lame viennent se fixer l'extrémité finale d'une hélice et l'extrémité initiale de la suivante, de sorte qu'elles sont en réalité raccordées les unes aux autres. Deux ressorts $r\ r$ immobiles, fixés aux bâtis qui porte la machine, peuvent s'appliquer successivement sur les différentes lames conductrices à l'instant où par suite du mouvement de rotation chacune d'elles passe dans la verticale *mn* : le fil ou circuit extérieur du courant *cde* vient aboutir à ces ressorts. Pour toutes les hélices situées à droite de *mn*, les courants partiels s'ajoutent en un seul qui arrive au ressort inférieur, parcourt le circuit *cde* et rentre dans la machine par le ressort supérieur; pour les hélices à gauche de *mn*, le courant est de sens contraire au précédent et vient, par suite également s'échapper par le

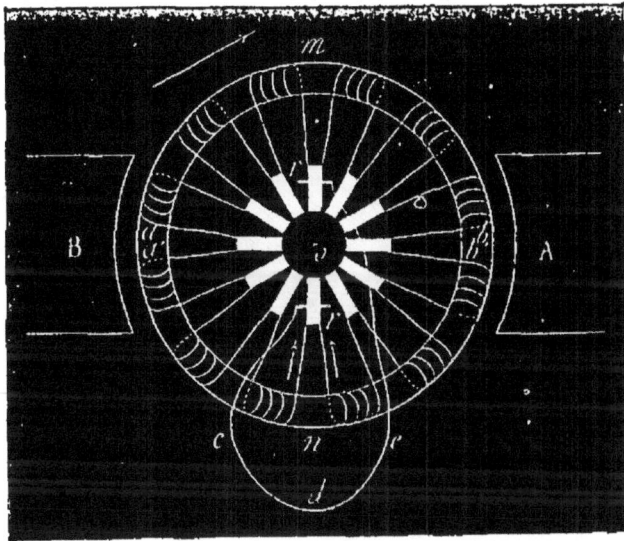

Fig. 24.

ressort inférieur, circuler suivant *cde* et rentrer par le ressort supérieur.

Quant à la construction même de l'anneau et des hélices, la figure 25 la fait suffisamment comprendre : l'anneau massif en fer est remplacé par un paquet de fils de fer en forme d'anneau, ce qui permet d'avoir un métal plus doux, moins aciéreux dans lequel l'aimantation se déplace plus aisément et avec plus de rapidité.

Lorsque la machine Gramme est employée dans les ateliers de physique pour remplacer la pile électrique, on lui

donne ordinairement la disposition représentée fig. 26,
où l'inducteur est formé d'un aimant, système Jamin, qui,
formé de lames minces superposées, peut acquérir une
grande puissance magnétique. Une manivelle munie d'une
chaîne sans fin permet d'imprimer au système induit une
grande vitesse de rotation.

Dans les machines industrielles, M. Gramme applique
le principe des multiplicateurs électriques Siemens et
Ladd. L'aimant qui doit influencer l'anneau de fer doux

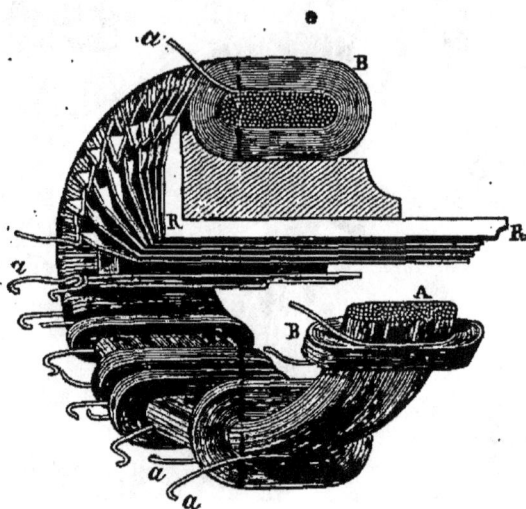

Fig. 25. — Bobine de la machine Gramme.

est remplacé par de puissants électro-aimants auxquels on
donne la vertu magnétique en y faisant passer le courant
même de la machine. Le magnétisme permanent que ces
électro-aimants conservent quand la machine est au repos
suffit pour commencer l'induction à l'instant où la bobine
est mise en mouvement ; l'effet produit va en croissant
avec la vitesse par suite du renforcement progressif des
électro-aimants. La figure 27 représente la machine ainsi
disposée. Les surfaces polaires destinées à aimanter l'anneau sont placées l'une en haut, l'autre en bas suivant
le diamètre vertical de la bobine et par conséquent les

ressorts destinés à recueillir le courant sont disposés suivant le diamètre horizontal : ils sont formés d'une sorte de balai en fils de cuivre. La flexibilité des balais étant suffisante pour que chacun d'eux commence à toucher une des lames du collecteur avant d'avoir abandonné la

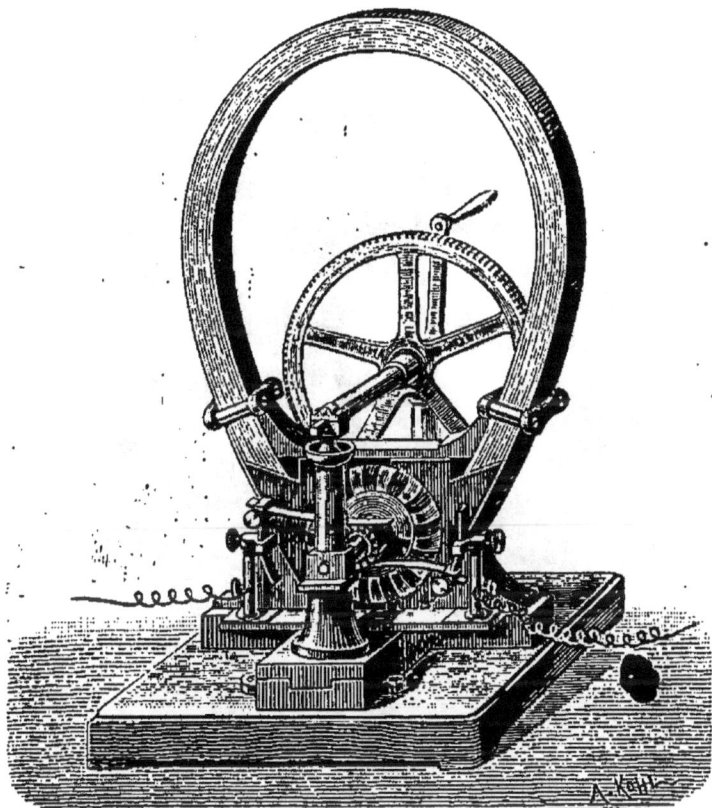

Fig. 26. — Machine Gramme à aimant Jamin.

précédente, le courant recueilli ainsi sera parfaitement continu.

Dans les appareils de grande dimension, une disposition particulière permet de mettre la résistance des bobines en rapport avec la longueur du circuit dans lequel on fait passer le courant : cette modification est analogue à celle que l'on fait subir aux piles ordinaires que l'on groupe soit en tension, soit en quantité quand le circuit extérieur a une résistance grande ou faible.

Un moteur à vapeur (le système Brotherood est dans ce cas très avantageux) d'une force proportionnée à celle de la machine permet d'imprimer à la bobine une vitesse

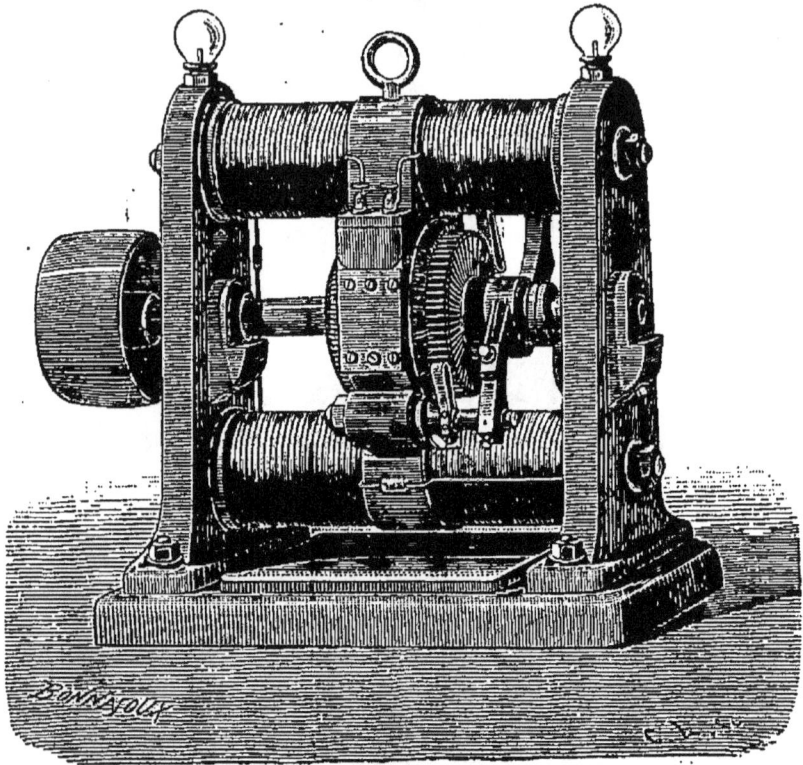

Fig. 27. — Machine Gramme à électro-aimants.

variant de 500 tours à 1200 tours à la minute, suivant les dimensions de l'appareil.

Les machines Gramme ont une incontestable supériorité sur toutes celles qui ont été construites jusqu'à ce jour; non seulement par leur puissance électro-motrice et par l'intensité de l'air voltaïque qu'elles produisent, mais aussi à cause de leur poids et de leurs dimensions relativement faibles.

Prenons celle que l'on peut regarder comme type.
Elle a : Longueur, 73 centimètres ;

        Hauteur, 85 centimètres ;

        Largeur, 55 centimètres ;

Son poids est de 390 kilogrammes ;

Fig. 28. — Machine Gramme à courants alternatifs.

Le diamètre extérieur de la bobine est de 23 centimètres et le poids du fil enroulé de 14 kilogrammes ;

Le moteur doit avoir une force de 8 chevaux ;

Sa vitesse étant de 1200 tours, elle peut produire à l'extrémité d'un câble de 100 mètres une lumière représentée par 2500 becs Carcel (de 14 millimètres de diamètre, consommant chacun 42 grammes d'huile à l'heure) : groupée en tension et animée d'une vitesse de 700 tours à la minute, elle donne à une distance de 1 kilomètre une lumière de 1000 becs Carcel.

Une machine de l'Alliance donnant 500 becs Carcel pèserait 5000 kilogrammes, aurait 1^m,60 de longueur et 1^m,70 de hauteur.

Pour produire la lumière électrique avec certains appareils qui exigent des courants alternatifs, M. Gramme a construit une autre machine qui porte également son nom, mais dont le principe tout différent se rapproche beaucoup de celui des appareils magnéto-électriques, précédemment décrits. Nous en donnons le dessin (fig. 28).

Le lecteur pourra, pour cette machine et pour beaucoup d'autres récemment inventées (machine de Lontin, de De Méritens, de Wallace-Farmer, etc.), consulter l'ouvrage publié par M. le comte Du Moncel dans la bibliothèque des Merveilles, sous le titre : *l'Éclairage électrique.*

Dans les divers générateurs d'électricité que nous venons de passer en revue, il y a toujours une certaine dépense d'énergie. S'agit-il de la pile voltaïque, cette énergie est sous la forme de combinaison chimique; s'agit-il des machines dynamiques, l'énergie est sous la forme de travail mécanique. Pour obtenir des effets de plus en plus intenses, quel que soit le générateur mis en usage, il faut dépenser des quantités d'énergie motrice de plus en plus grandes. Il ne suffit pas de connaître les quantités d'électricité mises en jeu pour pouvoir établir le rapport d'équivalence qui existe entre la force motrice et les effets produits; de même qu'il ne suffit pas de savoir quel poids une machine à vapeur a soulevé pour connaître le rapport d'équivalence de la chaleur dépensée et du travail produit. Dans ce dernier cas on doit tenir compte de la hauteur à laquelle le poids a été élevé.

Si l'on ne prenait garde à cette analogie de l'électricité avec les autres forces de la nature, on pourrait interpréter faussement les générateurs qui, comme la machine de Wilde ou de Gramme, peuvent créer des quantités indéfinies d'électricité après une excitation préalable où la quantité d'électricité mise en jeu a été excessivement petite ; cette création n'est possible que moyennant une dépense de travail moteur rigoureusement déterminée par une loi d'équivalence.

Si l'on rencontre encore, surtout dans les applications de l'électricité, des tentatives sur le mouvement perpétuel, c'est parce que la loi générale de la transformation de l'énergie était ignorée ou méconnue. Grâce à la thermodynamique, cette loi a été mise en évidence dans tous les phénomènes physiques que nous connaissons, et elle est sans contredit la plus importante des découvertes scientifiques modernes.

CHAPITRE III

CONSTITUTION DE L'ÉTINCELLE EXPLOSIVE

Nous appelons *étincelle explosive* la lumière qui apparaît instantanément entre deux conducteurs électrisés, lorsqu'ils sont assez voisins l'un de l'autre ; on peut la comparer à une explosion pendant laquelle les électricités contraires des deux conducteurs en regard disparaissent. Cette lumière se présente sous les formes les plus variées ; la beauté de ces formes, leur mobilité, la délicatesse de leurs nuances, excitent toujours vivement l'attention : on ne se lasse pas de contempler les effets merveilleux des *tubes de Geissler* et le spectateur le moins initié aux expériences de physique ne peut voir sans admiration les jeux de lumière qui imitent la foudre, les aurores boréales, la phosphorescence.

Aussi le nombre de ceux dont les travaux ont contribué à nous faire connaître l'étincelle électrique est-il considérable. Non seulement les personnes que leur vocation entraînait dans la carrière scientifique ont consacré d'heureux moments à ce genre d'études ; mais encore un grand nombre d'autres, appartenant à toutes les classes de la société, ont noblement occupé leurs loisirs à des recherches sur ce sujet. Nous ne saurions trop recommander ce genre de récréation à ceux qui aiment la nature et les joies pures de la pensée. Il n'exige pas d'études scientifiques préalables. Un observateur doué de pénétration et d'assiduité peut faire d'intéressantes découvertes sur l'étincelle électrique, et fournir à la science les matériaux qui lui sont nécessaires pour l'édification d'une bonne théorie de l'électricité.

1. — Apparences de l'étincelle.

Lorsqu'un corps conducteur, tel qu'une boule de cuivre, est isolé, c'est-à-dire supporté par une tige de verre, on peut l'électriser en le mettant en communication par un fil métallique isolé avec une des sources d'électricité décrites dans le chapitre précédent. On reconnaît qu'il est électrisé en lui présentant des petites barbes de plume, ou mieux une petite balle de sureau soutenue par un fil de soie ; ces petits corps sont attirés, puis après avoir touché la boule, ils sont repoussés quand sa surface est bien nette et sèche. Veut-on savoir quelle électricité possède la boule, on touche la balle de sureau avec un bâton de verre poli que l'on vient de frotter avec un morceau de laine sèche : celle-ci est électrisée *positivement* de cette manière. Si la boule de cuivre a la même électricité, elle repousse la balle de sureau ; au contraire elle l'attire, si elle est électrisée *négativement*. C'est toujours à une investigation de ce genre qu'il faut se reporter, quand on veut comprendre la signification exacte des mots *électricité positive* ou *négative*.

Lorsque la boule de cuivre est munie d'une tige métallique étroite, que termine une petite boule et que la source d'électricité est assez forte, on observe une *lueur* bleuâtre autour de cette tige et autour de la boule ter-

minale ; l'observation se fait nécessairement dans l'obscurité. C'est une première forme de la lumière électrique.
Comme l'air environnant est la seule matière qui puisse
être électrisée par influence, les corps voisins étant trop
éloignés pour qu'une influence électrique notable les atteigne, on est porté à attribuer la *lueur* à une infinité de
petites décharges opérées entre le conducteur métallique
et les particules de l'air qui le touchent.

Approchons de la tige lumineuse une grosse boule

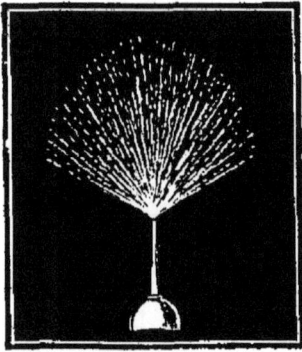

Fig. 29. — Aigrette positive.

de métal que nous tenons à la
main, la lueur est remplacée
par une aigrette violacée, qui
fait entendre un léger bruissement. Quant la tige est électrisée positivement l'aigrette
est composée de mille filets lumineux divergents qui partent
d'un même point de l'extrémité
du conducteur (fig. 29), et qui
se recourbent quelquefois en
prenant une forme analogue
au pavillon d'une trompette. On voit sur la figure 30
une aigrette obtenue à l'aide d'une machine très puissante.

La grosse boule de métal présente aussi une aigrette,
mais elle est plus petite que la précédente ; sa forme est
ovoïde et elle a sur le conducteur une base d'une certaine
étendue. Ce conducteur est d'ailleurs électrisé négativement par l'influence de celui qui communique avec la
source d'électricité.

A mesure que l'on rapproche l'un de l'autre les deux
conducteurs, les aigrettes qui les surmontent se rejoignent,
deviennent plus brillantes, et tant que la source électrique est en activité, on peut, en maintenant fixes les
conducteurs, avoir le curieux spectacle d'une pluie de
feu traversant l'air dans l'intervalle qui les sépare, avec

un bruit semblable à celui d'une poussière qui tombe sur une surface résistante (fig. 31).

En électrisant négativement la tige, on observe un

Fig. 30. — Aigrette positive.

phénomène analogue. La forme de l'aigrette change, mais dans toutes les apparences que l'on rencontre on distingue le conducteur positif du conducteur négatif par les deux formes lumineuses qui s'en détachent ; sur le premier, les filets lumineux convergent en un même point ; sur le second, ils couvrent une certaine étendue superficielle.

Dans les phénomènes de l'aigrette, la décharge électrique s'opère entre deux conducteurs suffisamment voisins l'un de l'autre, à travers l'air qui les sépare.

Une troisième forme lumineuse apparaît lorsqu'on diminue davantage la distance des deux conducteurs. Un *trait de feu* très éclatant, sinueux et quelquefois ramifié (fig. 52) jaillit entre eux, et l'on entend un claquement sec ; c'est l'*étincelle proprement dite*. Après cette sorte d'explosion, les conducteurs ont perdu leurs électricités, et comme la source

Fig. 31. — Aigrettes positive et négative.

électrique met un certain temps à recharger celui avec lequel elle est en communication, les étincelles se succèdent par intermittence, avec plus ou moins de rapidité suivant la puissance de la machine électrique.

Les trois formes que nous venons de décrire, la *lueur*, l'*aigrette*, le *trait de feu*, sont les principales. Avec les machines à frottement, on observe aisément l'une ou l'autre de ces formes; avec la bobine de Rühmkorff, on peut les observer toutes les trois ensemble. Il faut employer une bobine pouvant donner des étincelles de 20 centimètres pour faire l'expérience suivante.

Le pôle positif du fil induit est réuni par un fil de cuivre à une tige métallique munie d'une pointe et le pôle négatif à un plateau de cuivre de 15 centimètres de diamètre, situé en face de la pointe. La tige et le plateau sont portés par des colonnes de verre. Quand leur distance est convenable, on distingue la *lueur* autour de la

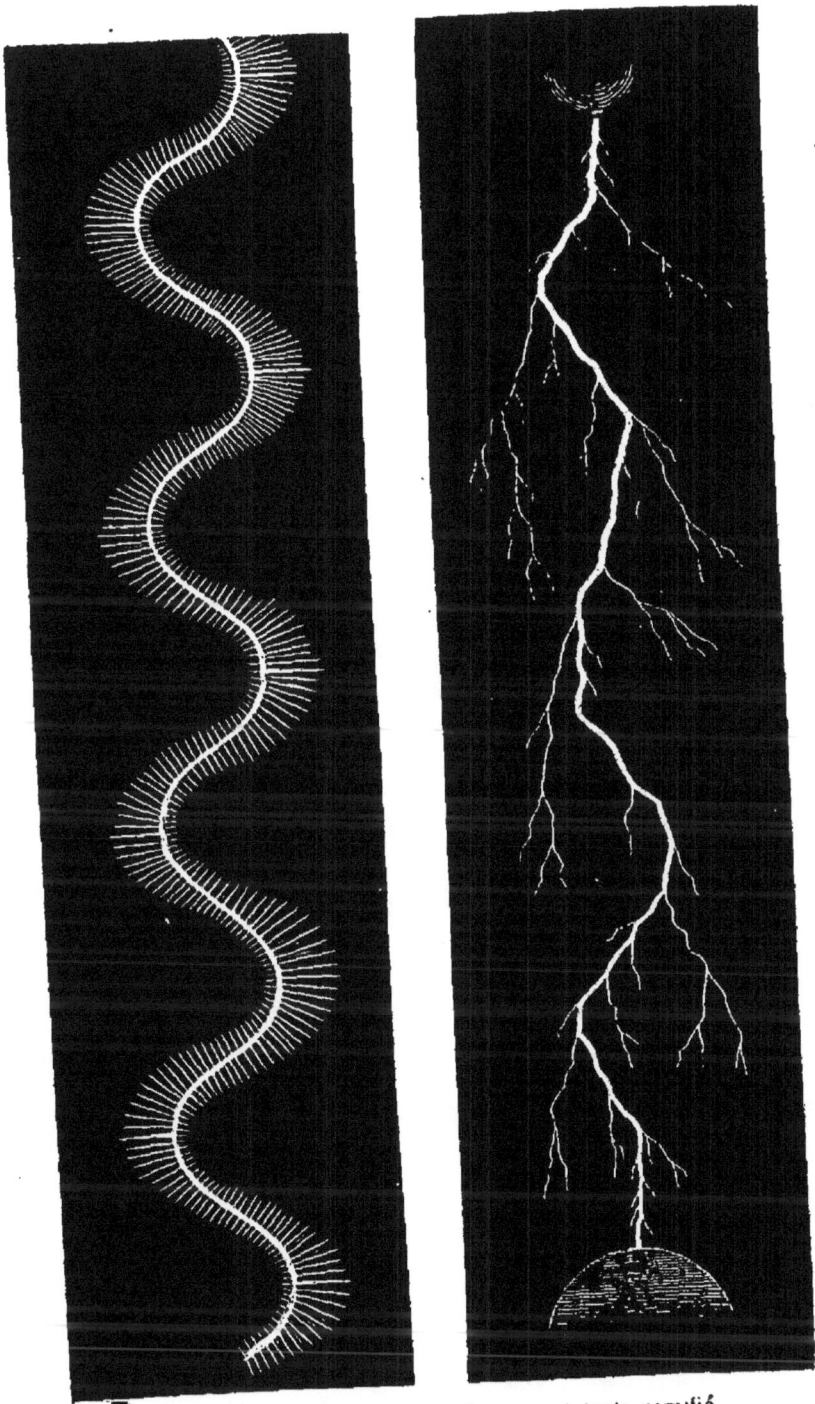

Fig. 52. — Trait de feux sinueux et trait ramifié

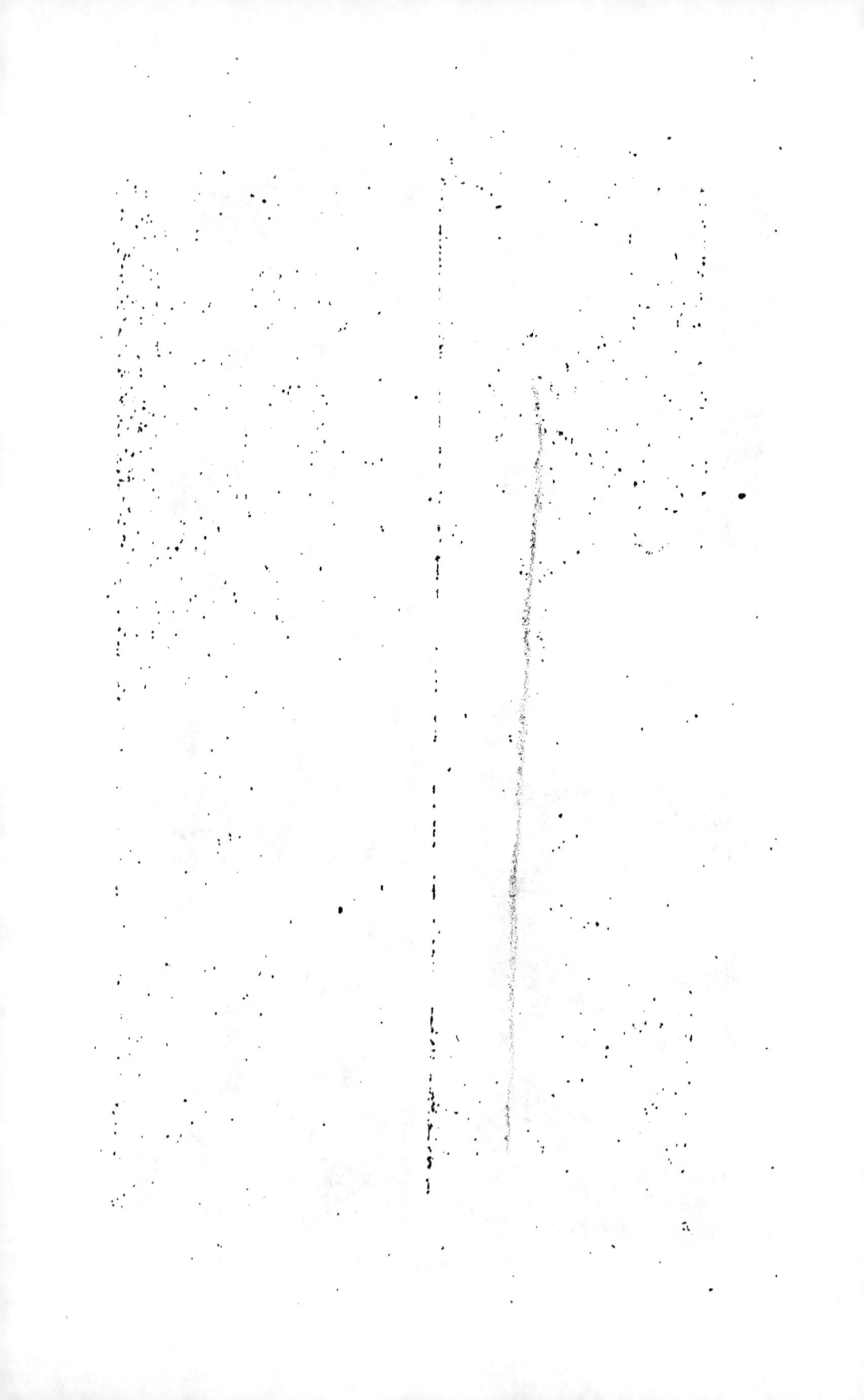

pointe, le *trait de feu* brillant et sinueux, ramifié, qui jaillit entre la pointe et le plateau et enfin une gaîne faiblement lumineuse, l'*aigrette*, qui entoure le trait de feu sous la forme d'un cône partant de la pointe et couvrant une portion considérable du plateau.

Une odeur particulière se fait sentir autour de l'appareil, rappelant celles des détritus organiques que la vague projette sur le rivage de la mer. Elle est due à une transformation de l'oxygène de l'air que l'on appelle *ozone*. Ainsi se trouve mise en évidence une activité spéciale acquise par les particules de l'air pendant la décharge électrique. La modification qu'elles subissent n'est pas seulement un état d'agitation temporaire capable d'engendrer la lumière; elle consiste aussi dans un changement intime et durable, caractéristique d'un *phénomène chimique*.

En rapprochant la pointe du plateau, on voit l'aigrette se resserrer, le trait de feu augmenter de grosseur et d'éclat et devenir plus bruyant. Quand sa longueur est réduite à 2 ou 3 centimètres, il se divise en plusieurs branches (figure 33). Chacune d'elles présente un

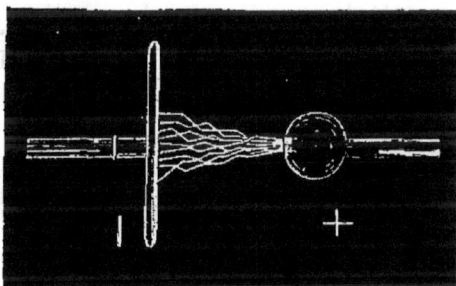

Fig. 33. — Étincelle composée.

trait de feu entouré d'une gaîne moins lumineuse, qu'on appelle l'*auréole* : c'est une transformation de l'aigrette.

Pour une longueur encore plus petite, l'étincelle reparaît simple et linéaire, comme si tous les traits de feu précédents se fussent réunis en un seul; l'auréole qui entoure ce gros trait est plus éclatante et plus étendue. Lorsque la pointe est négative et le plateau positif, on voit le trait de feu se raccourcir du côté du plateau à mesure

que la pointe s'en rapproche, de sorte que l'étincelle présente deux parties d'aspects très différents ; celle qui avoisine la pointe contient le trait de feu et l'auréole ; l'autre
ne contient que l'auréole seulement. Enfin quand la longueur est réduite à quelques millimètres, on ne distingue
plus que la lumière rougeâtre de l'auréole.

Il est possible de pénétrer plus avant dans l'étude des
transformations successives de l'étincelle. Notre œil est
impuissant pour démêler les parties de cette vive lumière ;
mais, aidé d'un instrument, il va acquérir une puissance
nouvelle et un spectacle inattendu nous apprendra que cette
lumière en apparence simple peut être composée de traits
brillants, qui se succèdent par centaines dans un intervalle de temps qui ne dépasse pas un centième de seconde.

Un exemple de ce genre d'étincelle, dite *composée*, est
fourni par la décharge de la bobine de Ruhmkorff, dont
les pôles sont reliés par des fils de métal d'une part aux
armatures d'une bouteille de Leyde, d'autre part à deux
boules métalliques, entre lesquelles jaillit l'étincelle, et
dont l'intervalle est inférieur à un millimètre.

Une lentille convergente convenablement placée reçoit
les rayons lumineux partis de l'étincelle et les dirige en
faisceau parallèle sur le bord d'un disque de carton,
tournant rapidement autour de son centre. Sur ce bord
sont découpées des fentes équidistantes dirigées suivant
les rayons du disque, et aussi étroites que possible. De
l'autre côté du disque est fixé un diaphragme percé d'une
ouverture dont la largeur est égale à la distance de deux
fentes consécutives du disque mobile, et qui est sur le
trajet des rayons envoyés par la lentille à travers les
fentes. L'appareil est installé dans une chambre obscure,
et on vise avec une lunette l'ouverture du diaphragme.

Lorsqu'une étincelle *simple* éclate au foyer lumineux, on
ne voit dans la lunette qu'une seule fente du disque tournant. Mais lorsqu'elle est *composée*, on aperçoit la fente
mobile, qui passe derrière l'ouverture, dans les diverses

positions qu'elle occupe au moment où jaillissent les filets lumineux qui composent l'étincelle. On voit donc plusieurs traits brillants et leur nombre est celui des étincelles simples qui jaillissent pendant qu'une fente du
disque tournant traverse le champ de la lunette.

Quand le nombre des filets lumineux est considérable,
on ne peut pas les compter avec la disposition qui vient
d'être indiquée. Alors on fait passer la fente devant le diaphragme pendant un temps inférieur à la durée de l'étincelle totale, et on augmente la rapidité du disque jusqu'à
ce qu'on aperçoive dans la lunette un petit nombre de traits
brillants, équidistants. On est alors certain que les filets
lumineux se succèdent à des intervalles de temps égaux et
il est possible de calculer le nombre total de ces filets.

Avec un disque de 180 fentes, effectuant 33 tours par
seconde, on a compté, dans une expérience de ce genre,
six traits brillants, équidistants. On déduit de là que six
filets lumineux se succédaient dans un intervalle de temps
égal à la fraction de seconde $\frac{1}{33 \times 180}$. D'autre part, on
trouvait, par une méthode qui sera indiquée dans la
suite, que la durée totale de l'étincelle composée était de
0^s,015. Autant de fois ce nombre contient la fraction précédente, autant de fois les six filets lumineux sont répétés
successivement dans l'étincelle, ce qui donne un total de
537 étincelles simples dans l'étincelle composée que l'on
observait [1].

Étudions maintenant l'étincelle éclatant au sein de
divers milieux. Prenons l'œuf électrique, globe de verre
muni de deux tiges métalliques assez étroites, qui peuvent glisser dans des boîtes à cuir (fig. 34). Lorsque ces
tiges seront en communication avec les deux conducteurs
d'une machine à plateau, ou les deux pôles d'une bobine
de Ruhmkorff, enlevons une partie de l'air contenu dans
l'appareil à l'aide de la machine pneumatique et mettons

[1] *Journal de Physique*, juillet 1873. Mémoire de M. Cazin.

en action l'électricité. Nous observons une lueur bleue ou violette sur la tige négative, et une lueur rouge sur la tige positive. Il ne sera pas nécessaire d'avoir une source d'électricité aussi puissante que précédemment : donc la raréfaction facilite l'apparition de la lueur.

Rapprochons les tiges l'une de l'autre et les aigrettes apparaîtront. Si la raréfaction n'est pas poussée à sa dernière limite, les aigrettes se rejoindront et l'apparence sera celle de la figure 31. Si la raréfaction est extrême, les aigrettes seront moins développées, et ne se rejoindront pas; il restera du côté de la tige négative un intervalle obscur (fig. 34). Faraday a appelé ce phénomène *la décharge obscure*. L'intervalle obscur et la lumière de la pointe négative ne changent pas, quand on diminue la distance des deux pointes : seule la lumière pourpre de la pointe positive se raccourcit.

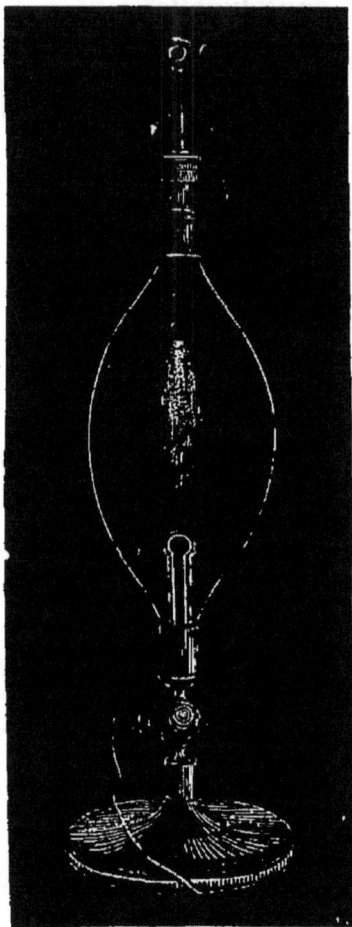

Fig. 34.—Étincelle dans l'air raréfié.

Pour que l'on obtienne le trait de feu dans l'air raréfié, il faut que la décharge soit très forte, qu'elle provienne par exemple d'une batterie de Leyde. La raréfaction s'oppose donc au trait de feu, tandis qu'elle favorise les deux autres formes lumineuses.

On fait ordinairement l'expérience des aigrettes dans l'air raréfié en employant des boules de métal assez grosses, au lieu des tiges minces que nous avons supposées. Alors la lueur ne se produit pas ; mais on a de magnifiques aigrettes de couleur violacée, dont les ramifications s'écartent de plus en plus les unes des autres, à mesure qu'on raréfie davantage ; leur agitation continuelle, les déplacements qu'on leur fait éprouver quand on approche la main de la paroi de verre, donnent beaucoup d'originalité à l'expérience. On la varie encore en se servant d'un long tube de verre, aux extrémités duquel sont les boules de décharge ; quand la raréfaction est suffisante, les jets lumineux s'étendent sur toute la longueur en serpentant le long des parois HH (fig. 13).

On voit quelle part importante l'air prend aux phénomènes de lumière électrique, et on se demande s'il n'en est pas exclusivement la cause. La question paraît facile à résoudre au premier abord ; si l'air est la cause de la lumière, on n'observera aucune trace de lumière dans le vide

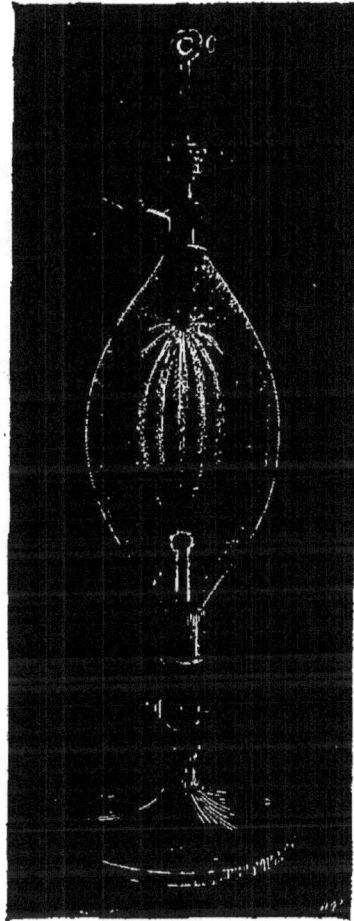

Fig. 35. — Autre apparence dans l'air moins raréfié.

absolu. De là les expériences de Davy dans le vide barométrique. Ayant construit un double baromètre avec un tube de verre courbé en forme de siphon (fig. 36), il fit passer la décharge d'une machine électrique entre les sommets des deux colonnes de mercure. Il vit une faible lueur remplir tout l'intervalle, qui devait être, pensait-il, vide d'air.

Il chauffa le mercure jusqu'à l'ébullition ; la lueur devint brillante et verte ; cela était dû à la vapeur de mercure. L'introduction de petites bulles d'air fit alors passer la lueur du vert au bleu ; puis du bleu au pourpre. Davy conclut que la lueur très pâle observée dans l'appareil froid, alors qu'aucune trace d'air ne pouvait être appréciée, était due à une trace de vapeur de mercure. Il modifia l'appareil et fit le vide avec des liquides non volatils, tels que l'alliage de bismuth et d'étain maintenu fondu par un échauffement de 100° environ ; il observa alors une lueur jaune très pâle; avec l'huile d'olive, la lueur fut rouge et assez brillante. Il semblait donc que la lumière se produisait dans le vide ; mais le changement de couleur avertissait que le liquide employé

Fig. 36.
Étincelle dans le vide barométrique.

dans l'appareil jouait un rôle considérable, et l'on pouvait croire que sa vapeur était la cause des lueurs. La question n'était pas résolue, faute d'un vide parfait.

C'est en 1859 seulement que M. Gassiot, à Londres, a démontré que la lumière ne se produit pas dans un vide convenable. M. Alvergniat a répété la même expérience, à Paris, de la manière suivante. On soude deux fils de platine aux extrémités d'un tube de verre peu fusible, laissant entre eux un intervalle de un ou deux millimètres. Ce tube est muni d'une petite tubulure latérale que l'on soude ensuite au conduit d'une machine pneumatique à mercure (fig. 37). Le vide étant fait une première fois, on chauffe au rouge sombre le tube de verre, et on fait fonctionner la machine pneumatique plusieurs fois, afin d'enlever toute trace d'air ou de va-peur adhérant aux parois intérieures du tube et aux fils de platine. Après une manipulation d'une heure, si l'on adapte aux fils de platine les conducteurs d'une bobine d'induction, on ne voit plus d'étincelle jaillir entre les

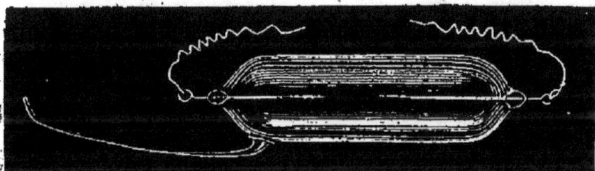

Fig. 37. — Tube vide.

fils. On sépare alors le tube de la machine pneumatique, en effilant au chalumeau la tubulure latérale, et l'appa-reil hermétiquement clos par la fusion de la partie effi-lée sert à répéter indéfiniment l'expérience.

Nous pouvons conclure maintenant que l'air est la cause *principale* de la lueur, de l'aigrette et du trait de feu, et que l'apparition de chacune de ces formes lumi-neuses est déterminée par l'action du conducteur sur les molécules d'air qui sont voisines de sa surface.

Si cette conclusion est exacte, les conséquences que nous en tirerons devront être vérifiées par l'expérience ; les apparences lumineuses doivent changer, lorsqu'on remplace l'air par un autre gaz. Cela est vrai et connu depuis longtemps.

Lorsqu'après avoir fait le vide dans l'œuf électrique on y introduit du gaz azote, le trait de feu y est plus brillant

et plus bruyant que dans l'air ; les aigrettes sont beaucoup plus lumineuses et plus épanouies.

Avec le gaz hydrogène, le trait de feu est de couleur
cramoisie, et produit un son très faible ; les aigrettes sont
ramifiées et de couleur gris-verdâtre. Avec le gaz acide
carbonique, le trait de feu est vert et moins régulier
qu'avec l'air, les aigrettes sont très faibles sous la pression ordinaire ; la raréfaction leur donne meilleure forme,
et une couleur vert-pourpre assez pâle.

Pour comparer d'un seul coup d'œil les couleurs de

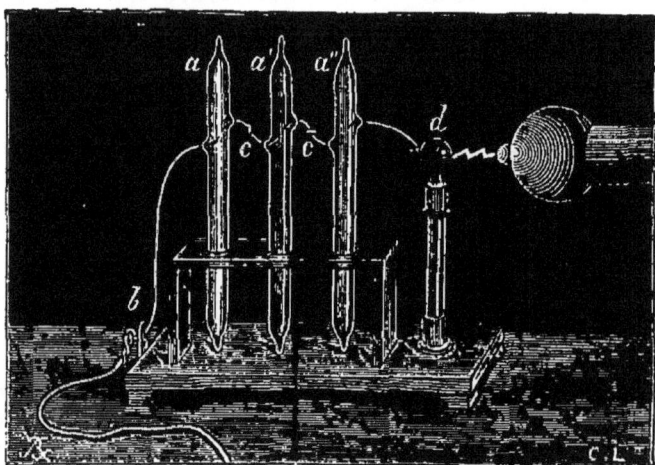

Fig. 58. — Étincelle dans divers gaz.

l'étincelle dans divers gaz, on emploie une série de tubes
de verre a, a', a'', traversés par des fils de platine, et
contenant chacun un des gaz (fig. 58). Ces fils laissent
entre eux un petit intervalle dans chaque tube, et sont
attachés ensemble entre deux tubes consécutifs en c, c'.
On fait communiquer le dernier fil b avec le sol, et le
premier d avec une boule isolée, que l'on approche de
la machine électrique ; les étincelles jaillissent simultanément dans tous les intervalles. On peut aussi se servir
de la bobine de Ruhmkorff, en faisant communiquer les
fils extrêmes avec les pôles de la bobine.

En général, l'étincelle est d'autant plus blanche que le gaz a une plus grande densité ; mais la nature chimique du gaz exerce une influence d'un autre ordre que nous étudierons dans la suite.

On observe la lueur avec les différents gaz, à peu près comme avec l'air. Ajoutons que Faraday a obtenu les trois formes lumineuses dans les liquides mauvais conducteurs, tels que l'essence de térébenthine, que la supériorité de l'aigrette positive sur l'aigrette négative est plus grande dans l'azote que dans l'air ; qu'elle est moindre dans l'hydrogène, nulle dans l'acide carbonique.

M. Ruhmkorff à Paris et M. Grove en Angleterre ont appelé l'attention sur une quatrième forme de l'étincelle électrique qui avait été signalée dès 1843 par M. Abria. MM. Quet, Gaugain, Grove, en ont fait une étude approfondie.

On introduit dans l'œuf électrique quelques gouttes de certains liquides, tels que l'alcool, l'essence de térébenthine, le sulfure de carbone,

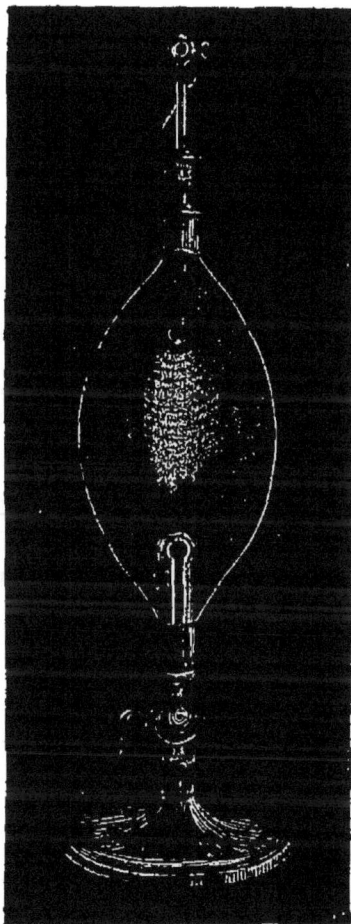

Fig. 39. — Stratifications.

l'huile de naphte, le bichlorure d'étain, etc., ou quelques parcelles de certains solides, tels que le fluorure de calcium, puis on fait le vide avec la machine pneumatique. En faisant passer la décharge d'une bobine d'induction entre les boules, on observe sur la boule négative une lueur violette, puis un espace obscur, et enfin des couches alternativement rouges et sombres jusqu'à la boule positive (fig. 39).

Les couches semblent osciller, lorsque les interruptions se succèdent rapidement, mais cette oscillation est une illusion d'optique ; elle n'a pas lieu, lorsqu'on opère une seule interruption, en faisant mouvoir à la main le marteau ou la pointe de platine de l'interrupteur. Les couches apparaissent alors parfaitement nettes et fixes. On produit aussi la même apparence lumineuse en déchargeant à travers l'œuf une bouteille de Leyde très faiblement électrisée [1].

Tel est le phénomène qu'on appelle *stratification de la lumière électrique*, et que l'on montre aujourd'hui dans tous les cabinets de physique, en se servant des tubes de Geissler, constructeur de Bonn, qui les a préparés le premier avec une grande habileté. Chacun de ces tubes contient de l'air très raréfié à l'aide d'une machine pneumatique à mercure, et quelques traces d'une des substances désignées plus haut. Des bouts de fil de platine sont soudés aux extrémités du tube et servent à la décharge (fig. 37).

Les stratifications changent d'aspect avec la substance qui les développe ; avec l'essence de térébenthine, on a au pôle positif une lumière très blanche, et des couches planes d'épaisseurs inégales ; avec le fluorure de silicium on a une lumière jaune au pôle négatif. Il ne faut pas employer une bobine puissante ; la petite bobine de Ruhmkorff est la plus convenable.

La nature des vapeurs nécessaires à la stratification conduit immédiatement à penser que cette apparence lumineuse est due à une action chimique, et que la décharge se trouve par là compliquée. Nous étudierons

---

[1] *Annales de Chimie et de Physique.* Tome LXV. 1862. Mémoire de MM. Quet et Seguin.

plus tard cette question, quand tous les faits auront été exposés. Mais nous pouvons dès à présent conclure que cette quatrième apparence est *secondaire*, tandis que les trois autres soit séparées, soit superposées, sont les particularités physiques générales qui caractérisent l'apparence de l'étincelle.

Les expériences récentes de MM. Warren de la Rue, Hugo Müller et Spottiswoode, ont montré que le courant voltaïque peut produire la lumière stratifiée aussi bien que le courant de la bobine. Voici l'une de ces expériences.

La pile est formée de 1100 éléments au chlorure d'argent. On fait communiquer les pôles de la pile respectivement avec les armatures d'un condensateur analogue à la bouteille de Leyde, et avec les électrodes d'un tube de verre contenant un gaz raréfié. Le condensateur est constitué par deux fils de cuivre recouverts de gutta-percha et enroulés l'un contre l'autre sur une bobine de bois ; la longueur de ces fils est de 500 mètres. Dans ces circonstances une succession de couches lumineuses séparées par des intervalles obscurs (stratifications) s'établit dans le tube, sans aucune pulsation apparente.

Maintenant que nous connaissons les diverses formes de l'étincelle électrique, et l'influence que la nature du gaz exerce sur son aspect, lorsque les électrodes sont formés par un métal invariable, nous avons à étudier le rôle de ce métal, en changeant sa nature et laissant toutes les autres circonstances constantes.

Entre deux boules de fer l'étincelle est blanche ; elle est verte entre deux boules de cuivre, bleuâtre entre deux boules de zinc. Pour que les changements de couleur soient bien prononcés, il faut que l'éclat de l'étincelle ne soit pas trop grand ; il y a avantage à se servir d'une petite bobine de Ruhmkorff. Une curieuse expérience prouve nettement l'influence de la nature du métal sur la couleur de l'étincelle.

On répand sur un carreau de verre des poussières de

divers métaux, et on les fixe avec de l'eau gommée. On appuie sur la surface métallisée une tige de cuivre qui communique avec une machine électrique ordinaire, et on présente à la même surface en divers points une autre tige de cuivre que l'on tient à la main. Des serpenteaux lumineux de couleurs variées partent dans toutes les directions, dessinant sur la surface du carreau de remarquables arborescences. C'est l'effet d'une foule de petites étincelles qui jaillissent dans les intervalles qui séparent les grains de la poussière métallique. Chaque grain colore le trait de feu d'une manière particulière, en bleu, vert ou rouge suivant que c'est un grain de zinc, de cuivre ou d'étain. Tel est l'ancien *carreau magique* qui charmait les spectateurs au temps de Nollet et de Sigaud de la Fond, alors que les phénomènes électriques faisaient leurs premières apparitions dans le monde scientifique. Nous verrons dans la suite quelles magnifiques découvertes ont eu pour point de départ cette curieuse expérience, comment le physicien moderne, l'œil muni du spectroscope, a pu analyser ces couleurs de feu, puis s'enhardissant tout à coup, s'élancer d'un bond dans l'immensité des cieux et scruter à leur tour les étoiles et les astres brillants, comme il venait de scruter les mille points étincelants du carreau magique.

En 1863, M. Seguin, professeur à Grenoble, a obtenu une coloration très vive de l'étincelle, en la produisant entre un fil de platine électrisé positivement et la surface d'une solution saline électrisée négativement. Il se servait d'une petite bobine d'induction donnant une étincelle d'un centimètre environ. « Si le fil de platine est « très près du liquide, l'étincelle ressemble à une petite « flamme, rouge avec les sels de strontiane, jaune avec « les sels de soude, etc. Pour une plus grande distance, « on distingue un trait de feu extrêmement fin qui offre « à la vue simple le même éclat blanc-bleuâtre qu'entre « deux fils de platine, et autour de ce filet une sorte de

« gaîne fortement colorée en rouge, jaune, etc., qui à
« partir de la dissolution s'étend sur toute la longueur
« de l'étincelle ou seulement sur une partie [1]. »

Ces observations, qui ont été répétées depuis, à divers
points de vue, par MM. Ed. Becquerel à Paris, Bouchotte
à Metz, prouvent de la manière la plus frappante que
dans l'étincelle entrent des particules de matière détachées des conducteurs, et rendues incandescentes par la
décharge. Une parcelle de sel de strontiane, de sel de
soude, placée dans une flamme quelconque, la colore fortement en rouge, en jaune. La couleur est caractéristique
de l'espèce de sel employé. Il semble donc que l'étincelle
électrique soit une flamme aérienne ou gazeuse colorée
par des parcelles de substance détachées des conducteurs.

Dans tout ce qui précède nous avons employé deux corps
métalliques et par conséquent très bons conducteurs.

Avec un conducteur médiocre, tel que le bois, une
très forte charge électrique donne lieu seulement à l'aigrette. C'est ce qui arrive, si on dispose une petite boule
de cette substance à l'extrémité d'une tige de métal sur
le conducteur de la machine électrique. L'aigrette est
très belle dans l'obscurité. Si on approche une boule de
métal non isolée de la boule de bois, on obtiendra une
étincelle pâle et violacée. La même observation est relative à l'étincelle qu'on tire d'une machine peu puissante,
en approchant le doigt, parce que notre corps n'est pas
un excellent conducteur.

Avec un corps très mauvais conducteur, tel que le soufre, la résine, et l'autre bon conducteur, on n'obtient
plus qu'une petite étincelle ; si le premier a été électrisé
préalablement, elle est un peu plus forte que s'il est à
l'état naturel.

Ces effets résultent de ce que l'électricité ne peut s'accumuler en un même point d'un mauvais conducteur

---

[1] *Annales de Chimie et de Physique*. T. LXIX. 1863.

sous l'influence d'un corps voisin de ce point, et par conséquent acquérir la *tension* nécessaire à la production de la lumière. Cette propriété sert à la définition même de la *conductibilité*.

Nous avons passé en revue les apparences variées de l'étincelle jaillissant entre deux corps électrisés. C'est une première investigation qui doit être suivie d'une étude plus attentive des phénomènes, si l'on veut connaître les lois exactes qui les régissent, et les rattacher les uns aux autres par une théorie. A la simple contemplation des faits, à leur classement fondé sur les analogies, doivent succéder des mesures précises, dont la comparaison amènera des rapprochements nouveaux, bien souvent inattendus, d'où le calcul et le raisonnement mathématique feront sortir la vérité.

Arrivé à ce point de son étude, le physicien doit inventer des instruments de mesure, et recueillir patiemment toutes les données numériques qui peuvent compléter la connaissance des phénomènes qu'il explore. Les astronomes ont passé plusieurs siècles à mesurer les distances apparentes des astres, leurs grosseurs, les vitesses de leurs mouvements, avant que l'illustre Képler ait pu découvrir la loi expérimentale du système solaire ; puis le grand Newton a embrassé dans une admirable synthèse tout ce qu'avaient observé ses devanciers. Il en sera de même de l'électricité. Sans doute nous ressemblons aujourd'hui aux astronomes précurseurs de Képler et de Newton ; mais un temps viendra où quelque génie puissant utilisera les matériaux épars, fruits de nos labeurs, et révélera à l'homme, dans une lumineuse synthèse, les merveilles de simplicité et d'harmonie que doivent présenter les phénomènes électriques, comme toutes les œuvres de la création.

Les circonstances susceptibles de mesure, quand on considère l'étincelle, sont la quantité d'électricité qui disparaît, la longueur de l'étincelle, la chaleur qu'elle produit, sa durée, son intensité lumineuse. On appelle *distance explosive* la longueur de l'étincelle, lorsqu'on la produit en rapprochant graduellement l'un de l'autre les conducteurs de décharge. Riess a trouvé que pour une batterie de Leyde cette distance est proportionnelle à la quantité d'électricité et inversement proportionnelle à la surface de la batterie, puis qu'elle dépend de la densité et de la nature du gaz où jaillit l'étincelle.

Ce qu'on appelle une *quantité d'électricité* est une grandeur d'une espèce particulière qui sert à évaluer la puissance électrique ; elle est à la force électrique ce que le poids d'un corps est à la force de pesanteur. De même que deux corps pesants ont le même poids, lorsqu'ils pressent également un obstacle, tel qu'un ressort d'acier qui les empêche de tomber, de même on dit que deux boules conductrices ont des quantités égales d'électricité, lorsqu'elles exercent des attractions ou des répulsions égales sur un troisième corps électrisé, placé à la même distance de l'une ou de l'autre.

Dès qu'on a défini deux quantités égales d'électricité, leur réunion constitue une quantité d'électricité double, pourvu qu'elles soient de même nom ; et ainsi se représentent par des nombres les *charges électriques,* sans qu'on ait besoin de savoir quelle est la nature de l'agent mis en jeu dans les phénomènes.

Cette grandeur ne suffit pas à l'étude de l'électricité, et en cela nous pouvons la comparer à la pesanteur.

Quand une pierre tombe, l'effet du choc ne résulte pas seulement de son poids, il faut tenir compte de la hauteur de sa chute. Une pierre d'un kilogramme, qui tombe de 425 mètres de hauteur, produit un choc formidable qui la brise en mille fragments ; de plus ces fragments s'échauffent et la chaleur totale créée est capable d'élever la température d'un kilogramme d'eau d'un degré centigrade.

La même pierre tombant d'un mètre produirait un faible choc et une quantité de chaleur 425 fois moindre que la précédente.

En général l'énergie du choc se mesure par le produit du poids du corps par la hauteur de chute, et le nombre ainsi calculé est la valeur du *travail dépensé par la pesanteur*.

Semblablement, la décharge d'une même quantité d'électricité ne produit pas toujours les mêmes effets, par exemple la même quantité de chaleur. Si les conducteurs entre lesquels jaillit l'étincelle sont séparés par des intervalles différents, dans deux expériences où disparaissent des charges égales, la chaleur créée est différente. Plus la distance explosive est grande, plus grande aussi est la chaleur. Il y a une grandeur particulière à faire intervenir, qui est analogue à la hauteur de chute d'un corps pesant. Cette grandeur s'appelle quelquefois *tension électrique*, et plus habituellement *potentiel électrique*. Elle est d'autant plus grande que l'étincelle est plus longue. On mesure l'effet de la décharge en multipliant la *quantité* d'électricité disparue par la diminution du *potentiel*. Le nombre ainsi obtenu est l'*énergie* de la décharge ; il est proportionnel à la chaleur créée.

C'est en ayant recours à ces expressions que l'on peut montrer l'*équivalence* de l'électricité, du travail des corps pesants et de la chaleur. Cette équivalence est une des conquêtes les plus remarquables de la physique moderne ; mais nous ne pouvons que la signaler ici, voulant seulement montrer la fécondité du sujet, et faire entrevoir les liens qui unissent l'étude de l'étincelle électrique et celle des autres phénomènes de la physique.

L'origine du mot *potentiel* est dans l'analogie même de la hauteur de chute d'un corps pesant avec la qualité électrique qu'il s'agit de dénommer.

Lorsqu'on élève un poids, il acquiert une qualité d'une espèce particulière ; car il devient apte à produire un

grand nombre d'effets par sa chute; le travail mécanique
dont il est capable est d'autant plus grand, qu'il a été
porté à une plus grande hauteur. On peut dire dans un
langage figuré qu'il gagne du travail en montant, que
ce travail est emmaganisé, toujours prêt à reparaître,

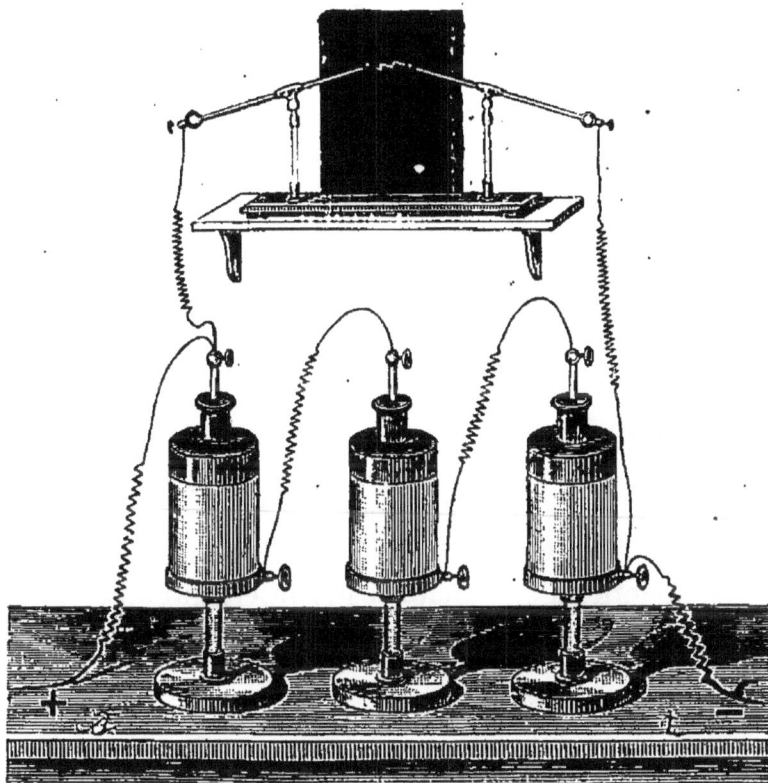

Fig. 40. — Bouteilles de Leyde en cascade.

sitôt que le corps redescendra. Le corps devient donc une
puissance, par son élévation; la qualité dont il se trouve
doté est un *potentiel de pesanteur*.

Et remarquons bien que cette conception mathématique n'est suggérée par aucune hypothèse sur la matière
ou sur la force ; c'est une abstraction aussi bien que le
centre de gravité, le travail mécanique, la quantité de

chaleur, la quantité d'électricité ; c'est une de ces nombreuses créations de notre esprit, qui sont destinées à exprimer les rapports des choses, à traduire en langage humain le livre mystérieux de la nature.

Les considérations qui précèdent servent à expliquer les effets lumineux remarquables que peut produire un assemblage de bouteilles de Leyde réunies en *cascade* (fig. 40). Les bouteilles étant placées sur des pieds de verre, on fait communiquer par des fils conducteurs l'armature intérieure de chacune d'elles avec l'armature extérieure de la suivante, puis les armatures extrêmes avec les pôles d'une bobine de Ruhmkorff d'une part, avec des boules de décharge de l'autre. On obtient une étincelle éblouissante, et qui produit un fracas assourdissant. L'éclat, la longueur et le fracas de l'étincelle croissent avec le nombre des bouteilles.

Dans cette expérience, la quantité d'électricité qui disparaît à chaque décharge est la même, quel que soit le nombre des bouteilles : mais le potentiel électrique croît avec le nombre des bouteilles, et le produit de ces deux grandeurs, quantité d'électricité et potentiel, qui mesure l'énergie de la décharge, croît comme la dernière.

2. — Analyse spectrale de l'étincelle.

Wollaston et Frauenhofer avaient remarqué les premiers que le spectre de la lumière électrique présentait des raies brillantes dont une en particulier, située dans le vert, était très intense. Wheatstone faisant jaillir l'étincelle entre divers métaux vit que le nombre et la position des raies brillantes diffèrent suivant les métaux. Ce fut Masson qui fit les premières expériences précises sur l'étincelle obtenue avec la batterie de Leyde, démontrant pour chaque substance, et que leur couleur était toujours celle de la région du spectre où elles se trouvaient. Le charbon donne dans le bleu et le violet trois groupes de raies très fines et des bandes diffuses à la fin du violet; le cuivre donne des raies remarquables dans le bleu et le violet; le zinc présente une raie vert-pomme caractéristique; le cadmium présente de magnifiques raies dans le vert et dans le bleu. Masson[1] découvrit en outre que tous les spectres obtenus avec l'étincelle dans l'air présentaient plusieurs raies *communes*, c'est-à-dire demeurant les mêmes quand on changeait la substance des conducteurs; il en signala quatre principales dans le rouge, l'orangé, le jaune et le vert. M. Angstrom[2] reconnut ensuite que ces raies communes dépendaient de la nature du gaz dans lequel jaillit l'étincelle. Enfin M. Van der Willigen étudia particulièrement ces raies[3] en 1859.

L'étincelle jaillissait dans l'air entre deux fils de métal qui communiquaient avec les armatures d'une bouteille de Leyde chargée par une bobine de Ruhmkorff. Les décharges se succédant très rapidement, on voyait le spectre d'une manière continue, ce qui rendait faciles les mesures nécessaires pour assigner la position des raies. Ces recherches ont montré que, si les extrémités des fils de métal sont très rapprochées, les raies caractéristiques de l'air disparaissent, et il ne reste plus que celles qui dépendent du métal. Si l'on augmente peu à peu l'intervalle des fils, ces dernières raies s'affaiblissent, et les premières deviennent de plus en plus prédominantes.

Si les fils métalliques sont très fins, le fil négatif s'échauffe et les aigrettes apparaissent. On obtient aussi les aigrettes en raréfiant l'air, et alors l'apparence du spectre change complètement. On a deux spectres différents,

[1] *Annales de Chimie et de Physique.* 3e série. Tome XXXI. 1851.
[2] *Annales de Poggendorff.* Tome XCIV.
[3] *Annales de Chimie et de Physique.* 3e série. Tome LVII. 1859.

suivant qu'on regarde à travers le prisme du spectroscope
la lueur du fil négatif, ou le point brillant qui se montre
à l'extrémité du fil positif, et ces deux spectres n'ont
point de rapport avec celui du trait de feu : ce dernier
est formé de raies brillantes, nettement définies, les deux
autres présentent de larges bandes peu lumineuses, et dé-
gradées du côté du violet.

En 1863, M. Seguin a ajouté de nouveaux faits à ceux
qu'on connaissait déjà. Il observait au spectroscope l'étincelle d'une petite bobine d'induction, qui diffère notablement des autres étincelles.

Habituellement cette étincelle offre simultanément
le trait de feu et les aigrettes ; celles-ci se rejoignant
forment autour du trait de feu une gaîne violacée, qu'on
appelle *auréole*. Une foule de circonstances peuvent faire
prédominer, soit l'une, soit l'autre de ces deux formes
lumineuses, et même ne laisser subsister que l'une
d'elles.

M. Adolphe Perrot a observé qu'en rapprochant les fils
métalliques entre lesquels jaillit l'étincelle, on augmente
l'auréole et on diminue le trait de feu ; ce dernier finit
même par disparaître. Le passage d'une forme à l'autre
s'obtient aussi par la raréfaction de l'air, lorsque les
fils sont disposés dans l'œuf électrique. A mesure que la
raréfaction augmente, le trait de feu s'efface et la lumière devient une aigrette en forme de fuseau comme
celle de la figure 34.

Quand on substitue à l'air d'autres gaz, on modifie l'apparence. Ainsi l'auréole diminue considérablement dans
l'hydrogène, tandis qu'elle est très développée dans le
gaz carbure d'hydrogène.

M. du Moncel ayant dirigé le courant d'un soufflet sur
la même étincelle a vu l'auréole s'infléchir dans le sens
du courant et s'étaler en nappe lumineuse sillonnée parallèlement à ses contours de plusieurs lignes brillantes
et sinueuses. Le trait de feu est moins sensible au souffle,

mais il y cède comme l'auréole, et lorsque le courant d'air est assez fort, il disparaît, et on n'observe plus, d'après M. Seguin, qu'une faible lueur ayant la forme d'un fuseau recourbé. De loin en loin deux ou trois jets brillants, déliés, sinueux, éclatent à travers cette lueur; le plus dévié est le moins brillant, il est bordé extérieurement par une légère frange lumineuse, semblable à une auréole rudimentaire.

Nous pouvons maintenant suivre les détails de l'analyse spectrale faite par M. Seguin.

Les fils de décharge étant très écartés l'un de l'autre, et l'auréole étant très faible, le spectroscope montre dans le spectre de l'étincelle les raies de l'air seulement. Si on rapproche beaucoup les fils, de manière que le trait brillant disparaisse, on ne voit plus les raies de l'air, mais celles qui sont caractéristiques du métal. Ainsi M. Seguin trouvait une relation entre deux faits découverts par M. Van der Willigen et par M. Perrot.

« L'analyse de toutes ces circonstances, dit-il, est plus complète, lorsqu'on observe une étincelle horizontale à travers la fente verticale du spectroscope; on peut alors promener celle-ci sur toute la longueur de l'étincelle et examiner successivement chacun de ses points. Pour une assez grande distance des fils, on voit les raies de l'air tout le long de l'étincelle, excepté quand on vise l'extrémité même du fil positif : là on aperçoit les raies du métal. » M. Seguin cite pour l'air deux raies caractéristiques, l'une jaune-verdâtre, l'autre verte, et pour le métal, qui était le cuivre, un groupe de trois raies vertes. « Quand on diminue la distance des fils, les raies de l'air persistent mieux du côté du fil négatif qu'ailleurs; mais elles se troublent peu à peu, s'effacent, et on finit par ne plus distinguer sur toute l'étendue de l'étincelle que les raies du métal. A ce moment, l'étincelle étant très courte, si on dirige sur elle un courant d'air vertical, les raies du métal se prolongent en s'affaiblissant dans la partie du spectre qui correspond à la nappe de feu. Dans cette série d'observations, on voit, pour ainsi dire en détail, la matière du métal se détacher des fils, surtout du fil positif, se projeter dans l'étincelle, particulièrement dans l'auréole, s'étaler avec elle et se disperser sous l'influence du courant d'air. »

Cet exemple montre le merveilleux parti que les physiciens ont su tirer du spectroscope. Avec cet appareil, les plus intimes détails des flammes nous sont révélés et notre œil acquiert une puissance extraordinaire. C'est ainsi qu'aujourd'hui l'astronome, armant sa lunette d'un spectroscope, sait distinguer les immenses flammes d'hydrogène qui sont sans cesse projetées par le soleil ; non seulement les raies spectrales accusent la nature de ces flammes, mais encore elles font reconnaître leurs formes, leurs dimensions, et l'on peut suivre les transformations incessantes qu'elles subissent.

L'analyse spectrale nous indique encore si quelque décomposition chimique s'accomplit dans le gaz qui sert de véhicule à l'étincelle. Avec le gaz acide sulfureux, on voit les raies du soufre ; avec l'hydrogène phosphoré, ce sont celles du phosphore, etc. Eh bien, plus les raies sont nettes, moins le trait de feu se distingue de l'auréole, comme si la lumière s'étendait, portée par les éléments chimiques du gaz devenus libres. Dans le bicarbure d'hydrogène, l'étincelle est d'abord blanche et éclatante, le charbon se dépose sur les fils de métal et sur les parois du vase qui renferme le gaz. On voit dans le spectroscope un spectre continu qui nous apprend que les particules de charbon sont à l'état solide. Puis l'auréole s'affaiblit graduellement, et offre un mélange de vert et de rose ; le spectroscope montre la raie rouge de l'hydrogène, et les raies vertes et bleues du carbone ; d'où nous concluons que le charbon est à l'état gazeux. Grâce au spectroscope nous pouvons assister au spectacle de la transformation de la matière, et étudier dans tous leurs détails les états chimiques et physiques des particules qui constituent l'étincelle.

Concluons de tout cet ensemble de faits que le gaz ou ses éléments et la substance des fils de décharge se trouvent à l'état d'incandescence dans les deux parties de l'étincelle d'induction ; que l'illumination de l'air est plus marquée dans le trait de feu, que l'éclat de l'auréole dépend davantage de la présence des particules enlevées aux fils.

On se demande naturellement ce que deviennent ces particules, et on peut penser qu'elles sont transportées d'un conducteur à l'autre. C'est en effet ce qui a lieu, et les transports de ce genre ont été étudiés il y a longtemps par Fusiniéri. Si l'étincelle jaillit entre une boule d'argent et une boule d'or, on trouve après une longue succession de décharges une couche d'or déposée sur la boule d'argent, et une couche d'argent déposée sur la boule d'or. Ce que l'analyse spectrale a ajouté à la connaissance de ce fait, c'est celle du rôle que les particules transportées jouent dans la production de la lumière.

On ne pouvait manquer d'observer au spectroscope les *stratifications ;* c'est ce qu'a fait M. Reitlinger, à Vienne, en 1861 [1]. Il a reconnu que les différences de lumière qu'on observe dans les diverses parties d'un tube de Geissler sont en rapport avec la diversité des gaz qui se trouvent ordinairement mélangés dans le tube, et que la décharge électrique paraît séparer par couches alternatives. Les expériences sur ce sujet ont d'ailleurs besoin d'être répétées.

Lorsqu'une méthode d'observation nouvelle est inventée, elle conduit ordinairement à des résultats imprévus, à de nouvelles découvertes qui agrandissent le domaine de la science. La méthode de l'analyse spectrale appliquée à l'étincelle a eu justement cet avantage. Nous avons

---

[1] *Annales de Chimie et de Physique.* 3ᵉ série. Tome LXVII.

dit que les raies du spectre provenant d'un métal gazeux incandescent étaient spécifiques pour chaque métal, et il semblait naturel que celles des spectres provenant des gaz incandescents eussent le même caractère. Les expériences faites par MM. Plücker et Hittorf en 1864 paraissent démontrer que les choses se passent tout autrement. En faisant passer la décharge d'une bobine de Ruhmkorff dans un tube capillaire, contenant de l'azote, sous une faible pression, ces physiciens ont obtenu un spectre, formé d'une suite de bandes ombrées d'un aspect particulier; ils l'ont appelé *spectre du premier ordre*. Ce spectre se retrouve d'ailleurs dans celui de l'auréole de l'air, décrit par M. Van der Willigen, et dont nous avons déjà parlé. Interposant ensuite dans le circuit une bouteille de Leyde, ils ont observé un autre spectre, formé de lignes brillantes et étroites, qu'ils ont appelé *spectre du second ordre*, et qui se retrouvent dans le spectre du trait de feu de l'air. D'après ces auteurs le spectre du premier ordre est la superposition de deux spectres différents, qui peuvent être séparés l'un de l'autre, lorsqu'on emploie un tube large au lieu d'un tube capillaire; l'un d'eux est produit par la décharge avec la bouteille de Leyde dans le même tube. Ainsi l'azote donne trois spectres différents, suivant qu'on opère avec un tube large sans bouteille de Leyde, avec le même tube et une bouteille, avec un tube capillaire et une bouteille. Les mêmes auteurs ont vu l'hydrogène se comporter de la même manière.

Cette observation a été le point de départ de nouvelles recherches parmi lesquelles nous signalerons celles de M. Wüllner en Allemagne, de M. Salet en France.

Ces recherches ont mis en évidence la difficulté excessive que l'on éprouve à préparer un gaz absolument pur. En prenant les précautions les plus minutieuses pour éviter que le gaz sur lequel doivent porter les observations soit mêlé de quelque trace d'autre substance,

M. Wüllner et M. Salet n'ont pas retrouvé dans le spectre
de l'étincelle éclatant au milieu de l'azote une compli-
cation aussi grande que le pensaient MM. Plücker et Hittorf. La conclusion que l'on a généralement tirée de leurs
expériences est la suivante : Plusieurs des corps simples, à l'état gazeux, peuvent produire deux spectres différents : l'un composé de bandes lumineuses, larges,
qui se terminent du côté du rouge par une ligne bien
définie, et se dégradent du côté du violet, comme si elles
étaient estompées ; l'autre formé de lignes brillantes très
fines, qui ne présentent dans leurs positions aucune relation simple avec les bandes précédentes. Le premier
de ces spectres, dit cannelé, est celui de l'auréole, le second, dit linéaire, est celui du trait de feu.

Il n'y a guère que l'azote qui présente nettement ces
phénomènes, quand on observe l'étincelle éclatant dans
le gaz entre deux conducteurs métalliques. M. Salet a,
il est vrai, observé quelque chose d'analogue dans la
vapeur du tellure: comme il reconnaît que la vapeur
n'était pas pure, son observation perd un peu de sa valeur. Mais le même auteur a fait une autre expérience du
plus grand intérêt, parce qu'il a voulu éviter une cause
d'erreur qui existe toujours dans les expériences précédentes.

Dans celles-ci, l'étincelle éclate entre deux pointes de
métal, platine ou aluminium; il en résulte d'abord l'apparition des raies du métal dans le spectre, puis, ce qui
est plus gênant encore, il peut y avoir combinaison entre
le gaz et le métal, et alors un nouveau spectre, celui de
la combinaison, se superpose à celui du gaz et à celui du
métal. Si l'on remarque qu'il est très difficile d'avoir le
métal tout à fait pur, exempt de toute substance étrangère, de toute gaine gazeuse formant à sa surface une
sorte de vernis invisible et inappréciable aux réactifs de
la chimie, on sera frappé de la complexité possible des
spectres de l'étincelle obtenus dans de telles conditions,

en présence de tant d'éléments perturbateurs du phénomène principal que l'on étudie. Songeons que l'analyse
spectrale est d'une exquise délicatesse, que des traces
imperceptibles de matière sont révélées d'une manière
inattendue, qu'on discerne au spectroscope quelques millièmes de milligramme ·de soufre, quelques millionièmes de milligramme de sel marin, que grâce à cette
sensibilité merveilleuse, déjà cinq métaux nouveaux ont
été découverts (Rubidium et Cæsium, de MM. Kirchoff et
Bunsen; Indium, de MM. Reich et Richter; Thallium, de
MM. Crookes et Lamy; Gallium, de M. Lecoq de Boisbau-
dran), et nous serons convaincus de l'excessive importance qu'ont la disposition des appareils et la méthode
d'expérimentation.

Voici comment a opéré M. Salet. Le gaz est renfermé
dans un réservoir de verre complètement clos, et qui se
compose de deux tubes larges réunis par un tube étroit
(fig. 41). Les parties larges sont enveloppées de feuilles
de métal, ou gaînes, que l'on met en communication avec
les pôles d'une bobine de Ruhmkorff ou d'une machine
de Holtz. Une étincelle jaillit dans l'intérieur de ce réservoir, et son éclat est assez grand dans la partie étran-
glée pour qu'on puisse observer son spectre. Le gaz intérieur est électrisé par les gaînes, à travers le verre, et
comme l'une de ces gaînes est positive et l'autre négative,
les particules gazeuses qui les avoisinent sont électrisées
contrairement et il y a décharge entre elles par le tube
capillaire, à chaque inversion des signes de l'électricité
que produit l'appareil électrique mis en jeu. Telle est
l'explication ordinaire de ce phénomène.

Il est peut-être plus simple de regarder les deux
renflements de verre, qui sont recouverts par les gaînes,
comme tenant lieu de conducteurs de décharge, électrisés par les mêmes gaînes, et alors la simplification de
l'appareil serait illusoire. Le spectre de l'étincelle pourra
présenter les raies de la substance du verre, des gaînes

gazeuses qui y sont adhérentes, et l'incertitude du résultat n'est pas moindre qu'avec les tubes de Geissler à fils
métalliques traversant la paroi du réservoir. On a remplacé en définitive les raies du métal des fils par celles
du verre, et comme il est plus difficile de distinguer ces
dernières que les autres, on peut craindre un surcroît de
difficultés.

Quelle que soit l'explication que l'avenir réserve aux

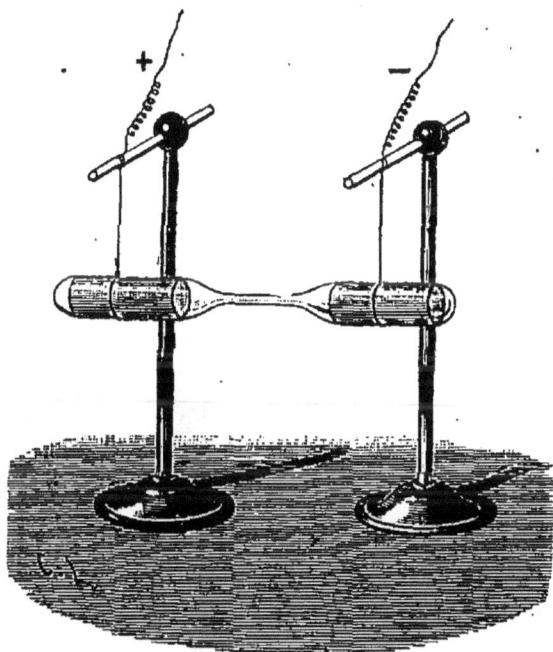

Fig. 41. — Tube à gaînes pour l'Étincelle dans les gaz.

observations faites par cette méthode, M. Salet a reconnu
deux sortes de spectres analogues à ceux de l'azote, mais
bien différents dans la position et le nombre des raies,
pour les vapeurs de soufre, d'iode, de sélénium. Quant
aux métaux, on n'a jusqu'à présent observé que des spectres linéaires.

L'existence de deux spectres pour un même corps
simple est une question de la plus haute importance,
dans l'étude de la constitution chimique des corps. Le

spectre linéaire se conçoit très bien par l'analogie qui existe entre les phénomènes sonores et les phénomènes lumineux. On se représente un gaz incandescent comme un assemblage de particules en vibration, comparable à un assemblage d'instruments de musique qui compose un orchestre. Sa lumière est un concert de vibrations harmoniques ; sa couleur est la note résultante de toutes les vibrations superposées. Si l'on voit cette couleur changer, on compare ce changement à celui de la note composée que fait entendre l'orchestre. Il peut y avoir dans ce changement un rythme, une cadence, si la couleur et le temps interviennent à la fois ; il peut y avoir une mélodie lumineuse, comme il y a dans l'orchestre une mélodie sonore. Les modifications de couleur que les étincelles peuvent offrir à l'œil, quand l'électricité éprouve des variations, nous apparaissent comme l'effet de la mélodie lumineuse, soit que les particules du gaz accélèrent ou ralentissent leurs vibrations, soit que celles d'un autre gaz, jusqu'alors muet, entrent à leur tour en vibration. Ces dernières renforcent ou arrêtent les autres suivant qu'elles sont avec elles en concordance ou en discordance. De là une infinité de nuances, dont la texture est révélée par le spectroscope.

Mais comment un même gaz, l'azote, par exemple, peut-il vibrer de deux manières aussi diverses que semblent l'indiquer ses deux spectres, cannelé et linéaire ? Les bandes cannelées de notre spectre indiquent que parmi les particules du gaz vibrant les unes, en plus grand nombre, composent une note lumineuse prédominante, et les autres, presque muettes, exécutent des vibrations quelque peu différentes des précédentes par leur rapidité ; ces dernières sont comme des instruments d'orchestre mal accordés, qui troublent l'harmonie sans pourtant la détruire complètement. L'auréole de l'étincelle dans l'azote est un orchestre qui joue faux. Conçoit-on un assemblage de particules, semblables entre elles, comme doivent l'être celles d'un gaz simple, vibrant comme des instruments mal accordés? Cette similitude admise des particules de l'azote est-elle compatible avec le désaccord de leur vibrations lumineuses? Bien plus, lorsque le trait de feu apparaît, nous voyons une note lumineuse tout autre succéder brusquement à la note discordante de l'auréole, et cette fois toutes les particules exécutent leurs vibrations dans un accord rigoureux : si le même gaz vient d'exécuter ce changement à vue, si complet, pourquoi de nouveaux changements, aussi considérables, ne se montrent-ils pas dans ses diverses propriétés physiques et chimiques?

En général, les cannelures spectrales sont le fait des gaz composés, et les phénomènes que nous venons de décrire seraient parfaitement expliqués par l'intervention d'une telle substance dans l'auréole, et par celle de l'azote seul dans le trait de feu. Si cela n'est pas admis aujourd'hui, c'est parce qu'on regarde comme chimiquement pur l'azote des expériences, ou parce qu'on ne découvre pas la nature chimique du composé qui s'y trouve mêlé. Mais pour que ce composé se reconnaisse à ses caractères chimiques ordinaires, il faut qu'il existe en quantité beaucoup plus grande que celle qui est appréciable par l'analyse spectrale. De là l'incertitude. Il n'est donc pas étonnant que l'on imagine quelque hypothèse capable de rendre compte des faits, ne serait-ce que pour avoir un guide dans de nouvelles recherches. C'est ainsi que l'on s'est demandé si l'azote de l'auréole ne serait pas un corps simple, dont les particules seraient en quelque sorte doubles, et quelque peu dissemblables entre elles, et si le trait de feu ne les scinderait pas en leurs éléments. On comprend difficilement, il est vrai, que ces éléments séparés, et dissemblables, vibrent ensuite à l'unisson parfait, comme le prouve le spectre linéaire.

C'est à l'avenir qu'il est réservé de nous fournir des

faits précis qui lèvent toutes ces difficultés. Que le physicien se fasse chimiste, que le chimiste étende dans le
domaine de la physique le champ de ses investigations,
le problème que nous venons de poser ne tardera pas à
recevoir sa solution. Déjà la thermodynamique a établi
une union profonde entre deux sciences, trop longtemps
séparées ; la spectroscopie les unit plus étroitement encore. Les molécules de la physique et les atomes de la
chimie doivent tenir des places égales dans la pensée de
l'homme d'étude, du chercheur qui voit dans le monde
tangible autre chose que des mystères ou des images in-
saisissables.

3. — Intensité lumineuse de l'étincelle.

Nous avons vu quelles sont les apparences lumineuses
qui accompagnent la disposition des électricités que possèdent deux conducteurs, quand on opère leur rapprochement. Suivant la forme de leurs surfaces aux points
les plus voisins, suivant la quantité d'électricité qui s'ac-
cumule en ces points, suivant la nature des conducteurs
et le milieu transparent qui les sépare, la décharge est
accompagnée d'une *lueur*, d'une *aigrette*, ou d'une *lumière éclatante*, dans laquelle on distingue ordinairement
un trait linéaire très brillant, et une *auréole* plus pâle.
La lueur est silencieuse, l'aigrette fait entendre un bruissement d'une durée notable, la lumière éclatante fait
entendre un bruit sec, dont la durée paraît excessivement petite ; c'est cette dernière forme lumineuse qu'on
appelle particulièrement l'*étincelle explosive*.
L'intensité très vive de cette étincelle, surtout quand
elle provient d'une décharge de batterie de Leyde, dépend de certaines circonstances dont la connaissance est
d'une grande utilité. Aussi a-t-on cherché à la mesurer,

afin d'établir les lois qui la régissent. Les appareils dont on fait usage pour la mesure de l'intensité des sources lumineuses portent le nom de *photomètres*. Ceux qui sont usités, quand il s'agit des sources continues, ne peuvent servir pour l'étincelle à cause de son instantanéité : l'œil n'a pas le temps de comparer l'effet de cette étincelle à celui d'une lampe. Il fallait donc inventer une méthode

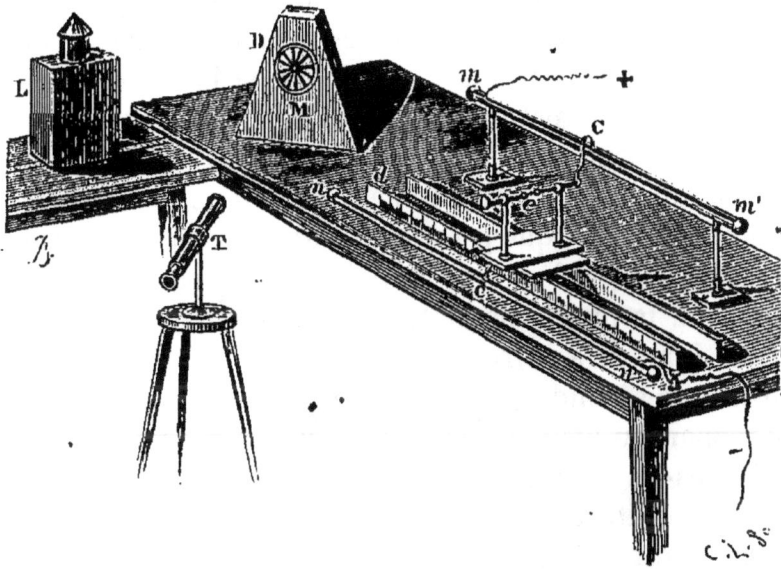

Fig. 42. — Photomètre électrique.

spéciale, une *photométrie électrique*, c'est ce qu'a fait Masson en 1845[1]. Son appareil sert à comparer soit plusieurs étincelles entre elles, soit une étincelle à une lampe ordinaire, sans que ces diverses lumières aient besoin d'avoir la même couleur.

Un disque de carton de 8 centimètres de diamètre, sur lequel on a tracé 60 secteurs égaux alternativement blancs et noirs, D (fig. 42), tourne autour de son centre avec une vitesse de deux cents tours environ par seconde,

---

[1] *Annales de Chimie et de Physique.* 3° série. Tomes XIV et XXX.

à l'aide d'un mouvement d'horlogerie. Il est disposé dans
une chambre obscure, et dans une direction qui fait 45
degrés avec sa surface est placée une lampe Carcel, L.
L'œil observe le disque à travers un tuyau de carton, T.,
noirci intérieurement ; il le voit uniformément éclairé.
Cela résulte de ce que la vision des secteurs blancs éclairés par la lampe persiste en nous après que la rotation
les a entraînés ; lorsqu'ils viennent à la place qu'occu-
paient un instant auparavant les secteurs noirs, nous
voyons encore leur position antérieure, si la durée de cet
instant est assez petite, et, par conséquent, cette vision
persistante nous dérobe les secteurs noirs.

Remarquons que l'éclairement du disque tournant est
la moitié de celui que présenterait un disque entièrement
blanc, parce que les secteurs noirs dont la surface totale
équivaut à la moitié de celle du disque entier n'envoient
aucune lumière à notre œil.

Dans une seconde direction symétrique de la première
par rapport au disque, se trouvent les boules de décharge,
e. Plaçons-les assez près du disque tournant. Dès que l'é-
tincelle jaillit, on aperçoit distinctement les secteurs
blancs : c'est qu'en effet cette étincelle a une si courte
durée, que les secteurs n'ont pas changé sensiblement
de place pendant cette durée ; l'étincelle les a éclairés
comme s'ils étaient immobiles. L'éclairement des secteurs blancs est donc la somme de l'éclairement primitif
du fond et de celui que produit l'étincelle, tandis que
celui des secteurs noirs n'est que l'éclairement primitif
du fond. C'est en vertu de cet excès d'éclairement que
les secteurs blancs deviennent visibles.

On conçoit que si cette différence était trop petite, l'é-
tincelle ne produirait aucun effet. Aussi, si nous éloi-
gnons graduellement les boules de décharge, la différence d'éclairement des deux sortes de secteurs ira en
diminuant, et bientôt il sera impossible de les discerner
quand l'étincelle éclate. Le moment où la disparition des

secteurs commence dépend de la sensibilité de l'œil. Un
œil très délicat cesse de voir les secteurs blancs, quand
leur éclairement surpasse de $\frac{1}{120}$ celui des secteurs noirs.
Ce nombre mesure le rapport de la quantité de lumière
venant de l'étincelle qui est réfléchie par un secteur
blanc à la quantité de lumière qu'envoie ce secteur
pendant la rotation, lorsqu'il est éclairé par la lampe
seule. Or nous avons dit que cette dernière quantité
est la moitié de celle qu'enverrait le secteur au repos.
Par conséquent la quantité de lumière électrique réfléchie par un secteur blanc est $\frac{1}{240}$ de la quantité de lumière venant de la lampe qui sera réfléchie par le même
secteur dans les mêmes circonstances.

Si l'on admet que le pouvoir réflecteur du secteur est
le même pour les deux sources lumineuses, la quantité
de lumière envoyée par l'étincelle est aussi $\frac{1}{240}$ de celle
que la lampe envoie à la même surface blanche.

En d'autres termes l'intensité de l'étincelle sera $\frac{1}{240}$ de
celle de la lampe pour un observateur placé au centre du
disque.

Ce raisonnement nous apprend que la détermination
du rapport d'intensité des deux lumières, l'étincelle et la
lampe, dépend de l'étendue des secteurs et de la quantité $\frac{1}{120}$ qui mesure la sensibilité de l'œil. Pour appliquer
cette méthode, il faut donc que chaque observateur détermine son *coefficient de sensibilité personnel*. Masson a
indiqué comment on doit faire et il a trouvé pour divers
observateurs des fractions comprises entre $\frac{1}{60}$ et $\frac{1}{120}$.

Mais le photomètre électrique résout une autre question, dans laquelle n'intervient pas cette quantité : c'est
la comparaison de diverses étincelles.

Pour cela mesurons la distance de la première étincelle au disque, quand on cesse de distinguer les secteurs [1]. Puis produisons une seconde étincelle ayant une

[1] On voit sur la figure 42 la disposition adoptée pour mesurer la

autre intensité, et répétons le même genre de mesure.
Si nous trouvons que sa distance au disque est double
de la précédente, lorsqu'on cesse de distinguer les secteurs, c'est à cette distance qu'elle envoie au disque la
même quantité de lumière que la première étincelle ; en
d'autres termes, la première étincelle produit sur le disque à la distance 1 le même éclairement que la seconde
à la distance 2. Donc celle-ci est 4 fois plus éclairante
que l'autre pour un observateur placé à la même distance de l'une et de l'autre.

On peut se convaincre aisément de l'exactitude de cette
conclusion, en comparant l'éclairement d'un groupe de
4 bougies à celui d'une seule. On verra que, le groupe
des 4 bougies et la bougie séparée étant placés devant un
corps opaque quelconque, les deux ombres projetées par
le corps opaque sur un papier blanc auront la même intensité lorsque la distance du groupe à l'écran sera double de celle de la bougie.

Ainsi le photomètre fait connaître très simplement et
très exactement les intensités relatives de deux étincelles
électriques.

Masson a découvert de cette manière les lois suivantes
relatives à l'étincelle d'une batterie de Leyde : *L'intensité
de la lumière est proportionnelle à la surface des armatures, en raison inverse de l'épaisseur du verre, et proportionnelle au carré de la distance explosive.* En combinant ces
lois avec celles que M. Riess a trouvées pour la distance
explosive, on obtient cette loi plus générale : *L'intensité
de la lumière est proportionnelle à la quantité de chaleur
dégagée dans le conducteur de décharge.* Cette loi est d'une

distance de l'étincelle *e* au disque D. Le support des boules de décharge peut glisser le long d'une règle graduée *d*, et pendant son
mouvement les communications électriques sont maintenues à l'aide
de deux rigoles de mercure *mm'*, *nn'*, dans lesquelles plongent d'une
part les languettes métalliques *cc'*, qui aboutissent aux boules *e*;
de l'autre, les conducteurs *m* et *n'* de la batterie.

très grande importance, parce qu'elle établit un lien
entre la chaleur et la lumière qui apparaissent simultanément dans un système de corps où disparaît l'électricité. Elle est conforme au principe de la conservation de
l'énergie. Elle est au nombre de celles qui ont contribué
à introduire ce principe dans la science moderne.

Un autre résultat important au point de vue de la constitution de l'étincelle est relatif à la nature des boules de
décharge : des boules d'étain, de zinc, de plomb, donnent à l'étincelle plus d'intensité lumineuse que celles
de fer, de cuivre, de laiton. Or les trois premiers métaux ont moins de ténacité et sont plus fusibles que les
trois autres. L'intensité dépend donc surtout de la ténacité des électrodes.

Masson n'a pas cherché à évaluer exactement l'intensité de l'étincelle par rapport à une lampe Carcel déterminée, comme on le fait aujourd'hui pour toutes les
questions d'éclairage. C'est une lacune qu'il importe de
combler pour les applications.

4. — Durée de l'étincelle.

L'expérience précédente nous a donné une idée de
l'instantanéité de l'étincelle ; en l'analysant nous obtien-
drons une limite supérieure de sa durée.

Le disque est partagé en 60 secteurs égaux et effectue
200 tours par seconde ; la durée d'un tour est donc $\frac{1}{200}$
de seconde. Un rayon du disque parcourt l'étendue angu-
laire d'un secteur en $\frac{1}{60}$ de la durée précédente, c'est-à-
dire en $\frac{1}{12000}$ de sonde. Si l'étincelle durait $\frac{1}{12000}$ de
seconde, les secteurs blancs viendraient occuper la place
des secteurs noirs pendant que la lumière brille, et nous
verrions le disque uniformément éclairé. Si l'étincelle
avait une durée 10 fois moindre, c'est-à-dire $\frac{1}{120000}$ de

seconde, chaque secteur avancerait de $\frac{1}{10}$ de sa largeur,
c'est-à-dire de $\frac{6}{10}$ de degrés sur la circonférence. Par
conséquent on verrait les secteurs blancs avec une légère pénombre sur leurs bords, comme si leur largeur surpassait celle des secteurs noirs de 1 degré et $\frac{1}{5}$. Cette
différence serait sensible à l'œil; si on ne la remarque
pas, c'est que la durée de l'étincelle est inférieure à
$\frac{1}{120000}$ de seconde.

On a construit divers appareils qui montrent combien
la durée de l'étincelle est petite, sans en donner la valeur
numérique. En combinant la petitesse de cette durée avec
la persistance de l'impression optique, laquelle dure environ $\frac{8}{10}$ de seconde, d'après M. Plateau, on obtient des
jeux de lumière assez curieux.

En voici un exemple (fig. 43). Plusieurs tubes de
Geissler sont disposés régulièrement sur un disque mobile autour de son centre. L'axe métallique porte une virole de bois, sur laquelle est un anneau de cuivre ; deux
crochets s'appuient respectivement sur l'axe et sur l'anneau, et on y attache les conducteurs d'une petite bobine
d'induction. Les communications sont établies entre les
fils de platine des divers tubes, l'axe et l'anneau, de façon que l'étincelle jaillisse simultanément dans tous les
tubes. Quand on fait tourner graduellement l'appareil,
et qu'on a mis la bobine en activité, on voit les étincelles
briller ensemble et former une étoile qui paraît tantôt
immobile, tantôt en mouvement, et dont le nombre des
branches varie à chaque instant.

Il est facile d'expliquer toutes ces particularités.

Supposons que le disque ne porte qu'un seul tube de
Geissler, dirigé suivant un rayon, il sera étincelant pendant un temps inappréciable. Si la vitesse de rotation est
telle que ce rayon ait parcouru le quart de la circonférence, lorsque l'étincelle suivante jaillit dans le tube, et
si l'intervalle de deux étincelles est de $\frac{2}{10}$ de seconde, on
verra une étoile immobile à 4 branches équidistantes.

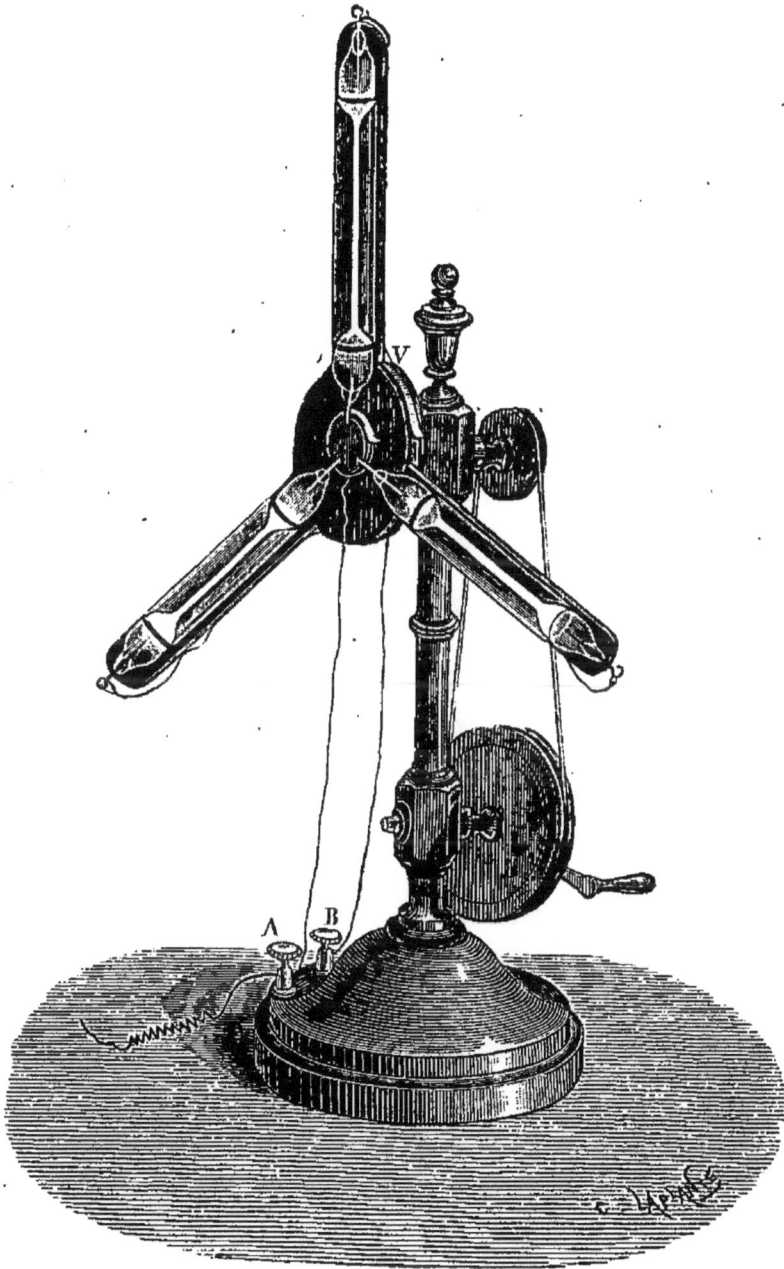

Fig. 43. — Rotation d'un tube de Geissler

En effet, au moment où jaillit la première étincelle on la voit à la place qu'elle occupe réellement dans l'espace ; au bout de $\frac{2}{10}$ de seconde à partir de ce moment, on voit la seconde étincelle jaillir à 90 degrés de la précédente ; au bout de $\frac{4}{10}$ de seconde, la troisième étincelle jaillit à 180 degrés de la première ; au bout de $\frac{6}{10}$ de seconde, la quatrième étincelle jaillit à 270 degrés de la première ; enfin au bout de $\frac{8}{10}$ de seconde, durée de la persistance optique, la cinquième étincelle jaillit à 360 degrés, c'est-à-dire justement à la même place que la première. Comme on voit encore celle-ci, les deux étincelles se superposent et le rayon correspondant brille sans intermittence ; en outre les trois autres étincelles brillent encore dans notre œil, et les choses se renouvelant de la même manière, à chaque tour du disque, on a bien l'étoile immobile à 4 branches rectangulaires. Si les étincelles ne se succèdent pas avec une régularité parfaite, ou si la vitesse de rotation n'est pas uniforme, les étincelles 1 et 5 ne se superposent pas exactement, et l'étoile paraît en mouvement. En prenant d'autres nombres, on peut calculer semblablement l'apparence qui doit en résulter.

Le disque tournant peut servir à la mesure approximative de la durée d'une étincelle. M. Félici, en Italie, en a fait usage vers 1862, en lui donnant la disposition suivante.

Un petit disque de verre est recouvert d'un vernis opaque, sur l'une de ses faces ; puis on fait dans ce vernis des traits qui partagent la circonférence du disque en un certain nombre de parties égales, par exemple, 360. On obtient ainsi 360 traits transparents, très fins et égaux en largeur. Plaçons une lumière derrière le disque et dirigeons sur la droite qui passe par la lumière et par un des points du disque où se trouve la division un microscope dont l'oculaire porte une lame de verre divisée en parties égales par des traits excessivement fins, ou *micromètre.* Nous pourrons apercevoir plusieurs traits brillants, qui paraîtront parallèles et grossis. L'image de chacun d'eux couvrira dans le champ du microscope un certain nombre de divisions du micromètre.

Faisons tourner le disque autour de son centre avec une vitesse de 200 tours par seconde. Puisqu'il y a 360 divisions qui passent en un point du micromètre pour un tour du disque, la durée de leur passage est $\frac{1}{200}$ de seconde, et par conséquent le passage d'une seule de ces divisions dure 360 fois moins, c'est-à-dire $\frac{1}{72000}$ de seconde.

Avec une lumière fixe éclairant le disque, la persistance de l'impression optique produit l'apparence d'une bande éclairée sur le bord du disque, bande dont la largeur est égale à la longueur des traits transparents.

Mais si la lumière est celle d'une étincelle, chaque trait apparaît distinct. Si la durée de cette étincelle est inappréciable, les traits ont la même netteté et la même largeur que si le disque était au repos. Si cette durée est la moitié de celle du passage d'une division, à savoir $\frac{1}{144000}$ de seconde, chaque trait se sera déplacé d'une demi-division du disque pendant que l'étincelle brille, et on verra son image agrandie, s'étendant sur une largeur d'un demi-degré, et couvrant sur le micromètre un assez grand nombre de divisions. Il y a donc une relation déterminée entre le nombre de divisions du micromètre couvertes par l'image d'un trait éclairé par l'étincelle, lorsque le disque tourne, et le nombre de divisions couvertes par le même trait éclairé par une lumière fixe, lorsque le disque est en repos; c'est cette relation qui conduit à la mesure de la durée de l'étincelle.

Supposons qu'au repos un trait couvre 3 divisions du micromètre, et que l'intervalle de deux traits consécutifs du disque couvre 30 divisions du même micromètre. Avec la durée que nous avons supposée être celle de notre étincelle, l'image d'un trait pendant la rotation couvrirait 18 divisions du micromètre.

L'observation consiste donc à compter le nombre des divisions du micromètre couvertes par l'image d'un trait en mouvement, à l'instant où jaillit l'étincelle. On retranche de ce nombre celui des divisions couvertes par le trait en repos, et la différence donne la durée. Avec les nombres précédents, la durée de l'étincelle est autant de fois $\frac{1}{30 \times 72000} = \frac{1}{2160000}$ de seconde qu'il y a de divisions du micromètre dans l'agrandissement que la rotation produit sur l'image d'un trait; dans notre exemple il y a $18 - 3 = 15$ de ces divisions et la durée est $\frac{15}{2160000}$ de seconde. Théoriquement cette méthode est excellente; mais la constitution de l'étincelle la rend très incertaine. Aussi son auteur paraît-il n'avoir tiré de ses observations aucune loi numérique. Ces observations sont néanmoins très intéressantes, en ce qu'elles fournissent de nouvelles données sur la disposition de la lumière dans les étincelles produites par les bouteilles de Leyde.

Avec les étincelles de ce genre, l'image d'un trait en mouvement n'offre pas des bords d'une égale netteté. Celui qui est en arrière par rapport au sens de la rotation est assez net et très brillant, celui qui est en avant est au contraire pâle et mal déterminé. La lumière décroît assez rapidement du premier bord au second; elle s'étale en une nappe irrégulière, et souvent l'on aperçoit du côté du bord brillant quelques lignes obscures, parallèles à ce bord, très fines et très serrées les unes contre les autres : tel est l'effet des étincelles composées de plusieurs traits de feu successifs. Ajoutons à cela la difficulté de distinguer une image dont la vision ne dure pas une seconde et arrive ordinairement à l'imprévu, et l'on comprendra qu'il soit impossible de mesurer exactement le nombre des divisions du micromètre couvertes par cette image.

En rapprochant l'apparence observée des faits qui nous sont déjà connus, nous en trouvons aisément la cause. L'étincelle se compose du trait de feu et de l'auréole. Le trait de feu produit la vive illumination du disque en mouvement, et l'auréole produit une illumination moins intense, qui persiste quelque temps après que l'autre a cessé. Nous apprenons ainsi que la durée de l'auréole est beaucoup plus grande que celle du trait de feu, fait que d'autres physiciens ont aussi observé par d'autres méthodes. De plus, le trait de feu et l'auréole ne sont pas deux parties de l'étincelle complètement distinctes l'une de l'autre et simplement juxtaposées. Elles paraissent se succéder graduellement; la décharge électrique commence par un trait de feu, finit par une aigrette, et entre le commencement et la fin, plusieurs traits de feu de moins en moins brillants jaillissent successivement. L'auréole serait la succession de ces traits d'intensité lumineuse décroissante. Telles sont les idées que suggère une fréquente contemplation de ces apparences.

Il existe un autre moyen d'apprécier la durée de l'étincelle, c'est celui du *miroir tournant*, imaginé par M. Wheatstone en 1834 (fig. 44). Un petit miroir plan en métal reçoit un mouvement de rotation très rapide autour d'une droite située dans son plan. M. Wheatstone produisait ce mouvement à l'aide d'une grande roue, d'une corde sans fin et d'une poulie fixée à l'axe du miroir. Le rayon de la roue valait 1 800 fois celui de la poulie, de sorte que si la corde ne glissait pas pendant le mouvement dans la gorge de la poulie, celle-ci devait faire 1 800 tours tandis que la roue en faisait un seul. A l'aide de ce mécanisme le physicien anglais a obtenu une vitesse de 800 tours par seconde pour le miroir.

Il s'agit de voir par réflexion dans ce miroir l'image de l'étincelle.

Pour cela, l'axe étant horizontal, on dispose sur la verticale du centre du miroir les deux conducteurs de la décharge ; de cette manière, si l'œil reste placé sur une droite horizontale passant par le centre du miroir, et perpendiculaire à l'axe de rotation, il apercevra l'intervalle des deux conducteurs dans la direction de cette

Fig. 44. — Miroir tournant.

droite, derrière le miroir, lorsque celui-ci fera un angle
de 45° avec l'horizon. Si une étincelle jaillit entre les
conducteurs, on voit son image dans le miroir, comme
on vient de le dire. Il faut maintenant faire en sorte que
l'étincelle jaillisse à l'instant, où le miroir est à 45°. A
cet effet l'axe de rotation porte un bras qui tourne avec
lui, et qui à chaque tour arrive en face du bouton de
l'*excitateur*. C'est simplement un bouton fixe qui communique à volonté avec une des armatures de la bouteille
de Leyde; l'appareil qui porte l'axe tournant communique
avec l'une des boules de décharge, et enfin l'autre boule
communique avec l'autre armature de la bouteille. Celle-
ci étant chargée et le miroir ayant son mouvement, on
établit la communication par l'excitateur, et à l'instant
précis où le miroir est à 45° deux étincelles éclatent simultanément, l'une au bouton de l'excitateur, l'autre entre
les boules de décharge ; c'est cette dernière qui produit
l'image visible pour l'observateur convenablement placé [1].

Quelles sont les apparences de cette image ?

La ligne que suit l'étincelle est parallèle à l'axe de
rotation : si sa durée est inappréciable, on voit dans le
miroir tournant une simple ligne horizontale, de même
longueur que l'étincelle. Mais si cette durée est appréciable, ce que l'on peut obtenir en augmentant la vitesse
de rotation du miroir, on voit une bande lumineuse dont
la dimension perpendiculaire à l'axe est proportionnelle
à la durée de l'étincelle.

En effet, supposons que le miroir effectue 800 tours
par seconde. Il se déplace d'un tour en $\frac{1}{800}$ de seconde et
d'un degré en $\frac{1}{360 \times 800} = \frac{1}{288000}$ de seconde. Lorsque
l'étincelle jaillit au point S (fig. 45), le miroir est dans
la position AB, l'œil voit l'image au point S', symétrique

---

[1] On voit sur la figure 44 un cadre placé entre la boule de l'excitateur et celle qui est adaptée à l'axe tournant. Il y a dans ce cadre
une feuille de mica percée d'un petit trou qui fixe avec précision
l'instant de la décharge.

de S par rapport à AB. Supposons que le miroir passe à la position CD, pendant la durée de l'étincelle, et que l'angle AEC soit de 12 degrés. Les derniers rayons lumineux envoyés par l'étincelle S dans la direction constante SE seront refléchis par le miroir CD dans une direction EG, et l'œil verra l'image au point S″. Les rayons réfléchis pendant le mouvement du miroir sont donc compris dans l'angle FEG qui est de 24°, d'après les lois connues de la réflexion. L'œil verra l'image S′ S″

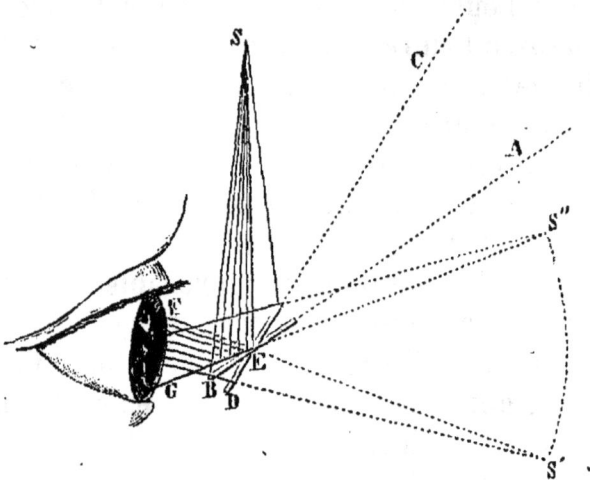

Fig. — 45. Théorie du miroir tournant.

occupant une étendue de 24 degrés. Quant à la durée de l'étincelle, elle est égale au temps que le miroir met à parcourir 12°, c'est-à-dire $\frac{12}{288000} = \frac{1}{24000}$ de seconde.

Pour mesurer la durée d'une étincelle avec le miroir tournant, il faut donc mesurer l'angle sous lequel on voit l'image, en prendre la moitié, et multiplier le résultat par le temps que le miroir met à tourner d'un degré, temps qui ne dépend que de la vitesse de rotation, laquelle se détermine à l'aide d'un compteur du nombre des tours.

Les nombres que nous avons pris pour exemple sont ceux-mêmes qu'a observés M. Wheatstone ; mais il n'a pas cherché les lois de la durée de l'étincelle, son attention était alors portée sur la vitesse de propagation de l'électricité. On lui doit cette remarque que l'aigrette est formée d'étincelles successives et intermittentes, bien qu'elle paraisse continue. Quand on la regarde dans le miroir tournant, la bande lumineuse, qui est son image élargie par le mouvement de rotation, a l'aspect de stries brillantes séparées par des intervalles obscurs.

C'est à M. Feddersen, de Leipzig, que nous devons les observations les plus complètes qui aient été faites sur l'image de l'étincelle donnée par le miroir tournant. Elles datent de 1857. On interposait dans le circuit de la bouteille de Leyde une colonne d'eau distillée ou d'acide sulfurique quand on voulait augmenter la durée de l'étincelle.

M. Feddersen distingue trois sortes de décharges correspondant à trois apparences lumineuses différentes, vues dans le miroir tournant.

L'image de la *décharge continue* se compose d'une ligne droite brillante, parallèle à l'axe de rotation, et de deux bandes perpendiculaires faiblement lumineuses. L'étincelle se compose donc d'un trait de feu de durée inappréciable et de deux lueurs de durée sensible, situés sur chacune des boules de décharge. Le bruit est sec.

L'image de la *décharge intermittente* est formée d'une série de traits lumineux parallèles à l'axe de rotation, séparés par des intervalles obscurs; ces intervalles sont à peu près égaux entre eux dans la partie de l'image qui correspond au commencement du phénomène et deviennent de plus en plus grands dans l'autre partie. Le bruit d'une étincelle est un bruissement et son apparence directe est celle de l'aigrette. Un courant d'air dirigé sur l'étincelle l'entraîne et l'image vue dans le miroir présente les traits courbés dans le sens du courant.

Enfin l'image de la *décharge oscillante* est formée de faisceaux lumineux alternant entre eux, ayant leurs bases sur deux droites perpendiculaires à l'axe de rotation, et se recourbant dans la direction du mouvement pour se terminer en pointe. L'étincelle se compose donc dans ce mode de décharge de cônes lumineux qui partent alternativement de chacune des boules.

M. Feddersen a réussi à photographier les apparences fournies par le miroir tournant. Pour cela il a employé un miroir concave au lieu d'un miroir plan, de manière que l'étincelle produisît une image réelle, qu'il recevait sur une plaque sensible. Nous avons choisi parmi les nombreuses apparences qu'il a reproduites dans son mémoire [1], d'après ses épreuves photographiques, celle qui donne l'idée la plus nette de la décharge oscillante (fig. 46) : l'étincelle qu'elle représente était obtenue avec une batterie de 16 bouteilles de Leyde, un arc conducteur de 1 400 mètres environ et des boules de fer recouvertes de vernis, sauf aux points par lesquels jaillissait l'étincelle. L'extrémité positive de l'étincelle est à droite et l'extrémité négative à gauche.

Fig. 46. — Étincelle oscillante de Feddersen.

On remarque que dans la première division transversale la lumière sortie de la boule négative est plus discontinue que celle qui sort de la boule positive ; que l'inverse a lieu pour la seconde division, que la même chose reparaît dans la troisième, et ainsi de suite.

Il est vraiment merveilleux que l'on ait pu ainsi scruter

[1] *Annales de Chimie et de Physique*, T. LXIX. 1863.

les détails les plus intimes d'un phénomène aussi éphémère que l'étincelle électrique. La durée totale ne s'élève
guère qu'à quelques cent-millièmes de seconde, et voilà
que nous pouvons fractionner cette durée et compter
combien de millionièmes de seconde dure chacune des
oscillations lumineuses, L'étincelle en passant avec une
incroyable rapidité a laissé une trace durable, sur laquelle l'observateur attentif va découvrir tous ses secrets.
Dans les lignes bizarrement contournées, dans les ombres,
dans les parties claires qui sillonnent la teinte grise de
cette trace, il lira la loi de la nature, écrite par elle-même.
Son imagiuation, excitée par cette mystérieuse lecture,
lui montrera le phénomène réel, avec toutes ses phases,
avec ses brillants éclairs entremêlés de lueurs diversement
colorées, avec les ondulations de ses flammes; elle lui
fera entendre distinctement le bruit de la petite explosion qui accompagne chaque éclair, et tout ce que ses
sens grossiers avaient confondu dans une seule flamme,
dans un seul bruit, lui apparaîtra distribué dans un ordre harmonieux.

Le miroir tournant et le spectroscope sont les instruments d'analyse les plus délicats que la science ait mis
entre les mains de l'homme. C'est à eux que nous devrons
la connaissance complète de l'étincelle. Déjà depuis leur
création si récente ils nous ont fourni les données les
plus inattendues et ils nous réservent certainement plus
d'une surprise pour l'avenir.

Les lois relatives à la durée de l'étincelle doivent comprendre tous les changements que subit cette durée,
quand on modifie les circonstances de la décharge, telles
que la surface de la batterie, la distance des boules, leur
nature, leur grosseur, la nature du milieu où l'étincelle
jaillit, la longueur du circuit qui conduit l'électricité des
armatures, l'épaisseur et la nature du verre, la disposition des bouteilles, leur forme, etc. Il faut aussi que
nous apprenions comment se comporte cette durée, quand

on opère la décharge de toute autre manière, sans employer la batterie. Toutes ces recherches sont longues et
difficiles ; aussi ne nous attendons pas à trouver des résultats complets ou définitifs. Nous sommes sur un terrain vierge, en quelque sorte, qu'il faut défricher avant
d'en tirer les fruits.

M. Feddersen s'est surtout attaché à trouver les lois
relatives à l'oscillation qu'il venait de découvrir. Quant

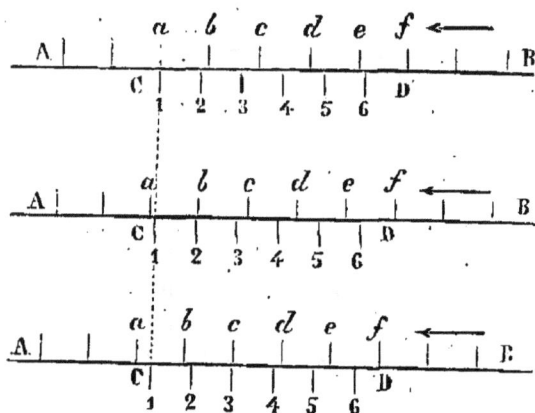

Fig. 47. — Principe du chronoscope à étincelles.

à celles qui concernent la durée totale de l'étincelle, elles
n'ont pas été le sujet de son étude. Aussi trouvons-nous
plus tard, en 1870, de nouvelles recherches entreprises
dans ce but[1].

Le *chronoscope à étincelles* dont on fait usage est fondé
sur une propriété du *vernier* (fig. 47.)

Imaginons une ligne de divisions équidistantes AB, et
derrière elle une autre ligne CD contenant 6 divisions
qui correspondent à 5 divisions de la première ; nous aurons un vernier *au sixième*, ce qui signifie qu'une divi-

[1] *Comptes rendus de l'Académie des sciences*, 25 avril 1870. —
Mémoires des Savants étrangers. Tome XXII. — *Annales de Chimie
et de Physique*. Tome XXVI. 4ᵉ série. Expériences de MM. Lucas et Cazin.

sion de la seconde ligne C D ou vernier diffère d'une division de l'autre ligne A B ou échelle d'une quantité égale au sixième de cette dernière, cette différence étant *en moins*.

Maintenant supposons que l'échelle A B et le vernier C D soient formés par deux lames opaques, que tous les traits qui marquent les divisions de l'échelle soient transparents, que les six premiers traits du vernier le soient aussi, et qu'enfin tous ces traits soient d'une largeur négligeable par rapport à celle des divisions. Plaçons l'échelle et le vernier dans une position telle que le premier trait du vernier coïncide exactement avec un trait *a* de l'échelle, et mettons une lumière fixe derrière les deux lames, assez loin pour qu'elle envoie des rayons sensiblement parallèles. Les traits 1 et *a* en coïncidence laisseront passer les rayons, on verra une ligne brillante sur un fond obscur. Faisons mouvoir l'échelle de droite à gauche, jusqu'à ce que la coïncidence ait lieu entre les traits suivants 2 et *b*. Il y aura éclipse dans l'intervalle du mouvement, et à la fin nouvelle apparition d'une ligne brillante; mais cette ligne sera à droite de la précédente. Continuons à faire mouvoir l'échelle A B: la coïncidence se fera entre les traits suivants 3 et *c*, après une éclipse dans l'intervalle, on verra de nouveau la ligne brillante, toujours à droite de la précédente et ainsi de suite. A mesure que l'échelle A B se déplace dans le sens indiqué, il y a alternativement éclipse et apparition d'une ligne brillante, qui semble marcher de gauche à droite, en sens contraire du mouvement de l'échelle.

Tout cela suppose que le mouvement soit très lent.

Mais s'il est rapide, la persistance d'impression optique fera voir simultanément plusieurs traits brillants consécutifs; s'il est assez rapide, on verra toutes les coïncidences à la fois, depuis celle des premiers traits 1 et *a* jusqu'à celle des derniers 6 et *f*, c'est-à-dire 6 traits brillants, autant qu'il y a de divisions dans le vernier. A partir de ce moment, une augmentation de vitesse ne changera plus l'apparence.

Examinons à présent l'effet d'une lumière instantanée telle que l'étincelle électrique, l'échelle supposée indéfinie se mouvant uniformément.

Supposons d'abord que l'étincelle commence lorsque le 1er trait du vernier coïncide avec une division a de l'étincelle. Si la durée de l'étincelle surpasse un peu l'intervalle de temps qui sépare deux coïncidences consécutives, la ligne transparente, formée par les traits suivants 2 et b, quand leur coïncidence arrive, sera éclairée par l'étincelle, et comme l'œil retient l'impression de la coïncidence précédente, on verra deux traits brillants consécutifs. De même si la durée de l'étincelle est double de la précédente, la troisième coïncidence des traits 3 et c produira une ligne éclairée par la fin de l'étincelle, et l'on verra trois traits brillants consécutifs et ainsi de suite.

Mais l'étincelle peut commencer lorsque l'échelle a une position quelconque. Alors ou bien il n'y aura pas de coïncidence, ou il y en aura une. Dans le 1er cas, il y aura éclipse, si la durée de l'étincelle est suffisamment petite ; si elle dépasse l'intervalle de deux coïncidences consécutives, on verra un trait brillant ; si elle est double, triple, on verra deux, trois traits brillants. Dans le 2e cas, il y aura apparition d'un trait au moins, quelque petite que soit l'étincelle, et si cette durée est égale à l'intervalle de deux coïncidences, on verra deux traits brillants ; on en verra trois, quatre, si la durée est double, triple de cet intervalle. D'ailleurs les traits brillants peuvent ne pas être consécutifs ; on peut les apercevoir à droite et à gauche du vernier, suivant la position de la première coïncidence qui s'établit dès que l'étincelle a commencé.

En résumé, le nombre des traits brillants qu'on observe, ou ce nombre diminué d'une unité, indique combien de fois la durée de l'étincelle vaut l'intervalle de temps qui sépare deux coïncidences consécutives : on obtient ainsi une évaluation avec une erreur par défaut, qui est plus petite que cet intervalle.

Tel est le principe du chronoscope à étincelles. Voici comment il a été mis en pratique.

Fig. 48. — Chronoscope à étincelles.

Un disque de mica vertical rendu opaque porte sur son contour 180 traits transparents, qui jouent le rôle de l'*échelle* mobile de notre raisonnement, et il est mis en mouvement autour de son centre avec une vitesse convenable, à l'aide d'un engrenage et d'un moteur très régulier, tel qu'une machine à gaz du système Hugon (fig. 48). Ce disque tourne dans une boîte étroite, juste suffisante pour préserver le disque sans gêner son mouvement. Le fond antérieur de cette boîte porte une fenêtre vitrée à sa partie supérieure; le fond postérieur porte vis-à-vis de la fenêtre six traits transparents qui jouent le rôle du vernier.

L'étincelle éclate au foyer d'une lentille convergente qui envoie sa lumière au vernier, sous la forme d'un faisceau de rayons parallèles. L'observateur vise la fenêtre avec une lunette-microscope, de façon qu'il ait tout le vernier dans le champ de l'instrument. Opérant dans l'obscurité, pour écarter toute lumière étrangère, il voit les traits brillants, conformément au principe que nous venons d'exposer, et il peut les compter très aisément.

L'usage de cet appareil donne des résultats d'une régularité remarquable, indépendants des petites variations que peuvent éprouver l'étincelle et la vitesse de rotation sous l'influence de causes accidentelles qu'il est impossible d'éviter. Théoriquement, on ne devrait observer avec une même batterie, toujours chargée et déchargée de la même manière, qu'un certain nombre de traits brillants ou bien ce nombre augmenté d'une unité. En réalité, la différence des nombres de traits observés à chaque étincelle dépasse quelquefois l'unité. Voici comment on procède pour avoir un résultat moyen très exact.

La batterie est constamment chargée par une machine de Holtz, et le moteur qui fait tourner le chronoscope met aussi cette machine en mouvement. Par suite les étincelles éclatent au foyer de la lentille à des intervalles de temps égaux. A chaque étincelle on note le nombre des traits observés et on fait la même opération pour un grand nombre d'étincelles consécutives, par exemple, pour cent. On a de cette manière une série d'expériences dont il faut déduire la durée cherchée. Sur les cent étincelles, il y en a un certain nombre qui ont commencé au moment où le vernier n'était pas en coïncidence avec l'échelle mobile, mais les autres ont commencé au moment où il y avait une coïncidence ; nous savons que pour celles-ci le nombre des traits observés doit être diminué d'une unité. Or il est très facile de savoir combien d'étincelles sont dans ce cas. Il suffit d'observer une lumière fixe, mise à la place de l'étincelle, et sans faire tourner le disque de lui donner au hasard cent positions successives quand il y aura coïncidence, on verra un trait brillant ; quand il n'y en aura pas, on ne verra aucun trait. Avec l'appareil qui a servi à ces recherches le nombre des coïncidences était de 70 pour 100 positions du disque.

Ce nombre dépend de la largeur des traits et de celle des divisions ; on peut le calculer d'après ces largeurs par une considération de *probabilité*, et on arrive au même résultat.

Maintenant nous comprendrons aisément le calcul d'une série. On a compté 31 fois 3 traits brillants, 41 fois 4 traits, et 28 fois 5 traits, c'est-à-dire en tout 397 traits pour les cent étincelles. Il y en a 70 dont il faut retrancher une unité : il reste ainsi $397 - 70 = 327$ traits.

Le disque faisait 36 tours par seconde, d'après les indications d'un compteur de tours adapté à l'engrenage. Le passage d'une division du disque durait donc $\frac{1}{180 \times 36} = \frac{1}{6480}$ de seconde, et l'intervalle de temps de deux coïncidences consécutives était le sixième de cette quantité, à savoir $\frac{1}{38880}$ de seconde.

La somme des durées des cent étincelles était donc au moins 327 fois le dernier nombre, c'est-à-dire $0^s,0084$. Enfin la durée moyenne d'une seule étincelle était de 84 *millionièmes de seconde*.

Par cette méthode, on a pu trouver la loi d'*accroissement* que suit la durée de l'étincelle, quand on augmente la surface de la batterie et la distance explosive, quand on diminue la longueur du fil de métal qui forme le circuit, puis l'influence de l'état de l'air où jaillit l'étincelle, celle de la nature et du diamètre des boules de décharge, celle de la disposition des bouteilles en *cascade*.

Ces recherches donnent le moyen de résoudre le problème suivant : étant donné un certain nombre de bouteilles de Leyde semblables, trouver une disposition pour laquelle l'étincelle qui accompagne leur décharge ait une durée déterminée à l'avance.

Il suffit de faire une seule mesure à l'aide du chronoscope sur une de ces bouteilles, et d'appliquer les formules trouvées par les auteurs. Parmi les résultats observés nous signalerons celui-ci, dont nous ferons usage : la durée de l'étincelle croît avec la volatilité des boules de décharge. Ainsi avec le zinc elle est une fois et demie celle que donne le platine. Elle dépend aussi d'une autre condition, car elle est seulement un peu plus grande pour l'étain que pour le platine, et pourtant l'étain est beaucoup plus volatil que le platine.

Les expériences que nous venons de décrire sur la durée de l'étincelle explosive nous offrent de remarquables exemples de la précision qu'a pu atteindre la physique, et de la puissance merveilleuse qu'acquiert notre œil, quand il est armé d'un instrument approprié au phénomène que l'on étudie. Nous avons vu dans le paragraphe précédent comment le spectroscope permet de disséquer la lumière de l'étincelle, de façon que les rayons diversement colorés qui frappent simultanément notre œil soient séparés les uns des autres, et groupés entre eux d'après une loi d'harmonie. Maintenant nous savons qu'on peut pousser cette dissection plus loin encore, en séparant les parties de l'étincelle quant à leur ordre de succession dans le temps. Le chronoscope nous a montré que l'étincelle d'une bouteille de Leyde dure quelques millionièmes de seconde, et pourtant cette durée a pu être mesurée exactement, car les nombres observés ont conduit à des lois dont la découverte eût été impossible, si le degré d'approximation n'eût pas été suffisant. D'un autre côté le miroir tournant nous a appris qu'une pareille étincelle est quelquefois formée d'un grand nom-

bre de jets de feu successifs : la durée de chacun d'eux
est donc inférieure à un millionième de seconde. Ce sont
des jets de ce genre que présentent les machines électriques ordinaires.

Jetons un coup d'œil d'ensemble sur ce monde d'atomes qui se pressent et s'agitent dans l'étincelle explosive, et essayons de pénétrer dans le mystère de l'infiniment petit, comme l'astronome pénètre dans celui de
l'infiniment grand.

Le rayon lumineux que l'étincelle nous envoie à travers
le spectroscope est, d'après la théorie des ondulations, le
résultat de la vibration des particules matérielles situées
au foyer incandescent. Si c'est un rayon rouge, on démontre en optique que chaque particule vibrante exécute
500 mille milliards d'oscillations en une seconde de
temps. Entre cette particule et notre œil, il y a 16 mille
petites ondes éthérées par centimètre, analogues aux ondes sonores de l'air, ou aux vagues que dessine le surface
de l'eau. Admettons que la durée de l'étincelle soit d'un
millionième de seconde. Notre particule exécute pendant
ce temps 500 millions de vibrations, que les ondes lumineuses de l'éther propagent jusqu'à notre œil. Tel est le
nombre formidable de pulsations qui produisent la sensation optique de la couleur rouge.

Pour les rayons jaunes, bleus, violets, le nombre de
vibrations lumineuses est encore plus grand et croît régulièrement à mesure qu'on s'éloigne du rouge dans la
série des couleurs spectrales.

Ce que nous disons sur l'étincelle repose sur la sensation optique. Est-ce bien tout ce que l'expérience peut
nous apprendre? De ce que la puissance de notre vue
est limitée, on doit induire que le mouvement des particules peut être encore plus étendu dans l'espace et dans le
temps. L'expérience prouve que cela est vrai. En plaçant
dans le spectroscope un prisme et des lentilles de quartz
ou cristal de roche et substituant à l'œil une surface

d'iodure d'argent, on obtient une empreinte photographique du spectre dont l'étendue dépasse considérablement le violet visible. M. Mascart et d'autres physiciens
ont obtenu de cette manière des centaines de raies dans
la région ultra-violette du spectre, là où l'œil est incapa-
ble de discerner quelque apparence lumineuse. D'un
autre côté, M. Desains a découvert des bandes de chaleur
dans la région opposée du spectre au delà du rouge, de
sorte que nous devons concevoir un rayonnement des
sources lumineuses beaucoup plus étendu que celui qui
est capable de produire la sensation optique.

Eu égard au temps, il ne faut pas croire que la durée
de l'étincelle soit celle de la perturbation accomplie par
la décharge au sein du gaz interposé entre les conducteurs électrisés. Cette perturbation doit avoir une durée
plus grande que celle qui est révélée par le chronoscope,
et il est possible d'en retrouver la trace à l'aide d'autres
méthodes expérimentales. C'est ainsi que M. Nyland, faisant éclater l'étincelle d'une bobine de Ruhmkoff entre
une pointe de métal immobile et une surface métallique
recouverte de papier et animée d'un mouvement très
rapide, a vu ce papier percé de plusieurs centaines de
petits trous consécutifs, prouvant que la décharge était
composée d'un grand nombre d'explosions successsives.
Les premières étaient accompagnées de traits lumineux,
constituant la partie visible ou étincelle; les dernières
n'avaient d'autres preuves de leur existence que les traces
marquées sur le papier.

Grâce à ces investigations multipliées, qui concourent
à nous mettre à l'abri des illusions momentanées de nos
sens, les faits précis s'accumulent et nous marchons par
une voie sûre à la découverte des lois qui régissent l'étincelle électrique.

5. — Constitution de l'étincelle explosive.

Tous les faits que nous avons examinés dans les paragraphes qui précèdent nous apprennent quelle est la constitution de l'étincelle explosive. ·

L'analyse spectrale nous a montré que dans la lumière de l'étincelle se trouvent les particules gazeuses du milieu environnant et les particules détachées des conducteurs d'où semblent sortir les jets lumineux : nous savons en outre que ces jets ne se produisent pas dans le vide. La lumière est donc l'effet produit sur notre œil par ces particules modifiées temporairement par l'électricité.

Quelles sont ces modifications?

Nous ferons concourir au jugement que nous devons · porter tous les faits précédents, et quelques autres phénomènes d'électricité qui n'ont pas de rapports directs avec la lumière électrique.

Lorsqu'une tige métallique étroite est placée sur le conducteur de la machine électrique, il se produit à son extrémité un courant d'air, une sorte de *vent*, que l'on sent en approchant simplement le dos de la main, et qui est capable d'éteindre la flamme d'une bougie.

Posons sur l'extrémité de cette tige le centre d'une étoile métallique, dont les pointes sont recourbées dans le même sens (fig. 49). L'électricité fera tourner cette étoile dans un sens opposé à celui des pointes. C'est l'expérience du *tourniquet électrique*, que nous devons à Franklin. Si on est dans l'obscurité, les pointes présentent des aigrettes qui tracent dans l'air une couronne lumineuse. La présence de l'air est indispensable à ce mouvement de rotation ; car Aimé a reconnu qu'il n'a pas lieu dans le vide.

Évidemment il y a une action mutuelle, répulsive,

entre chaque pointe et les particules d'air voisines. Dans l'expérience du *vent électrique* la pointe est fixe, c'est l'air qui est chassé ; dans celle du *tourniquet*, la pointe est plus mobile que l'air, c'est elle qui est chassée. C'est une simple application du *principe de l'action et de la réaction*.

Cette action répulsive ne peut être une conséquence de la forme du conducteur ; tout ce qui peut faire une pointe, c'est d'exalter cette action, au point de la rendre capable de déplacer visiblement les corps qui en sont le siège. Nous devons admettre qu'elle existe toujours entre un corps électrisé et l'air ou le gaz qui l'environne.

Comment l'électricité produit-elle cette action répulsive ? Elle la produit de la même façon que dans l'expérience originaire d'Otto de Guéricke sur le pendule isolé. Les particules d'air sont des corps légers qui, après avoir touché le corps électrisé, sont repoussés et réagissent.

Fig. 49.
Tourniquet électrique.

Nous voilà donc ramenés au *principe fondamental* de l'attraction et de la répulsion des corps électrisés, à savoir : le corps léger est électrisé par l'influence de la source ; de là une attraction. Lorsqu'il a touché la source, il conserve seulement l'électricité de même nom et est repoussé. Ramener l'expérience du vent électrique et celle du tourniquet à ce principe, c'est donner une explication de ces expériences, attendu que ce principe régit un grand nombre de phénomènes et qu'il sert à les grouper. L'esprit passe ainsi du *composé* au *simple*, et c'est un premier degré de connaissance qu'il doit acquérir, avant de pousser plus loin l'explication. Si le principe fondamental dont il s'agit peut être ramené lui-même à un principe plus général, on aura un second degré de connaissance, qu'on pourra acquérir plus tard. Mais ce degré nous manque dans l'état actuel de la science, nous sommes donc forcés de nous contenter jusqu'à nouvel ordre du premier degré.

La coexistence du vent électrique et des aigrettes nous prouve que dans celles-ci les particules d'air sont lancées dans toutes les directions à partir du conducteur électrisé. Celles qui fuient ce conducteur ont la même électricité ; elles se repoussent donc mutuellement en vertu du principe fondamental. Or elles rencontrent des particules à l'état naturel. En vertu du même principe, elles les électrisent par influence, les attirent, puis les repoussent après le contact. De ces actions et des réactions qui en résultent naît un état d'agitation extrême ; par suite, de la chaleur est engendrée, et dans les points où elle est la plus vive, nous avons des sources de lumière.

Ce mécanisme de l'aigrette sera celui de toute lumière électrique; mais il devra se compliquer de diverses circonstances qu'une expérimentation délicate mettra en évidence.

Ainsi pourquoi la lueur qui environne une tige fortement électrisée n'est-elle pas composée de filets divergents, pourquoi n'est-elle pas crépitante comme l'aigrette? La faculté de mettre en jeu au dehors les forces électriques attractives et répulsives est plus grande à la pointe : c'est un fait expérimental. Les actions mutuelles entre la tige et l'air sont donc moins vives sur sa surface latérale. D'un autre côté, Faraday a reconnu que l'air glisse le long de la tige, de telle façon qu'en favorisant ou contrariant ce mouvement, il renforçait ou diminuait la lueur. Dès lors il est naturel de penser que les particules d'air qui produisent la lueur éprouvent le long de la tige un mouvement de glissement ou de roulement, au lieu d'être projetées dans tous les sens comme celles de l'aigrette.

Il est très facile de produire des mouvements de roulement à l'aide de l'électricité, et d'imiter le mécanisme que nous venons de concevoir.

Disposez sur un plateau horizontal en métal trois ou quatre pieds isolants (fig. 50), et posez sur ces pieds un anneau de métal *g* communiquant avec une machine électrique. Puis placez contre cet anneau une boule de verre

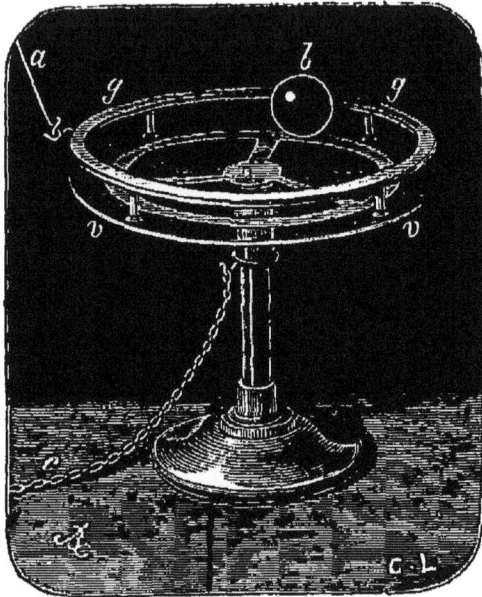

Fig. 50. — Planétaire électrique.

b très mince, ayant un diamètre un peu plus grand que la distance de l'anneau au plateau ; vous la verrez tourner dans un sens ou dans l'autre, en suivant l'anneau. C'est la vieille expérience du *planétaire électrique*, ainsi appelée par Grey qui l'a imaginée, parce qu'elle reproduit une rotation et une translation simultanées, analogues au mouvement des planètes. Lorsqu'on la fait dans l'obscurité on voit que la boule est lumineuse en tous les points par lesquels elle touche l'anneau.

Ce phénomène est encore une conséquence du principe

fondamental des actions électriques. Au point de contact de la boule et de l'anneau le verre s'électrise comme l'anneau ; comme il est mauvais conducteur, l'électricité ne s'étend pas beaucoup autour de ce point; l'anneau attire donc la partie non électrisée du verre qui est la plus voisine, tandis qu'il repousse la partie électrisée ; la boule tourne sur elle-même, afin de venir toucher l'anneau par le point qui est attiré ; puis le même phénomène se reproduisant au second contact, la rotation continue ; de là un troisième contact et ainsi de suite. D'ailleurs le roulement amène successivement au contact du plateau les points du verre précédemment électrisés et repoussés par l'anneau ; l'électricité de ces points disparaît et ils peuvent de nouveau céder à l'influence de l'anneau, de sorte que le mouvement se perpétue indéfiniment.

Les particules gazeuses qui se meuvent dans l'aigrette ne sont pas seulement soumises à l'action du conducteur et à leurs actions mutuelles ; elles doivent encore obéir à celle de tous les corps environnants. C'est surtout quand la décharge a lieu entre deux conducteurs voisins que cette troisième action se manifeste.

Une particule chassée par le conducteur positif est elle-même électrisée positivement; elle est donc attirée par le conducteur négatif. Il y aura quelques-unes de ces particules qui pourront l'atteindre, et après l'avoir touché elles seront repoussées et reviendront vers le conducteur positif. Ainsi les mouvements de va-et-vient entre les deux conducteurs de la décharge se joindront à ceux que nous avons déjà signalés. Telle serait la cause de la décharge oscillante, découverte par M. Feddersen.

L'expérience connue de la *grêle électrique* imaginée par Volta pour expliquer la forme sphérique des grêlons offre un exemple de ce genre de mouvement. Faites communiquer avec les conducteurs de la machine électrique deux plateaux de métal isolés et placés horizontalement l'un au-dessous de l'autre, et mettez sur le plateau inférieur de petites balles de sureau. Dès que la machine sera en activité, vous verrez les balles aller et venir d'un plateau à l'autre. L'explication est celle que nous venons de donner pour les particules d'air comprises entre les conducteurs de la décharge.

Le phénomène de la stratification peut aussi être ramené au principe des actions attractives et répulsives, comme l'ont démontré MM. Quet et Seguin en 1862. Voici une de leurs expériences (fig. 51)[1].

Sur une plaque de verre longue de 10 centimètres, large de 2 centimètres, on étend avec un tamis de la poudre de charbon de cornue; on applique aux deux

Fig. 51. — Stratification des poussières.

bouts les conducteurs d'une bobine de Ruhmkorff. Si on a soin que le verre soit sans poussière suivant une ligne transversale près de l'un des conducteurs, la décharge met les grains de poussière en mouvement, et ils se rangent finalement en une série régulière de bandes transversales, séparées les unes des autres par des intervalles de 1 à 2 millimètres. En plaçant ensuite la lame de verre sur une feuille de papier photographique, on obtient un cliché négatif, avec lequel on prépare les épreuves positives. La figure 51 est la reproduction d'une semblable épreuve.

L'explication de cette expérience a été donnée comme il suit par ses auteurs. Considérons le conducteur positif; il électrise positivement la première couche de grains qui

[1] *Annales de Chimie et de Physique*, 3ᵉ série. T. LXV.

l'avoisine et la repousse ; elle constitue la première zone positive. Cette couche électrise par influence la couche suivante, dans laquelle s'établissent une première zone négative attirée et une seconde zone positive repoussée. Cette dernière électrise de même par influence la couche suivante, dans laquelle s'établissent encore une zone négative attirée et une zone positive repoussée, et ainsi de suite jusqu'au conducteur négatif, dont l'action analogue se joint à la précédente. Les grains sont donc partagés en zones alternativement positives et négatives. Cette polarisation électrique détermine le mouvement de toute la masse. La première zone positive et la première zone négative se rassemblent et forment la première stratification ; la seconde zone positive et la seconde zone négative se rassemblent en même temps et forment la seconde stratification et ainsi de suite.

Il faut remarquer que ce phénomène n'a lieu qu'avec des poussières médiocrement conductrices ; il faut donc qu'il y ait un certain rapport entre leur conductibilité et la tension de la charge électrique.

Au lieu du mot grain, mettez particules gazeuses, et vous aurez l'explication du rôle que joue le gaz raréfié dans la stratification de l'étincelle. Quant à la nécessité de mêler à l'air certaines vapeurs, elle résulterait, comme pour les grains de poussière, de ce qu'il doit y avoir un certain rapport entre la conductibilité des particules gazeuses et la tension de l'électricité.

D'après l'explication de MM. Quet et Séguin, la stratification de l'étincelle ne serait pas occasionnée par une certaine manière d'être du mouvement électrique dont le conducteur de la décharge est le siège. On ne devrait pas conclure de cette apparence lumineuse que le conducteur est lui-même dans une sorte de fluctuation. Une comparaison empruntée à l'acoustique permet de poser la question ici soulevée.

Lorsque l'air s'écoule d'un réservoir où il est main-

tenu sous une pression constante dans un tuyau sonore,
il se dispose dans ce dernier par couches alternativement condensées et dilatées, constituant ce qu'on appelle
les *ventres* et les *nœuds*, et occupant des positions fixes
dans le tuyau. De ce qu'on observe cette fluctuation,
cause déterminante du son, faut-il conclure que, dans le
tube qui conduit l'air à l'embouchure du tuyau sonore,
il y a aussi une fluctuation en rapport avec les ventres et
les nœuds? Une pareille corrélation n'existe pas. Dans
la conduite d'air, l'écoulement est continu et les particules gazeuses ont seulement un mouvement de translation; la fluctuation commence à l'embouchure et
le phénomène acoustique est localisé dans le tuyau
sonore.

Comparons l'étincelle stratifiée au tuyau sonore et le
conducteur électrisé à la conduite d'air comprimé, et
nous comprendrons aisément le sens de la question. Les
couches alternativement brillantes et obscures de cette
lumière sont-elles analogues aux ventres et aux nœuds
du tuyau et sans rapport avec l'état du conducteur électrisé, ou bien, au contraire, la fluctuation s'étend-elle à
tout le circuit de la décharge?

Les expériences de stratification de MM. Warren de la
Rue, Miller et Spottiswoode, permettent de mettre en doute
la justesse de la première interprétation. En effet, d'autres observations récentes sur l'état du circuit voltaïque,
dans les circonstances où la stratification apparaît, indiquent une fluctuation générale de ce circuit. En voici un
exemple [1].

Un circuit voltaïque est formé par 20 éléments moyens
de Bunsen et par une bobine de 960 spires, renfermant
un tube de fer de 8 centimètres de diamètre et de 1 millimètre environ d'épaisseur. Un condensateur de Leyde, ayant

---

[1] *Comptes rendus de l'Académie des Sciences de Paris*, 10 nov. 1875,
sur divers cas d'intermittence du courant voltaïque, par M. A. Cazin.

une surface armée de 3 mètres carrés, ferme le circuit, de façon que la lame de verre de ce condensateur se trouve interposée entre les deux rhéophores. Dans ces circonstances, un très faible courant continu est accusé par un galvanomètre ; la lame de verre est donc traversée par le courant et joue le rôle d'une portion de circuit très résistante. De plus, on entend un bruissement continuel dans le noyau de fer.

« Ces faits indiquent que le courant passe à travers le « verre et que *son passage est intermittent*. Le noyau de « fer subit une succession rapide d'aimantations et de « désaimantations alternatives, et chacune des désaiman- « tations occasionne un faible bruit dans le noyau. La « succession rapide de ces bruits constitue le bruisse- « ment qu'on entend. »

C'est en faisant communiquer les armatures d'un condensateur, disposé comme celui de l'expérience précédente, avec les électrodes d'un tube de Geissler, que l'on a vu se produire les stratifications. Il est donc possible que le phénomène acoustique et le phénomène optique soient dus l'un et l'autre à une même cause et, si cela a lieu, une étude approfondie devra mettre en évidence leur corrélation. De tels rapprochements sont l'origine de nouvelles recherches, qui nous mettent sur le chemin de la vérité ; quelle que soit leur justesse, ils nous conduisent à interroger la nature, et la réponse que nous obtenons est toujours une conquête pour la science.

Il nous reste à examiner le rôle des particules détachées des conducteurs, dont la présence nous a été révélée dans l'auréole par l'analyse spectrale. Comment se détachent-elles?

Les parties d'un même corps semblablement électrisées se repoussent mutuellement; on le prouve depuis longtemps en plaçant sur le conducteur de la machine électrique une tige surmontée d'un plumet de bandes de papier flexibles. Quand la machine est en activité, ce plumet se hérisse, ce qui montre que ses diverses parties se repoussent mutuellement.

La difficulté qu'on éprouve à se contenter de cette explication vient de ce qu'on est habitué à exercer d'assez grands efforts pour arracher des parcelles d'un solide résistant tel qu'un métal, et qu'on n'a pas une notion bien nette de la force électrique. Mais lorsqu'on voit une décharge électrique percer un bloc de verre de plusieurs centimètres d'épaisseur, et cela avec une machine ordinaire, comme on sait le faire aujourd'hui, volatiliser l'or et le platine, qui exigent pour fondre une température de 2000 degrés, les phénomènes d'arrachement dont nous nous occupons ne paraissent plus si surprenants. On peut assister d'ailleurs à des projections de particules métalliques en déchargeant une batterie de Leyde à travers un fil de soie doré que l'on a placé entre deux lames de verre. Si l'on projette l'image agrandie du fil sur un écran blanc, à l'aide d'une lentille convergente, au moment où la décharge a lieu on voit (fig. 52) des houppes

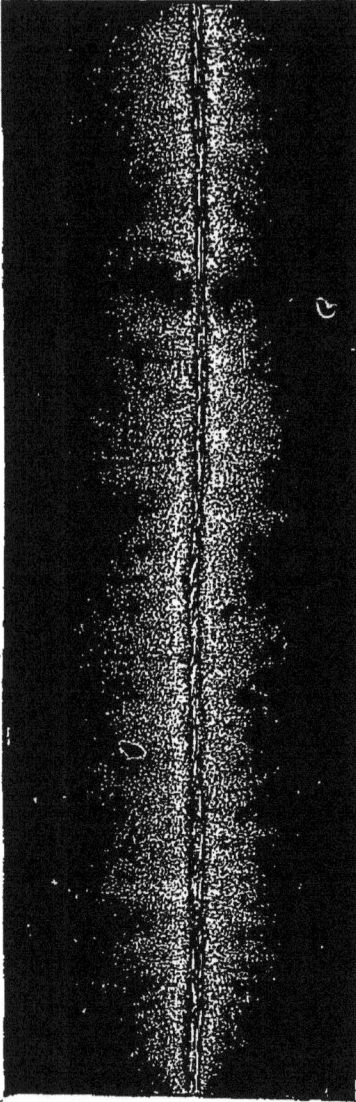

Fig. 52.
Volatilisation d'un fil de soie doré.

de matière brune s'élancer perpendiculairement au fil, en

figurant dés stratifications régulières, tandis que le fil est dépouillé de sa couche d'or. Cette matièrebrune, c'est l'or dont les parcelles ont été projetées violemment et se sont déposées sur le verre, laissant à l'observateur la trace durable du phénomène dont les détails ont échappé à sa vue, à cause de son instantanéité.

En examinant à loisir la plaque de verre, il voit que l'or s'est rassemblé en un certain nombre de points équidistants, et que chacun de ces points a été le lieu d'une vive éruption lançant dans tous les sens les parcelles du métal. Il se représente alors l'or fondant pendant la décharge, se rassemblant en perles liquides autour du fil de soie, comme des grains de chapelet, et finalement disparaissant comme une fumée verdâtre dont les flocons se déposent sur le verre.

Nous admettrons donc comme un fait que les parcelles du conducteur sont lancées au dehors, puisque le spectroscope nous les a montrées dans l'étincelle, et nous attribüerons leur projection aux forces répulsives dues à l'électricité. D'un autre côté, nous savons que l'on retrouve sur chaque électrode des parcelles détachées de l'autre; elles se comportent donc comme les particules gazeuses dont nous avons étudié le rôle précédemment, mais une différence essentielle se présente.

Nous avons vu que les boules de zinc donnent une lumière plus intense que les boules de fer, tandis que celles-ci produisent à peu près le même effet que les boules de cuivre. Ce n'est donc pas la fusibilité et la volatilité qui modifient le plus l'intensité lumineuse de l'étincelle; c'est surtout la ténacité. L'arrachement est beaucoup plus facile avec le zinc qu'avec les deux autres métaux, pour lesquels il n'y a pas une différence très grande. Cela prouve que la projection des parcelles des conducteurs n'est pas précédée par la fusion et la volatilisation; qu'elle est le résultat direct, comme l'admet M. Riess d'après ses expériences, d'une désagré-

gation moléculaire produite par les forces électriques.
Ces parcelles paraissent donc lancées à l'état solide ; elles
deviennent incandescentes dans leur trajet à travers l'é-
tincelle, et elles augmentent son éclat, de même que le
carbone libre augmente l'éclat de la flamme d'un hydro-
carbure. D'ailleurs l'incandescence doit déterminer la
fusion et la volatilisation ; puis les vapeurs formées
doivent se condenser sur les conducteurs et s'y dépo-
ser sous la forme de grains pulvérulents. C'est, en effet, ce qu'on observe sur les boules qui ont servi à un
grand nombre de décharges, et particulièrement sur
les boules de charbon ; elles prennent un aspect ve-
louté.

Si les expériences se font dans un gaz qui exerce une
action chimique sur la substance des conducteurs, le
phénomène se complique. C'est ainsi que le charbon, la
plupart des métaux se combinent avec l'oxygène de l'air,
et nous savons que ces combinaisons sont des sources de
chaleur lumineuse. Le platine ne donne lieu à aucune
action chimique de ce genre ; il convient de l'employer
quand on opère dans l'air et qu'on veut se mettre à
l'abri de ces actions secondaires.

Les expériences que nous avons faites sur la durée de
l'étincelle, bien que peu variées, contribuent à différen-
cier le rôle du gaz et celui des particules lancées par les
conducteurs. L'intensité lumineuse n'est pas proportionnelle à la durée, car Masson a trouvé la même intensité avec le zinc et l'étain, tandis que la durée s'est montrée beaucoup plus grande avec le zinc ; l'incandescence
des particules de zinc se prolongeait plus longtemps que
celle de l'étain. Cela peut s'expliquer par la combustibilité, qui est plus grande pour le zinc ; l'action chimique
serait au moins une des circonstances dont dépend la
durée. Des observations suffisamment multipliées sur ces
phénomènes résoudront certainement toutes les questions
qu'on peut poser sur le rôle des conducteurs.

Dans quelle région de l'étincelle se trouvent les parcelles incandescentes? Le vif éclat du trait de feu porte à
penser qu'elles y sont accumulées. Mais l'analyse spectrale montre qu'elles n'y sont pas à l'état gazeux. Les
raies caractéristiques du métal se montrent surtout dans
l'auréole. D'autre part, l'auréole a une durée beaucoup
plus grande que le trait de feu, et nous venons de voir
que la durée totale de l'étincelle croît avec la quantité
de métal projetée et avec sa combustibilité. Cela confirme
la conclusion que l'on tire de l'analyse spectrale ; il faut
donc admettre que les parcelles incandescentes des conducteurs sont vaporisées principalement dans l'auréole,
et qu'elles ont pour rôle d'augmenter son éclat et sa durée. Les particules du métal se trouvent aussi dans la
lueur, car M. Neef et M. Matteucci ont vu avec la bobine
d'induction que la couleur de cette lueur dépend de la
nature du métal ; elle est bleue avec le zinc et verte
avec le cuivre.

En résumé, la constitution de l'étincelle explosive dé-
duite du rapprochement de tous les faits connus aujour-
d'hui est la suivante. Les conducteurs de la décharge
produisent dans le milieu transparent et médiocrement
conducteur qui les environne divers mouvements d'où
résultent, suivant leur nature et leur rapidité, la lueur,
l'aigrette ou l'auréole, le trait de feu, la stratification ;
c'est la tension de l'électricité qui règle ces mouvements.
Les conducteurs projettent des particules, ordinairement
solides, qui entrent dans le tourbillon gazeux et concourent avec les particules du gaz à la production de la
lumière ; mais en outre ils ont une action propre, résultant des changements physiques que la chaleur engendrée
par tous les mouvements leur fait subir. Des phénomènes
chimiques secondaires accompagnent souvent les phénomènes électriques ; de là résultent des modifications
dans l'état de mouvement moléculaire qui produit sur
nos sens les sensations de chaleur et de lumière. C'est

la quantité d'électricité qui règle principalement le rôle des conducteurs.

Un premier progrès à accomplir, c'est de découvrir les lois de la tension électrique, quand on change les circonstances où se produit l'étincelle : car alors, étant donné ces circonstances, c'est-à-dire la forme des conducteurs, leur distance, leur quantité d'électricité, l'état du milieu, on pourra prévoir l'aspect de la lumière électrique. Lorsqu'en outre les lois relatives à la quantité seront bien connues, on pourra étendre le problème à toutes les autres circonstances.

CHAPITRE IV

CONSTITUTION DE L'ARC VOLTAÏQUE

L'arc voltaïque offre beaucoup d'analogie avec l'étincelle de la bobine d'induction ; mais il y a des différences que nous devons nous attacher à étudier.

M. Gassiot ayant isolé avec soin une pile de 5 500 petits éléments zinc-cuivre, chargés avec de l'eau pure, fit communiquer ses conducteurs avec deux disques de laiton, séparés par un intervalle de $\frac{1}{2}$ millimètre. Aussitôt de petites étincelles jaillirent dans l'intervalle et elles se succédèrent pendant plusieurs mois.

Cette expérience prouve que la pile est capable de produire le même genre d'étincelle que les machines électriques à frottement. A ce point de vue elle diffère de ces machines par la faiblesse de sa tension électrique. Mais son rôle est tout autre dans la source de lumière intense qu'elle est capable de produire ; les étincelles dont nous venons de parler ne constituent pas l'*arc voltaïque*.

Dans la célèbre expérience de Davy, qui porte le nom d'arc voltaïque, la lumière jaillit d'une manière *continue* entre les conducteurs de la pile ou *électrodes* et elle est en même temps une source de chaleur excessivement intense. La cause de cette chaleur est la combinaison chimique qui s'accomplit dans la pile, et ce qu'on appelle le courant est le transport dans toutes les régions du circuit de l'énergie des molécules qui se combinent. De la grandeur de cette énergie résultent la prédominance de certaines circonstances parmi celles qui influent sur la lumière, et les différences de constitution que présentent l'arc voltaïque et l'étincelle explosive.

1. — Aspect de l'arc voltaïque.

Pour étudier la constitution de l'arc voltaïque nous n'avons qu'à suivre la marche adoptée dans le chapitre précédent. L'étude sera facilitée par les connaissances que nous avons déjà acquises; elles nous permettront de passer en revue plus rapidement les expériences qui offrent de l'analogie avec les précédentes.

L'éclat de la lumière empêche de distinguer à la vue simple la forme de l'arc voltaïque. Dans la chambre obscure cette lumière éclaire les corps avec une intensité comparable à celle du soleil; la flamme d'une lampe paraît rouge sombre, elle projette une ombre comme si elle était un corps opaque. Il faut observer l'arc voltaïque à travers un verre foncé pour en distinguer la forme; mais les couleurs ne se reconnaissent plus. Le meilleur mode d'observation est la projection optique sur un écran blanc, à l'aide d'une lentille convergente. Les conducteurs entre lesquels brille la lumière sont disposés au milieu d'une boîte opaque qui présente une ouverture circulaire, de un ou deux cent. seulement de diamètre. Devant cette ouverture on place à une distance convenable la lentille de projection, et on aperçoit sur l'écran l'image renversée de l'arc et des électrodes (fig. 53).

L'arc ressemble à une flamme tremblante, dont la

forme est ovoïde et dont la couleur dépend de la nature
, des électrodes. De temps en temps. on voit une par-

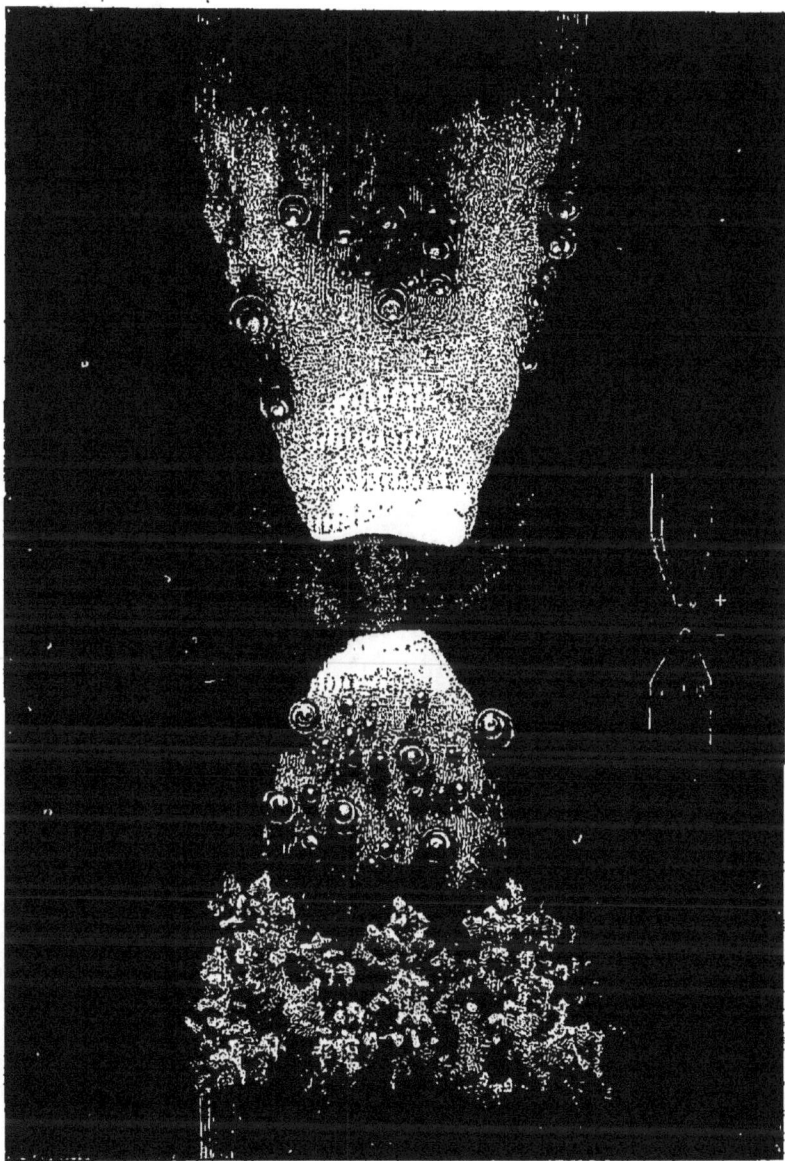

Fig. 53. — Projection de l'arc voltaïque.

ticule brillante s'élancer d'une électrode et gagner
l'autre, en produisant dans la flamme une traînée lumi-

neuse, semblable à l'étoile filante qui traverse la lueur
d'une aurore boréale.

L'attention est surtout attirée par l'éclat des électrodes.
Si ce sont des cônes de charbon de cornue, ils sont inégalement brillants. Le cône positif est rouge blanc jusqu'à une assez grande distance de la pointe, tandis que
le cône négatif est à peine rougi à son extrémité. De
plus, quand l'expérience est suffisamment prolongée, on
remarque que le charbon positif a diminué ; sa pointe
a disparu faisant place à une sorte de *cratère*, et au contraire le charbon négatif s'est recouvert d'une proé-
minence qui a la forme d'un champignon. Cela prouve
qu'il y a eu transport de charbon d'une électrode à l'autre. Enfin sur chacun des charbons apparaissent çà et là
des globules liquides et incandescents, qui se déplacent,
glissent jusqu'à la pointe et s'élancent pour gagner l'autre électrode. Ce dernier effet n'a pas lieu avec du charbon pur ; il est le résultat de la fusion des substances
minérales qui sont habituellement mêlées au charbon :
c'est un effet secondaire dont nous ne devons pas nous
occuper.

L'expérience précédente démontre bien qu'un transport continu de particules incandescentes s'effectue de
l'électrode positive à la négative. Nous pouvons reconnaître qu'un transport semblable s'effectue dans l'autre
sens, et que de plus il y a projection de matière dans
toutes les directions. M. Van Breda ayant employé des
électrodes de fer qu'il avait pesées, les pesa de nouveau
après l'expérience, et il trouva que l'électrode positive
avait perdu 500 milligrammes, tandis que la négative
en avait perdu 55. L'arc était produit dans le vide, afin
que la combinaison du fer avec l'oxygène de l'air n'in-
tervînt pas. Cette double perte montre que les parcelles
détachées des électrodes sont lancées dans toutes les directions, et qu'une partie seulement se dépose sur elles.
Quand on prolonge l'expérience dans le vide, on observe

un dépôt sur la paroi interne du verre, et on s'assure aisément qu'il est formé par la matière des électrodes.
Despretz produisant l'arc dans l'œuf électrique avec 600
couples de Bunsen vit la paroi intérieure du vase noircie
par un abondant dépôt de charbon. Avec une électrode
de fer et l'autre de coke M. Van Breda remarqua que la
perte du poids du fer était la même, quel que fût le signe
de son électricité, tandis que le coke perdait plus quand
il était positif. Toutes ces observations prouvent que le
double transport de la matière a lieu dans l'arc voltaïque comme dans l'étincelle explosive, et que la différence
des deux modes de décharge consiste en ce que le transport de l'électrode positive à l'électrode négative prédo-
mine dans l'arc voltaïque.

On explique l'inégale projection de la matière des électrodes par l'inégal échauffement qu'elles subissent. L'é-
lectrode positive, nous venons de le voir, est beaucoup
plus chaude que l'autre. Ce fait est général; quant à son
explication, il faut la chercher dans les lois qui régissent la distribution de la chaleur dans les diverses parties du circuit et aborder un groupe de phénomènes
étrangers à notre étude. Nous l'accepterons ici comme
un fait, et cela nous suffira pour ce qui concerne la
constitution de l'arc. Pour faire voir que cette particularité des électrodes n'est pas une propriété de la lumière
électrique, nous citerons une expérience de M. Tyrtow.
Ayant pris le mercure comme électrode négative et un fil
de platine comme positive, il vit ce fil rougir quand il
touchait le mercure. Renversant ensuite le sens du courant, de façon que le mercure devînt positif, il observa
des étincelles bleuâtres, quand il approchait le fil de la
surface mercurielle, sans que celui-ci fût rougi, et le
mercure s'évaporait rapidement. La chaleur de l'étincelle
positive rendait ce fil incandescent dans le premier cas
et vaporisait le mercure dans le second.

Quand on produit l'arc entre un fil de platine et le

mercure, ce dernier éprouve une agitation particulière
dont la cause doit aussi être recherchée dans les lois qui
régissent le courant voltaïque. Lorsque le mercure sert
d'électrode positive, il se soulève en forme de cône;
lorsqu'il est négatif, il se déprime au contraire au-dessous du fil. L'étude de ces particularités ne rentre pas
dans notre sujet.

La longueur de l'arc dépend évidemment de la puissance de la pile ; mais la relation qui existe entre cette
longueur et l'intensité du courant n'est pas connue. Nous
devons seulement à Despretz quelques observations intéressantes qui peuvent être le point de départ de nouvelles
recherches. Lorsqu'on augmente graduellement le nombre des éléments de la pile, la longueur maxima qu'on
peut donner à l'arc croît plus rapidement que le nombre
des éléments. Lorsqu'on augmente la surface des éléments
on a aussi un accroissement de la longueur de l'arc plus
rapide que celui de la surface. Enfin, quand on a un nombre déterminé d'éléments, on obtient le plus grand arc
en les disposant en une seule série.

L'aspect de l'arc voltaïque dépend de la forme des électrodes. M. de la Rive a fait plusieurs expériences sur ce
sujet. Entre une pointe de coke positive et une plaque de
platine négative l'arc a la forme d'un cône, ayant son
sommet à la pointe et sa base sur la plaque. En renversant le sens du courant, on peut écarter davantage les
électrodes avant que l'arc disparaisse, et il a l'aspect de
jets lumineux aboutissant à différents points du coke.

Après avoir examiné l'influence des électrodes sur l'arc
voltaïque, occupons-nous de celle du milieu fluide, liquide ou gazeux, au sein duquel jaillit la lumière. Davy
a pu doubler la longueur de l'arc en faisant l'expérience
dans le vide au lieu de la faire dans l'air. L'aspect de la
lumière est d'ailleurs le même dans les deux cas, ce qui
n'avait pas lieu avec l'étincelle explosive. Cette observation est capitale, elle nous montre qu'une circonstance

particulière différencie ces deux sortes de lumière électrique.

Lorsqu'on produit l'arc dans différents gaz, son aspect varie peu; il y a à peine quelque changement de couleur. Des actions chimiques secondaires peuvent compliquer d'ailleurs le phénomène. Ainsi dans l'air et dans l'oxygène, le charbon, le fer, le zinc, donnent de l'acide carbonique, de l'oxyde de fer, de l'oxyde de zinc : cela n'a pas lieu dans le vide, ni dans l'hydrogène, ni dans l'azote. C'est une cause de légères modifications dans la couleur et la longueur de la lumière.

Dans les liquides, les modifications sont plus grandes; M. Matteucci a remarqué que l'arc s'amincit et devient linéaire. Cela tient à ce que les parcelles détachées des électrodes sont gênées dans leurs actions mutuelles répulsives, et qu'elles sont forcées par la résistance du liquide à se rassembler en ligne droite. En disséminant de la poussière de charbon dans l'essence de térébenthine, on voit l'arc produit au milieu de ce liquide s'entourer d'un sphéroïde dans lequel jaillissent une infinité de petites étincelles. Cet effet est dû à la présence des parcelles de poussière, qui s'électrisent par influence et se comportent comme de petits conducteurs très rapprochés les uns des autres, entre lesquels jaillissent un nombre infini de petites étincelles.

Nous concluons de cet ensemble de faits que la circonstance la plus influente est la substance des électrodes, que c'est elle qui joue le rôle principal dans la constitution de l'arc voltaïque. Lorsque les deux électrodes sont formées par la même substance et placées dans l'air, on peut les ranger d'après M. Grove dans l'ordre suivant, en commençant par celles qui donnent l'arc le plus long et le plus brillant : potassium, sodium, zinc, mercure, fer, étain, plomb, antimoine, bismuth, cuivre, argent, or, platine. La couleur de l'arc varie avec la substance des électrodes; elle est par exemple jaune avec le sodium,

blanche avec le zinc, verte avec l'argent, c'est-à-dire la
même qu'avec les étincelles ordinaires. Remarquons que
la longueur et l'intensité lumineuse ne dépendent pas
seulement de la ténacité, de la fusibilité et de la volatilité ; car le fer est beaucoup moins fusible que la plupart des métaux suivants, et il est le plus tenace de tous
ceux qui sont cités. S'il produit un arc plus long et plus
éclatant que les autres substances moins tenaces et plus
fusibles que lui, la différence est due à d'autres causes,
sans doute à une combustion. Car, dans les expériences
de M. Grove, le phénomène électrique était compliqué
d'une combinaison chimique avec l'oxygène de l'air, sauf
pour les trois derniers métaux ; aussi ne faudrait-il pas
croire que les substances citées dussent conserver le
même ordre dans le vide ou dans un gaz sans action
chimique, tel que l'azote.

Il est prouvé par d'autres expériences que plus la ténacité est faible, plus l'arc est long ; ce qui doit être, si
l'arc résulte de la désagrégation des électrodes. Ainsi
l'arc est plus long avec les électrodes de platine *spongieux* qu'avec celles de platine forgé. Il est vrai que la
pile doit être plus forte dans le premier cas que dans
le second pour produire un courant d'égale intensité ;
mais cela tient à ce que la conductibilité de l'éponge de
platine est moindre que celle du platine forgé ; il faut
pour que la comparaison soit significative que rien ne
soit changé dans l'intensité du courant, quand on change
les électrodes.

Nous avons un autre exemple du rôle de la ténacité
dans la remarque suivante faite par MM. Fizeau et Foucault. Ayez une électrode de charbon et l'autre d'argent
ou de platine ; l'arc le plus long est obtenu avec le charbon positif. Nous savons que c'est l'électrode positive
qui émet la plus grande quantité de particules ; moins
elle est tenace, plus cette émission est facile ; si donc
elle est formée par le charbon, qui est moins tenace que

les deux autres métaux, l'arc atteindra sa plus grande longueur.

Le nombre des expériences faites sur l'arc voltaïque est considérable ; il a servi de récréation à tant d'observateurs, qu'aucun détail de quelque importance n'a pu échapper. Nous nous contentons de montrer les traits caractéristiques de ce beau phénomène, afin d'acquérir une connaissance suffisante de sa constitution.

Jusqu'à présent, sauf l'influence moindre du fluide environnant, nous voyons que l'aspect de l'arc voltaïque varie dans les mêmes circonstances que celui de l'étincelle d'une bobine de Ruhmkorff. Nous avons déjà appris que la pile peut produire la lumière stratifiée. Longtemps avant les expériences des physiciens anglais que nous avons rapportées, Despretz avait remarqué en France que l'arc voltaïque ordinaire, excité par une pile de 600 éléments de Bunsen, présente des lignes sombres transversales, rappelant les stratifications. Il avait aussi vu d'autres lignes obscures qui indiquaient une division de l'arc en plusieurs branches, semblable à celle qu'on aperçoit dans les étincelles de la bobine de Ruhmkorff et dans la décharge d'une bouteille de Leyde. Ces expériences sont particulièrement intéressantes, en ce qu'elles sont faites sans l'adjonction d'un condensateur ou d'une bobine, dont on a toujours à redouter l'influence perturbatrice. Elles méritent d'être reprises, afin que toutes les particularités qu'elles présentent soient soigneusement comparées aux faits qui ont été découverts depuis Despretz, et sans doute elles contribueront à faire connaître s'il existe un rapport entre les stratifications et l'état du conducteur électrisé qui les produit.

La même remarque est à faire au sujet des crépitations que l'arc voltaïque fait entendre, surtout quand les électrodes de charbon sont assez rapprochées l'une de l'autre. Les électrodes vibrent et M. de la Rive a pu transmettre leur vibration au support, de façon que celui-ci fit entendre un son. Il s'opère, dit-il, une sorte de craquement régulier entre les particules de charbon, qui est lié à leur arrachement et à leur transport.

2. — Analyse spectrale de l'arc voltaïque.

Les premières observations sur le spectre de l'arc sont dues à M. Wheatstone ; le physicien anglais avait vu les raies brillantes qui sillonnent ce spectre différer en nombre et en position suivant la nature du métal ; lorsque les deux électrodes étaient formées de deux substances différentes, il avait vu les raies caractéristiques de chacune d'elles se superposer ; cette dernière observation prouve le double transport de la matière des électrodes, ce qui est conforme à nos observations antérieures. Plus tard, en France, Despretz prouva que les raies de l'arc produit entre deux cônes de charbon sont fixes et indépendantes de l'intensité du courant. En 1849, Foucault fit une étude approfondie des raies spectrales de l'arc, et bien avant que la méthode de l'analyse spectrale fût généralisée et appliquée par MM. Kirchoff et Bunsen, il en avait posé les principes. Une des plus remarquables découvertes qu'il fit dans ces recherches est celle de l'analogie de certaines raies brillantes de l'arc voltaïque avec certaines raies obscures du spectre solaire, analogie dont il trouva l'explication, et dont il devina l'importance pour l'astronomie. Elle a conduit en effet cette science à ce résultat merveilleux, de reconnaître dans le soleil et dans les étoiles la nature des vapeurs et des gaz incandescents qui composent leurs atmosphères. Par elle, l'œil du physicien ou du chimiste s'étend jusqu'aux profondeurs de l'univers ; sa puissance est accrue d'une manière inespérée. Rendons hommage à ce génie fécond, ravi à la France par une mort prématurée !

Voici quelle est cette expérience capitale : Foucault avait observé dans le spectre donné par l'arc du charbon une ligne double brillante, entre le jaune et l'orangé ; elle lui rappela par sa forme et sa position une raie double obscure bien connue du spectre solaire : il voulut voir si cette raie orangée et cette raie obscure du soleil se correspondaient : « N'ayant pas, dit-il lui-même, d'instruments pour mesurer les angles, j'ai eu recours à un procédé particulier. » Nous allons le voir imaginer la démonstration la plus simple et la plus claire du fait qui le préoccupe ; s'il avait eu les instruments qu'il regrette, cette ingénieuse démonstration nous ferait sans doute défaut. « J'ai fait tomber sur l'arc lui-même une image solaire formée par une lentille convergente, ce qui m'a permis d'observer à la fois superposés le spectre électrique et le spectre solaire ; je me suis assuré de la sorte que la double ligne brillante de l'arc coïncide exactement avec la double ligne noire de la lumière solaire[1]. » Plus loin, voici qu'il découvre le nouvel horizon. « Ce phénomène nous semble dès aujourd'hui une invitation pressante à l'étude des spectres des étoiles ; car, si par bonheur on y retrouvait cette même raie, l'astronomie stellaire en tirerait certainement parti. »

Cette raie double, située dans l'orangé, est caractéristique du sodium ; les charbons la produisent habituellement parce qu'ils contiennent quelques traces de sel de soude. On le reconnut plus tard, mais Foncault avait posé les premiers jalons d'une voie nouvelle, qui devait conduire à de brillants succès.

Ce fut lui qui, en employant la superposition des deux spectres, solaire et électrique, prouva que les raies brillantes des métaux possèdent toutes la couleur de la région du spectre solaire à laquelle elles correspondent.

Masson, dont nous connaissons déjà les belles recher-

---

[1] *Annales de Chimie et de Physique*, 3ᵉ série. T. LVIII

ches sur l'étincelle, s'occupa aussi des raies de l'arc voltaïque. Il prouva que les spectres de l'étincelle et de l'arc sont identiques avec les mêmes électrodes, et qu'avec le charbon la partie brillante de l'électrode donne un spectre sans raies. Ce dernier résultat est très important pour la constitution de l'arc; il démontre que les particules de charbon projetées dans cet arc ne sont pas simplement à l'état d'un solide fortement échauffé; elles sont à l'état de vapeur. Masson prouva d'une manière générale qu'un fil de métal chauffé au rouge blanc donne aussi un spectre sans raies. La conclusion précédente s'applique donc à toute électrode, quelle que soit sa nature.

Un autre résultat non moins important du même physicien est l'absence de toute influence du milieu sur les raies. Il étudia le spectre de l'arc dans le vide et dans l'hydrogène sans voir d'autre changement que celui de l'intensité des couleurs. Ce fait est conforme aux observations que nous avons déjà présentées relativement au rôle du milieu qui environne les électrodes. C'est une différence essentielle qui existe entre l'arc et l'étincelle. M. Van der Willigen l'a confirmée en 1859. Il n'a pas trouvé dans le spectre de l'arc du charbon dans l'air les raies caractéristiques de ce gaz; le spectre ressemble à celui de la flamme d'un carbure d'hydrogène, avec trois raies brillantes de plus, qui sont dues à la chaux incandescente; cela tient à ce que le charbon contient toujours un peu de carbonate de chaux.

3. — Intensité lumineuse de l'arc voltaïque.

L'*éclat* de l'arc voltaïque est excessivement vif : dans l'étude de son intensité lumineuse il faut distinguer cette qualité du *pouvoir éclairant*. L'éclairement d'un corps par une source de lumière dépend de trois circonstances, à savoir, de la distance qui les sépare, de la surface de la source, de *son éclat intrinsèque*, qualité qui ne dépend que de la nature de la source. Si la distance augmente comme les nombres 1, 2, 3, etc., l'éclairement diminue comme les nombres 1, $\frac{1}{4}$, $\frac{1}{9}$, etc. Quand on veut comparer le *pouvoir éclairant* de deux lumières, on doit supposer que le corps éclairé soit placé à la même distance de chacune d'elles. Le *pouvoir éclairant* est l'éclairement à l'unité de distance ; on prend pour corps éclairé une surface blanche telle qu'un écran de papier, une plaque de verre dépoli. Ce pouvoir est proportionnel à la surface lumineuse, toutes choses égales d'ailleurs. Ainsi une source formée par les flammes de quatre bougies éclaire évidemment plus qu'une seule bougie. On prouve la loi des distances en constatant à la vue que l'écran est également éclairé par les deux sources, lorsque la première est deux fois plus loin que la seconde. Car, si les deux sources étaient à la même distance de l'écran, la première l'éclairerait quatre fois plus que la seconde. Donc, en doublant la distance de la première, on produit un éclairement quatre fois moindre, ce qui ramène les deux sources à l'égalité. On mesure le *pouvoir éclairant* qu'on appelle encore *intensité relative* à l'aide des *photomètres*.

Les mêmes instruments servent à mesurer *l'éclat intrinsèque* ou *intensité absolue*. Il faut alors disposer les deux sources avec la même surface et prendre le pouvoir éclairant de l'une d'elles pour unité. L'*éclat* peut ainsi être défini le *pouvoir éclairant par unité de surface*.

Ces considérations préliminaires sont indispensables lorsqu'il s'agit de comparer la lumière électrique à celle du soleil, avec laquelle elle rivalise d'éclat. Il est bien évident qu'on ne peut dire la même chose de l'éclairement total que produit l'arc voltaïque et de celui que produit le globe solaire. Malgré son énorme distance, celui-ci éclaire toujours immensément plus que l'arc le plus gros qu'on puisse se procurer, parce que la surface éclairante du soleil est immensément plus grande que celle de l'arc.

Dans l'étude photométrique que Masson a faite de l'étincelle, il comparait seulement les pouvoirs éclairants. Desprelz a fait une recherche analogue sur l'arc voltaïque. Il mesurait simplement la distance à laquelle il devait s'éloigner de l'arc pour qu'il lui fût impossible de lire une page imprimée. S'il était obligé dans un cas de se placer à 5 mètres, par exemple, et dans un autre à 10 mètres, c'est que le pouvoir éclairant était dans le second cas quatre fois plus grand que dans le premier. C'est ainsi qu'il trouva que le pouvoir éclairant de l'arc voltaïque obtenu avec une seule série d'éléments de Bunsen croissait jusqu'à cent éléments, et restait le [même quand on portait ensuite le nombre des éléments à six cents. Il compara aussi les arcs obtenus par six séries de cent éléments dont les surfaces croissaient comme les nombres 1, 2, 3, 4, 5, 6, et il trouva que le pouvoir éclairant était sensiblement proportionnel à la surface des éléments. Ainsi, supposons que la limite de visibilité de la page imprimée soit de 5 mètres avec une pile de cent éléments ; si on prend une autre pile de cent éléments ayant une surface quadruple, la limite sera reculée à une distance de 10 mètres. Donc le pouvoir éclairant est devenu quadruple.

En rapprochant ces résultats de ceux que le même physicien a donnés relativement aux longueurs d'arc, on voit que l'arc le plus long n'est pas le plus éclairant. En général, la longueur dépend de la tension électrique, et celle-ci du nombre des éléments ; le pouvoir éclairant dépend de la quantité d'électricité, et celle-ci de la surface des éléments. Mais les lois numériques de ces phénomènes ne sont pas encore bien connues.

Dans les expériences que nous venons de citer, il s'agissait des pouvoirs éclairants de divers arcs voltaïques comparés entre eux. On peut aussi les comparer à celui d'une autre source de lumière. Ainsi M. Bunsen a trouvé qu'avec quarante-huit éléments un arc ayant 7 millimètres de longueur avait un pouvoir éclairant égal à cinq cent soixante-douze fois celui d'une bougie; ce qui veut dire qu'on eût obtenu le même éclairement avec cinq cent soixante-douze bougies.

MM. Fizeau et Foucault ont étudié l'éclat intrinsèque en le comparant à la lumière Drummond, qu'on obtient en lançant un jet d'oxygène à travers une flamme de gaz hydrogène sur un morceau de chaux, et aussi à la lumière solaire[1].

Pour cela ils isolaient deux cônes de rayons lumineux ayant le même angle et partant l'un d'un point de l'arc situé vers le pôle positif qui est le plus brillant, l'autre d'un point de la seconde source qu'il s'agissait de comparer. Les éclairements produits par ces deux points étaient donc indépendants des surfaces de l'arc et de la source. Il n'y avait plus qu'à les réduire à la même distance. Pour cela on faisait tomber ces cônes sur deux lentilles de même distance focale; ils formaient de l'autre côté deux points lumineux où était concentrée toute la lumière contenue dans chacun d'eux. Enfin, on recevait sur un photomètre les deux faisceaux partant de ces derniers points, et on cherchait à quelles distances relatives il fallait placer ces points pour produire sur un écran un égal éclairement. C'est ainsi qu'on a trouvé que l'éclat de l'arc était environ le tiers de celui du soleil; l'arc était produit avec deux séries parallèles d'éléments de Bunsen de quarante-six chaque. Cet éclat augmente peu avec le nombre des éléments quand ils ne forment qu'une seule série; il augmente beaucoup quand on augmente la surface en formant plusieurs séries parallèles.

Les expériences qui précèdent donnent une idée du

[1] *Annales de Chimie et de Physique.* 3ᵉ série. T. XI.

pouvoir éclairant de la surface lumineuse obtenue en
faisant passer le courant d'une pile entre deux charbons
conducteurs. Mais quels sont dans cette source les points
les plus lumineux, les plus vivement rayonnants? Est-ce
le charbon positif? est-ce le charbon négatif? est-ce,
comme on l'admet assez ordinairement, l'arc voltaïque?
Une expérience bien simple permet de résoudre la question. Quand on observe ces phénomènes, on est obligé de
protéger l'œil au moyen d'un verre noir afin d'éviter les
accidents graves que cette lumière éblouissante produit
en agissant sur l'organe de la vue : choisissons un verre
de teinte suffisamment foncée et nous pourrons éteindre
complètement la lumière provenant soit du charbon négatif, soit de l'arc voltaïque, qui deviendront absolument invisibles, tandis que le charbon positif sera encore parfaitement visible et même très brillant. C'est
donc à cette partie plutôt qu'à l'arc voltaïque qu'il faut
rapporter l'origine de la lumière électrique. On peut
facilement comprendre dès lors pourquoi l'arc voltaïque
le plus long n'est pas le plus éclairant, ou bien encore
comment on obtient des sources lumineuses très puissantes au moyen du courant électrique, sans qu'il y ait
d'arc voltaïque, mais simplement par incandescence
d'une baguette de charbon. (Voir plus loin la description
de la lampe électrique système Reynier).

4. — Constitution de l'arc voltaïque.

Il résulte de tout ce qui précède que l'arc voltaïque
est l'incandescence d'un jet de particules détachées des
électrodes et parcourant les unes dans un sens, les autres
en sens opposé, l'intervalle qui les sépare. Le milieu
environnant ne paraît pas prendre une part active au
phénomène; il offre simplement au jet un obstacle plus
ou moins grand, ou bien il agit chimiquement sur la

matière incandescente, ce qui donne lieu à des effets
secondaires. La production de l'arc exige une faible tension et une très grande quantité d'électricité. On se rend
compte de la tension par le nombre des couples, c'est
un fait acquis depuis Volta, et de la quantité par le poids
du zinc combiné dans la pile avec les principes consti-
tuants du liquide ; ce poids croît avec la surface des éléments voltaïques. On peut comparer la pile à une batterie de Leyde de très grande surface qui serait alternativement chargée et déchargée avec une excessive rapidité.
Par là on voit que la quantité d'électricité est beaucoup
plus grande dans l'arc que dans l'étincelle explosive.

D'après M. Becquerel, la quantité d'électricité qu'une
pile a produite, lorsque 4 milligrammes de zinc ont été
dissous, est capable de charger une batterie de Leyde
ayant deux hectares de superficie, de manière qu'elle
donne une étincelle d'un centimètre.

L'énorme quantité d'électricité mise en jeu dans le circuit est employé à la conversion de l'énergie chimique
en chaleur. De là résulte le rôle que joue la chaleur
dans l'arc voltaïque. Elle désagrège les électrodes et facilite l'arrachement des particules électrisées. Cette manière d'agir du courant est analogue à ce qui se passe
lorsqu'on chauffe artificiellement l'électrode positive ; on
facilite alors la production de l'arc.

On peut attribuer à la même cause ce fait découvert
par M. Leroux, que, si l'on interrompt le circuit voltaïque
pendant un instant très petit, il n'est pas nécessaire de
remettre les charbons au contact pour rétablir l'arc.
L'arc s'éteint pendant l'interruption et se rallume de lui-
même dès qu'elle cesse. La vive chaleur des électrodes
aurait simplement pour effet de les rendre aptes à la
décharge par étincelle, malgré le peu de tension de l'électricité. Remarquons que si la durée de l'interruption est
inférieure à celle de la persistance optique, l'œil ne la
distingue pas et que la lumière paraît continue.

Le courant agit encore d'une autre manière. Les modifications intimes que subit le conducteur de la pile, et
qui le rendent aptes à tous ces phénomènes qu'on appelle
les *effets du courant* existent dans le jet incandescent
aussi bien que dans les autres parties du circuit. L'arc
voltaïque est une portion de ce circuit jouissant de toutes
les propriétés électriques des autres portions. On peut
même amener graduellement une portion de circuit voltaïque à devenir l'arc, et constater que cette portion conserve toutes ses propriétés électriques pendant sa transformation graduelle. C'est ce qu'on observe dans une
expérience curieuse de M. Matteucci. L'habile physicien
italien étudiant l'arc produit entre deux cônes de fer,
remarqua que, lorsqu'on écarte peu à peu l'une de l'autre
les deux pointes d'abord mises au contact, un filet de
métal liquide et incandescent apparaît d'abord, puis se
rompt quand l'écartement atteint une certaine limite, et
fait place à l'arc ordinaire. Ce qui se passe ici est exactement la même chose que si on introduisait dans le circuit une portion de matière ténue, telle qu'un fil très
fin de métal. Nous avons expliqué dans l'introduction la
vive incandescence qu'acquiert cette portion sous l'influence du courant.

On comprend maintenant pourquoi avec une pile de
tension très faible on n'obtient pas l'arc voltaïque, en
rapprochant simplement les deux électrodes sans les
amener au contact. La tension étant insuffisante, l'étincelle ne peut jaillir dans l'intervalle, et le courant ne
s'établit pas. Dans ce cas, il faut d'abord mettre les électrodes en contact, et si la quantité d'électricité que peut
donner la pile est suffisante, l'arc s'établit dès qu'on éloigne un peu les deux pointes l'une de l'autre. En d'autres
termes, l'établissement du courant doit précéder le phénomène lumineux.

La nécessité d'établir d'abord le courant, quand la
tension de la pile est insuffisante se montre encore dans

une expérience de Daniell. Ayant mis les électrodes très près l'une de l'autre sans que l'arc se produisît, il fit passer entre elles une forte décharge de batterie de Leyde, immédiatement l'arc voltaïque s'établit et persista. Dans cette expérience, la batterie ayant eu pour effet de produire une tension électrique capable de projeter les particules des électrodes, et de fermer le circuit à l'aide de ces particules, le courant avait pu s'établir et précéder la formation de l'arc.

En résumé, on trouve dans l'arc, à un faible degré, les effets de la tension électrique qui existe sur les électrodes, effets qui le rapprochent de l'étincelle ordinaire; et à un très haut degré les effets de la distribution d'énergie, engendrée dans la pile, qu'on appelle le *courant*. L'étincelle dépend surtout de l'état des conducteurs de décharge et de celui du milieu environnant; l'arc dépend surtout de l'état du générateur d'électricité, et de celui des diverses parties du circuit.

Par conséquent s'il est vrai que le mouvement des particules de l'arc doive obéir aux lois qui régissent celui des particules de l'étincelle, il doit aussi obéir à celles qui dépendent du courant voltaïque. Il peut d'ailleurs se faire que ces deux sortes de mouvement suivent les mêmes lois, et que l'étincelle ne soit autre chose qu'un courant de courte durée. C'est ce que pourrait nous apprendre la comparaison des propriétés de ces deux formes de la lumière électrique. Mais, au point où nous sommes dans notre étude, toute conclusion définitive serait prématurée.

5. — Étincelle de rupture.

L'étincelle de rupture est celle qui apparaît lorsqu'on sépare les deux conducteurs d'une pile voltaïque. Elle a été beaucoup moins étudiée que les précédentes, bien que certaines particularités la rendent intéressante[1].

Lorsque le circuit est formé par un fil court, l'étincelle de rupture est en quelque sorte un élément d'arc voltaïque. Car cet arc s'obtient par une séparation lente des électrodes, qu'on arrête pour maintenir la continuité du circuit. Si cette séparation est opérée rapidement, l'arc jaillit pendant un instant très court et cesse dès que la distance est trop grande pour que les effets de tension continuent à se produire. L'étincelle de rupture est donc d'autant plus longue que la tension électrique est plus considérable. Il n'y a pas lieu d'en faire une étude spéciale, puisque sa constitution est la même que celle de l'arc.

Mais lorsque le circuit est très long et surtout lorsqu'il offre un grand nombre de circonvolutions, des faits nouveaux se présentent.

Henry observa le premier que l'étincelle était grosse et bruyante dans ces circonstances. Faraday rattacha ensuite ce phénomène au principe de l'induction qu'il avait découvert, et il lui donna le nom d'*extra-courant*. La cause en est dans l'action mutuelle des diverses portions du conducteur; car si on met dans le circuit une spirale de fil conducteur, l'étincelle de rupture grossit par le rapprochement des spires les unes contre les autres; elle grossit encore, lorsque le conducteur est enroulé autour d'un faisceau de fer, ce qui démontre l'action inductive

---

[1] *Annales de Chimie et de Physique.* 4ᵉ série. T. XVII. *Recherches sur les courants interrompus,* par M. Cazin.

de ce dernier. Nous supposerons dans ce qui suit que le circuit est formé par la pile et par un gros fil de cuivre recouvert de soie, enroulé sur une bobine de bois creuse, dans laquelle est placé un faisceau de fils de fer; ce qui constitue un électro-aimant. L'étincelle de rupture devient ainsi l'*étincelle d'extra-courant*.

Voici les principaux aspects qu'elle offre, lorsqu'on emploie une pile d'une vingtaine d'éléments Bunsen, et un électro-aimant d'une vingtaine de kilogrammes. Les effets sont d'ailleurs les mêmes quels que soient les appareils, ils ne diffèrent que par leur grandeur.

Supposons qu'on effectue la séparation brusque d'électrodes de cuivre, en les plaçant en croix, et faisant glisser l'une d'elles le long de l'autre, jusqu'à son extrémité; à l'instant où la séparation commence, on aperçoit entre les bouts des deux conducteurs une langue de feu verte, bordée de rose, qui atteint une longueur de plus d'un centimètre. Cette apparition lumineuse est accompagnée d'un bruit assez prolongé, analogue à celui d'un coup de fouet. L'effet est d'autant plus intense que le frottement des électrodes est plus énergique.

On reconnaît ici l'arrachement des particules du cuivre dont la vapeur incandescente donne une belle lumière verte, et dont la combustion dans l'air donne une flamme rose. Ce qui est dû à l'induction, c'est la longueur de l'étincelle et sa durée, dont la grandeur est en rapport avec le caractère du bruit qu'on entend; car en ôtant le fer de la bobine, on voit l'étincelle diminuer de longueur et le bruit devenir plus sec.

Avec d'autres métaux, on a des langues de feu diversement colorées *suivant leur nature et toutes ces couleurs sont celles des arcs voltaïques qu'on produit avec les mêmes métaux.*

Lorsque la séparation s'opère à l'aide d'une pointe de métal immergée dans le mercure, qu'on retire brusquement, l'étincelle est blanche, à cause de la présence du mercure en vapeur, et elle a la forme d'un cône ayant son sommet à la pointe de métal.

Le bruit ne change pas de caractère, quand on renverse le sens du courant.

Le mercure ne tarde pas à se couvrir d'une couche pulvérulente, qui est le résultat de la condensation d'une abondante vapeur métallique.

En mettant de l'alcool sur le mercure, on voit l'étincelle diminuer de longueur, et le bruit est moins prolongé que dans l'air. En mettant de l'eau, le bruit devient encore plus sec. Le métal pulvérulent se dissémine dans le liquide et en trouble rapidement la transparence.

On rend le bruit tout à fait sec et crépitant, en faisant communiquer la pointe et le mercure respectivement avec les armatures d'une batterie de Leyde; l'étincelle prend alors l'aspect de la décharge de la batterie. On est ainsi conduit à penser que l'induction a pour effet de charger cette batterie, et qu'elle se décharge ensuite entre les deux électrodes; dès lors on se demande où était l'électricité développée, lorsque la batterie n'existait pas. Évidemment elle était sur les électrodes, s'étendant sur les deux moitiés du circuit, avec une tension décroissante, à partir du point de séparation.

Il est facile de prouver l'exactitude de cette assertion en isolant parfaitement le circuit, et faisant communiquer ses divers points avec le bouton d'un *électroscope*. Les feuilles d'or de l'instrument s'écartent vivement l'une de l'autre, au moment où la pointe sort du mercure, ce qui prouve qu'elles sont électrisées pendant un instant; de plus le signe de l'électricité est celui du pôle de la pile qui est du même côté que l'électroscope par rapport au point d'interruption; enfin l'écartement des feuilles d'or est d'autant moindre que le point du circuit qui communique avec l'électroscope est plus éloigné de l'interrupteur.

Ainsi se trouve expliquée la modification que l'in-

duction apporte à l'étincelle de rupture. L'action mutuelle des diverses portions du circuit et aussi celle qui
a lieu entre ces portions et le fer qu'elles environnent,
développent dans tout le circuit les deux électricités sous
la forme statique; et la tension de ces électricités est
assez forte à l'extrémité des électrodes pour allonger considérablement l'étincelle et accroître sa durée ainsi que
son auréole.

Quant à l'explication de ces actions mutuelles, nous
n'avons pas à nous en occuper ici; elle ne nous serait
d'aucune utilité pour la connaissance de l'étincelle qui
est le but de cet ouvrage.

Une expérience de Masson et Bréguet, celle où ils ont
obtenu pour la première fois l'étincelle explosive à l'aide
d'une pile de faible tension, confirme le raisonnement
que nous venons de faire. Voici en quoi elle consiste :

Lorsqu'on établit un conducteur entre la pointe de platine et le mercure, on voit l'étincelle de rupture, celle
qui jaillit au moment où la pointe sort du mercure, diminuer de grosseur et d'éclat, et la diminution est d'autant
plus grande que le conducteur interposé, ou comme on
dit, *dérivé*, est plus gros et plus court. En effet une partie de l'électricité statique développée au point d'interruption se décharge par ce conducteur, et cette partie
est d'autant plus grande que la résistance du conducteur
dérivé est plus petite ; le reste se décharge par l'étincelle
de rupture qu'elle renforce.

Coupons le conducteur dérivé et laissons un certain intervalle entre les deux extrémités devenues libres : Si la
tension de l'électricité produite par l'induction est suffisante, une étincelle jaillira entre ces extrémités, et comme
elle est le résultat de la décharge partielle à travers le
conducteur dérivé, l'étincelle de rupture sera d'autant
moins grosse que celle de dérivation sera plus intense.
On peut dire que la quantité de lumière perdue par la
première se retrouve dans la seconde. Toutes les circon-

stances qui diminuent l'une augmentent l'autre. C'est justement de cette manière que Masson et Bréguet ont fait leur expérience (fig. 7).

Les seules mesures qui aient été prises sur l'étincelle d'extra-courant sont celles que l'on trouve dans le mémoire cité plus haut. Elles sont relatives à la durée de cette étincelle.

L'étincelle éclatait dans l'obscurité devant un disque circulaire portant des perles équidistantes sur sa circonférence, et tournant avec une vitesse connue. On réglait cette vitesse, de sorte que les arcs brillants produits par les images des étincelles fréquemment réitérées eussent des longueurs égales aux intervalles obscurs. On calculait ensuite la durée de l'étincelle d'après la vitesse du disque et le nombre des perles, comme dans le procédé de M. Félici. Pour connaître la vitesse du disque, on appuyait une carte sur le bord d'une des roues de l'engrenage qui mettait le disque en mouvement, et on prenait l'unisson du son qu'on entendait, à l'aide d'un instrument de musique. Connaissant ce son, on trouvait dans les tables d'acoustique le nombre de ses vibrations par seconde; ce nombre divisé par le nombre des dents de la roue donnait le nombre de tours de cette roue pendant une seconde, et l'on passait au nombre des tours du disque, quand on avait compté les dents des diverses roues de l'engrenage.

C'est ainsi qu'on a trouvé que la durée de l'étincelle de rupture est proportionnelle à l'intensité du courant, qu'elle diminue quand on ôte le fer que nous avons supposé avoir été mis dans la bobine, qu'elle est deux fois moindre dans l'alcool que dans l'air, qu'elle diminue considérablement quand on fait communiquer les deux électrodes avec les armatures d'une batterie suffisamment grande.

Les arcs lumineux du disque tournant ont paru formés par une suite de points brillants, ce qui prouve la ressemblance de cette étincelle avec celle d'une batterie

de Leyde réunie à la bobine de Ruhmkorff. Cette observation confirme la théorie précédente.

La durée de l'étincelle, quand il y a addition d'une batterie à l'interruption, est du même ordre de grandeur que
celle des étincelles ordinaires des batteries; elle ne dépasse
guère quelques cent-millièmes de seconde. Mais quand
on supprime la batterie, cette durée devient beaucoup
plus grande; dans les expériences citées, elle atteignait
quelques millièmes de seconde. A cette différence de durée correspond la différence des bruits qui accompagnent
les étincelles; nous avons vu que le bruit était sec avec
la batterie, et notablement prolongé quand on la suppri-
mait. La durée du bruit peut ainsi servir à apprécier la
durée de l'émission lumineuse.

Nous conclurons de cette étude que l'étincelle de rupture, modifiée par l'extra-courant, est une forme intermédiaire entre l'étincelle explosive des machines stati-
ques et l'arc voltaïque. Elle participe de l'une et de
l'autre; sa constitution est par cela même formellement
indiquée.

La présence de l'arc voltaïque dans le circuit d'une pile
nous donne un nouvel exemple de la conservation de
l'énergie. Nous avons dans la pile une certaine quantité
d'énergie chimique dépensée et dans tout le circuit une
certaine quantité d'énergie calorifique produite. Y a-t-il
égalité entre ces deux quantités, quand il y a apparition
de l'arc, comme elle avait lieu avec un simple fil métallique incandescent? La réponse serait affirmative, si,
dans le phénomène de l'arc, il n'y avait d'autre mouvement que celui qui se manifeste comme chaleur. Mais
il n'en est pas ainsi; les électrodes projettent des parcelles de leur substance; ces parcelles acquièrent donc
une certaine quantité d'énergie mécanique, qu'il faut
prendre en considération. L'énergie dépensée dans la
pile doit être égale à l'énergie calorifique du circuit aug-

mentée de l'énergie mécanique des particules projetées.
M. Edlund, de Stockholm, a prouvé que les choses se pas-
saient en effet de cette manière. Il faut tenir compte de
cette transformation d'énergie dans tous les phénomènes
où il y a étincelle électrique. Ainsi s'enchaînent admira-
blement toutes les modifications que subit la matière dans
un système de corps électrisés, et cet enchaînement est
entièrement conforme à la méthode expérimentale, parce
qu'il ne repose sur aucune hypothèse.

CHAPITRE V

PROPRIÉTÉS DE L'ÉTINCELLE

Nous nous représentons l'étincelle électrique comme un conducteur gazeux dont les particules sont mises en mouvement par les forces électriques, et sont électrisées au moment où ces mouvements commencent. Elles peuvent donc agir sur les corps voisins et y produire certaines modifications, soit des déplacements visibles, soit des déplacements moléculaires dont nous ne voyons que le résultat final, à savoir : fusion, volatilisation, phosphorescence, combinaison ou décomposition chimique. La réaction des corps voisins sur la matière de l'étincelle peut déterminer aussi des changements dans son aspect. De là résultent de nombreux phénomènes que nous nous proposons d'étudier dans ce chapitre. Leur explication consiste à montrer qu'ils sont les conséquences rationnelles des principes fondamentaux précédemment établis. Il ne sera pas toujours possible de donner des explications complètes, soit parce qu'il faudrait recourir à des raisonnements mathématiques, soit parce que les faits eux-mêmes étant imparfaitement connus, on pourrait craindre une interprétation erronée. Dans ce cas la simple description du phénomène devra exciter le lecteur à essayer

ses propres forces, et à chercher à son tour l'explication
omise.

1. — Actions des corps voisins.

Lorsque les conducteurs entre lesquels jaillit l'étincelle possèdent une certaine tension électrique dans tous
les sens, comme cela a lieu avec la machine électrique
ordinaire et la bobine de Ruhmkorff, les corps voisins se
trouvent électrisés par influence ; ils acquièrent une tension qui s'accroît rapidement quand on les approche de
l'étincelle, et ils attirent la matière gazeuse incandescente. Ayant fait communiquer avec l'un des pôles de la
bobine (celui dont la tension est la plus grande, quand
on se sert de la petite bobine) la tige supérieure de l'œuf
électrique raréfié, et avec le sol la tige inférieure, ce qui
déterminait l'étincelle sous forme d'aigrette, M. Du Moncel vit la lueur quitter la boule inférieure et se diriger
vers sa main, lorsqu'il touchait le verre de l'appareil.
Dans ce cas, la tension de la main et de la portion de la
paroi contiguë était plus grande que celle de la boule inférieure, celle-ci étant plus éloignée de la boule électrisée par la bobine.

On observe des effets analogues avec la lumière électrique dans un tube raréfié ; lorsqu'on touche le tube, la
lueur se concentre au point de contact. M. Riess a aussi
constaté que l'approche d'un corps conducteur exerce une
influence sur la lumière produite dans les tubes de Geissler à l'aide de la bobine d'induction. Quand on touche le
tube avec une feuille d'étain tenue à la main, on entend
un bruissement analogue à celui de l'eau qui est sur le
point de bouillir, et on voit une foule de petites étincelles
entre le verre et la feuille d'étain. Évidemment le verre
est électrisé par les particules de l'étincelle, ce qui prouve

que les particules ont de l'électricité *libre* ou statique, dont le signe est celui de la surface extérieure du tube M. Riess a reconnu que le côté de l'électrode positive est électrisé positivement, et l'autre négativement.

Les corps mauvais conducteurs dévient l'étincelle d'une autre manière. Une lame de verre étant placée parallèlement à la ligne des conducteurs, on voit l'étincelle se briser en venant lécher une portion de sa surface (fig. 54-1). Lorsque la lame est placée perpendiculairement à la ligne des conducteurs, et qu'elle n'est pas trop large, l'étincelle la contourne (fig. 54-2). Ici la tension électrique se développe d'abord aux points A, B de la lame que viennent atteindre les deux branches de l'étincelle; puis elle se communique de proche en proche d'un point à l'autre, sans que les actions s'étendent au delà d'une petite portion du verre. Cette petite portion est la route ACB de l'étincelle le long de la lame; elle est la ligne de moindre résistance.

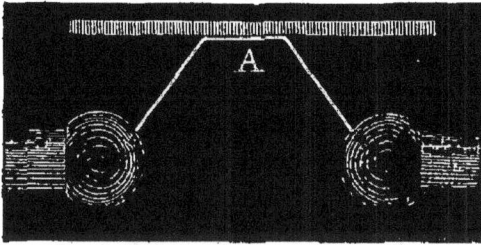

Fig. 54-1.

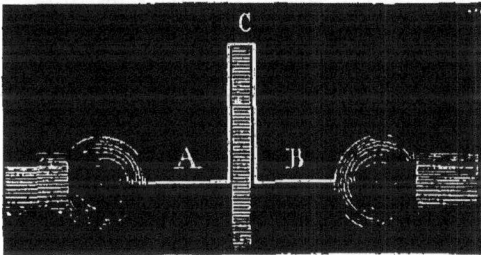

Fig. 54-2.
Déviation de l'étincelle par un corps mauvais conducteur.

De la tension qu'acquiert le verre sur le trajet de l'étincelle et de son contact avec les particules incandescentes résulte une altération superficielle que l'on peut constater après l'expérience. Si l'étincelle est très forte,

14

la trace de l'étincelle est visible; le verre semble dépoli. Si elle est faible, on projette l'haleine sur cette trace et la partie altérée se reconnaît par l'inégal dépôt d'humidité sur le verre. L'altération est un dépolissage de la surface, qui s'étend à une petite distance de la ligne suivie par l'étincelle. Ces traces s'appellent *figures roriques*. Elles ont été étudiées particulièrement par M. Peyré, par M. Wartmann sur le mica, où elles sont très régulières; M. Riess en a obtenu sur cette même substance, en la présentant à l'aigrette qui s'échappait d'une pointe électrisée.

Nous avons dit que le corps isolant acquérait la tension électrique en deux de ses points, ceux qu'atteignent les deux branches de l'étincelle déviée. On peut dire avec autant de justesse qu'il y a deux étincelles, jaillissant simultanément entre chacun des conducteurs et la lame de verre, et que la ligne lumineuse qui les joint le long de la surface de la lame est l'effet d'une décharge superficielle opérée entre les particules du verre et celles de la matière des conducteurs.

L'expérience du perce-carte prouve que tel est bien le rôle de la lame isolante (fig. 55). La carte est placée entre deux pointes de métal isolées. On fait communiquer l'une d'elles avec l'armature extérieure d'une bouteille de Leyde, et on approche de l'autre le bouton de cette bouteille. L'étincelle jaillit et la carte présente un trou du côté de la pointe négative. Les bords du trou sont relevés sur les deux faces de la carte; ce qui montre que la tension électrique existait sur ces deux faces, et que l'effet de cette tension est la projection des particules superficielles. On retrouve en même temps le fait déjà connu de l'inégalité de tension des deux électricités. La pointe négative ayant moins de tension que l'autre, son action sur l'air, véhicule de l'étincelle, s'étend dans un temps donné, moins loin que celle de la pointe positive. Aussi l'étincelle partie de la première est-elle plus courte que l'autre. C'est la résistance de l'air qui est cause de cette différence. Aussi, quand on la diminue en faisant l'expérience dans l'air raréfié, on voit le trou se rapprocher du milieu de l'intervalle des pointes.

Au lieu de l'altération superficielle que nous avions dans les figures roriques, c'est ici une altération dans l'épaisseur dont le résultat est le trou percé dans la carte.

Fig. 55. — Perce-carte.

On voit qu'il est inexact de dire que l'étincelle perce la carte ; ce langage peut rappeler le phénomène, mais il est loin de le représenter fidèlement.

L'expérience peut être répétée en grand, sans qu'elle présente aucun fait nouveau. On acquiert seulement une notion sur l'intensité des *effets mécaniques* de l'électricité. Ainsi avec la grande machine du musée Teyler on perce un livre de 192 feuillets. Avec la grande bobine de Ruhmkorff on perce des plaques de verre de plusieurs centimètres d'épaisseur, et le trou sinueux indique que l'altération intérieure qui accompagne les deux étincelles a eu lieu suivant la ligne de moindre résistance. Si le verre était homogène, cette ligne serait droite ; mais cette condition n'est jamais remplie. Van Marum a fait passer la décharge d'une batterie de 15 mètres carrés à travers un cylindre de bois de 8 centimètres de hauteur et de diamètre, à l'aide de deux pointes métalliques distantes de 27 millimètres. Le bois fut brisé, et on évalue la force mécanique mise en jeu à celle de 3000 kilogrammes.

Il faut attribuer à la brusquerie de la décharge et au défaut de conductibilité les effets de rupture que produit l'électricité. Lorsque les deux conducteurs de décharge sont posés sur une lame de verre, une faible étincelle y trace simplement une ligne *rorique*. Si l'étincelle est assez forte, l'altération est plus profonde, et les particules se séparent brusquement dans toute l'épaisseur de la lame, le long de la ligne rorique; il y a une rupture complète.

C'est le même fait qu'on retrouve sous une autre forme dans la décharge à travers l'eau (fig. 56). Lorsque les fils conducteurs sont bien isolés à la surface par une couche de gutta-percha, et ne sont à nu qu'à leurs extrémités, on peut les plonger dans l'eau, et faire jaillir l'étincelle avec une forte batterie. L'eau est projetée, et le vase qui la contient est souvent brisé.

Il n'y a d'ailleurs pas de différence essentielle entre la décharge dans l'air et les précédentes. On peut dire que l'électricité perce l'air, l'eau, le verre, les substances isolantes, qui séparent deux conducteurs doués d'une tension suffisamment grande. Cela nous démontre indirectement que l'étincelle est formée par la matière des corps mauvais conducteurs qu'elle traverse, aussi bien que par celle des électrodes.

L'analogie entre le rôle de l'air et celui des autres substances isolantes existe encore, quand on considère les ef-

fets de rupture ou plus généralement de *commotion* qui
accompagnent l'étincelle. On a des exemples de la com-

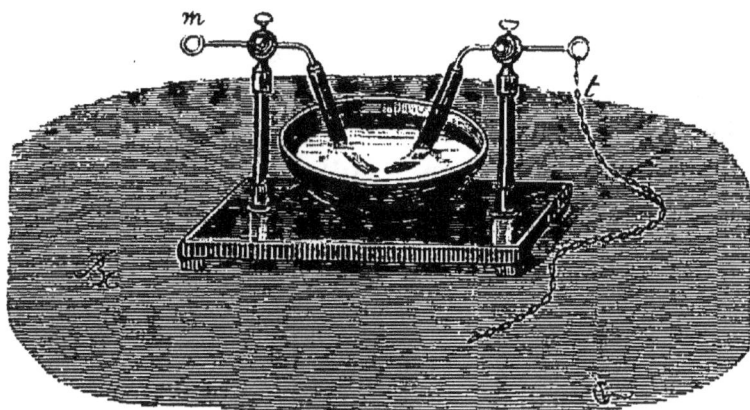

Fig. 56. — Étincelle dans un liquide.

motion dans l'air avec le *thermomètre de Kinnersley* et le
mortier électrique.

Dans le premier de ces instruments (fig. 57), les boules
de décharge sont dans un cylindre de
verre, au bas duquel est ajusté un
tube de verre vertical. On met de l'eau
dans le cylindre; elle monte dans le
tube à un certain point. Lorsque l'é-
tincelle jaillit entre les deux boules,
on voit le niveau de l'eau s'élever pendant un instant dans le tube latéral,
puis retomber.

Le mortier (fig. 58) est en ivoire; les
conducteurs de décharge sont des fils
métalliques qui traversent ses parois;
on le ferme avec une bille. On a ainsi
une petite quantité d'air emprisonnée
dans la cavité. Lorsque l'étincelle jail-

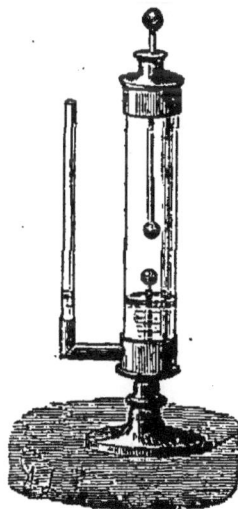

Fig. 57. — Thermomè-
tre de Kinnersley.

lit, la commotion de l'air projette la bille au dehors.

La commotion se produit aussi dans les corps bons

conducteurs de l'électricité, quand ils détournent l'étincelle. C'est ce qui explique les empreintes qu'on obtient
avec la décharge. Posez sur une feuille de papier une
médaille recouverte de plombagine de façon que la poudre soit dans les creux seulement ; puis disposez les conducteurs de la décharge assez près du bord de la médaille ;
au lieu d'une seule étincelle jaillissant entre les conduc-

Fig. 58. — Mortier électrique.

teurs vous aurez deux étincelles jaillissant entre la médaille et chacun des conducteurs. Après cela, enlevez la
médaille et vous verrez une empreinte sur le papier.

M. Karsten a observé une autre espèce d'empreintes, à
la production desquelles concourent sans doute la commotion du conducteur et celle de l'air. Une médaille bien
nettoyée est posée sur une lame de verre, et celle-ci est
étendue sur une lame métallique isolée. On dispose cet
assemblage entre les conducteurs de la décharge de façon
que l'étincelle contourne la lame de verre. En ôtant ensuite la médaille, et projetant l'haleine sur le verre, on

distingue l'empreinte. Ici le rôle de l'air consiste à modifier la couche imperceptible de substance organique qui se trouve habituellement sur le verre ; cette substance se rassemble par suite de la commotion de l'air aux points de contact du verre et de la médaille, c'est-à-dire à ceux qui correspondent au relief de la médaille : on peut dire que la commotion nettoie le verre au-dessous des creux. Lorsque l'humidité de l'haleine rencontre la surface ainsi modifiée, elle se dépose en petites gouttelettes sur les parties grasses, et s'étale en couche continue sur les autres parties. De là résulte une différence d'aspect qui fait apparaître l'image de la médaille.

On peut varier les expériences précédentes d'une infinité de manières, et leur explication repose sur les mêmes principes. On se sert en général de la bobine de Ruhmkorff, à cause de la rapidité avec laquelle les étincelles se succèdent, et de la quantité d'électricité qu'elles mettent en jeu. Nous en citerons quelques-unes des plus brillantes.

M. Gassiot a interposé une lame de verre entre les deux électrodes dans l'air raréfié. Dans ce cas l'aigrette contourne le verre et il semble qu'une nappe de feu ruisselle sur le bord de la lame. Il a rendu le phénomène plus frappant en mettant sous le récipient de la machine pneumatique un vase de verre, tapissé intérieurement d'étain (fig. 59). Une tige métallique traverse la tubulure supérieure de la cloche et descend jusqu'au fond du vase. On fait communiquer cette tige avec l'un des pôles de la bobine et la plaque de métal qui porte la cloche avec l'autre pôle. Quand l'air est suffisamment raréfié, l'étincelle jaillit de la feuille d'étain à la plaque extérieure, et il semble que le verre soit incessamment rempli d'un feu liquide qui déborde de tous côtés.

M. du Moncel ayant appliqué des feuilles d'étain AB, HG (fig. 60) sur deux lames de verre CD, EF, plaça ces lames parallèlement, l'étain en dehors, de façon que leur distance fût de 2 millimètres environ. Puis il fit communiquer les feuilles d'étain respectivement avec chacun des pôles de la bobine. Il vit une pluie de feu, de couleur bleue, briller entre les deux lames de verre ; des grains de poussière métallique, que l'on introduisit entre ces lames, oscillèrent en imitant les balles de sureau de la grêle électrique. Lorsque l'une des feuilles d'étain AB

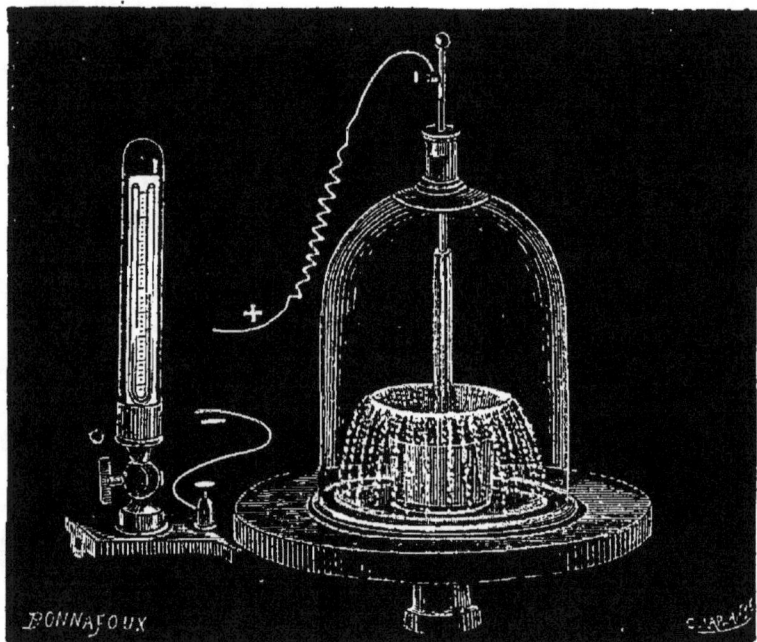

Fig. 59. — Nappe de feu dans l'air raréfié.

est plus petite que l'autre, elle s'entoure d'une auréole bleue magnifique ; en la découpant on obtient un dessin noir sur un fond lumineux, qui est d'un très bel effet.

M. Grove pressa une feuille de papier imprimé entre les deux lames de l'appareil précédent ; après la décharge, il fit apparaître les lettres sur la surface du verre qui touchait le côté imprimé, en y projetant l'haleine. C'est une variante de l'expérience de Karsten.

Le voisinage de la flamme d'une bougie ou d'une

lampe à alcool modifie l'étincelle, parce que la décharge électrique suit toujours le chemin de moindre résistance,

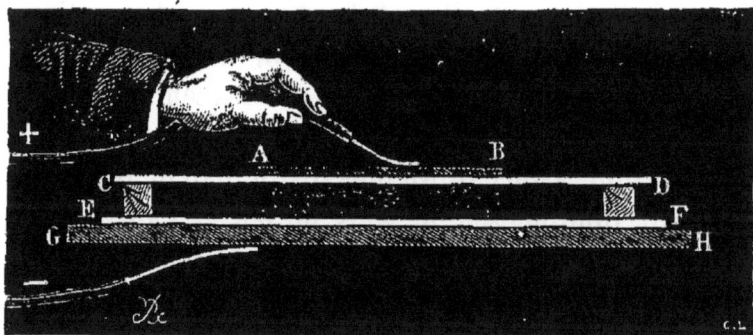

Fig. 60. — Pluie de feu dans l'air raréfié.

et que l'échauffement comme la raréfaction diminue la résistance des gaz.

Quand les électrodes sont au milieu de la flamme

Fig. 61. — Étincelle dans une flamme.

(fig. 61), l'étincelle forme une boule de lumière blanche. Quand on les place sur le bord de la flamme, l'étin-

celle se recourbe pour passer par cette flamme, bien que
son trajet se trouve par là allongé.

On doit à M. Adolphe Perrot de curieuses observations
sur le déplacement de l'étincelle d'induction par l'approche d'un corps bon ou mauvais conducteur[1].

L'étincelle étudiée était celle de la petite bobine de
Ruhmkorff. Nous avons vu qu'on y distinguait deux parties
inégalement lumineuses, le trait de feu et l'auréole, et
que la production du trait de feu exigeait plus de tension
que l'auréole. On conçoit que le voisinage d'un corps détermine des actions différentes sur ces deux parties de l'étincelle, à cause de leur inégale condition, et que ces actions
les séparent complètement dans certaines circonstances.

Voici quelques exemples de cette séparation :

En approchant de l'étincelle une tige de verre, on voit
le trait de feu se porter à sa rencontre, et lécher sa surface, tandis que l'auréole ne paraît pas se déplacer
(fig. 62—1). Nous retrouvons un fait cité plus haut,
que nous avons expliqué par la tension du conducteur
gazeux, et par celle que l'influence développe sur le corps
voisin. La nouvelle expérience nous apprend seulement
que la dissemblance de tension est très grande entre les
deux parties de l'étincelle, de façon que l'effet de l'une
est négligeable devant l'autre.

Lorsque l'étincelle jaillit entre 2 fils de métal parallèles, le trait de feu apparaît aux points où la tension est
la plus grande, par conséquent il n'est pas habituellement au milieu de l'auréole. En introduisant une tige de
verre entre les deux électrodes, on voit comme précédemment le trait de feu s'y porter, et, en déplaçant la tige,
on entraîne ce trait à sa suite, sans que l'auréole se déplace. Cette expérience est au fond la même que la précédente (fig. 62—2). Le trait de feu est transporté dans
la figure à droite, près de la baguette de verre.

Annales de Chimie et de Physique, 1861. T. LXI.

1

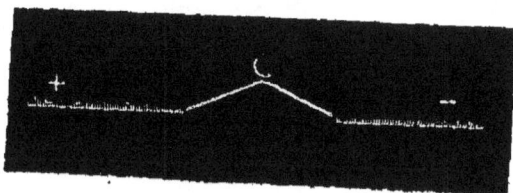

2

3

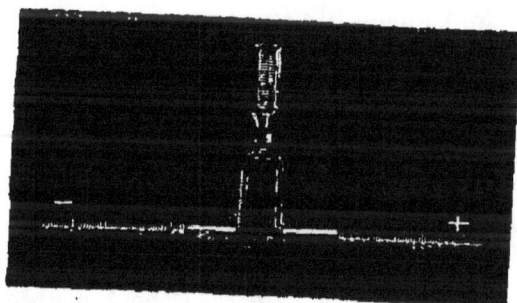

4

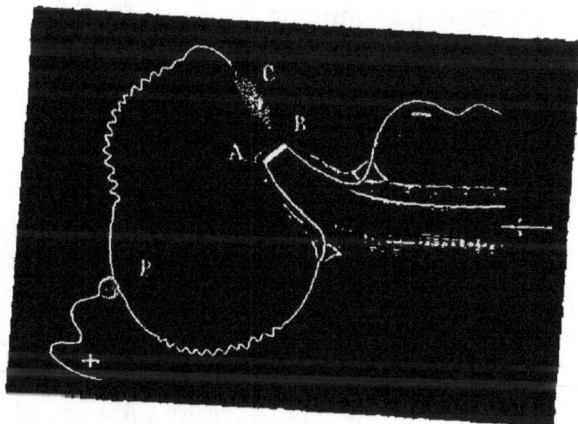

Fig. 62. — Séparation de l'auréole et du trait de feu.

Introduisez dans l'étincelle les deux extrémités d'un fil de métal tenu par un support isolant, vous verrez le trait de feu se porter sur les extrémités du fil, et disparaître dans leur intervalle. Ceci est l'effet de l'interposition de tout corps conducteur entre les électrodes. On a deux étincelles simultanées au lieu d'une seule, et la décharge se fait à travers le corps. Mais ce qui caractérise la nouvelle expérience, c'est que l'auréole ne se comporte pas de la même manière. Elle continue à remplir l'intervalle des électrodes, pourvu toutefois que cet intervalle soit suffisamment petit (fig. 62—3).

On peut conclure de cette expérience qu'il existe entre le trait et l'auréole une dissemblance de tension relativement à la direction. La tension des particules du trait semble les diriger toutes dans le même sens, ce qui fait qu'elles se portent ensemble sur le corps extérieur ; celle des particules de l'auréole semble au contraire les diriger dans des sens différents, ce qui les empêche de céder, au moins en partie, à l'influence du corps extérieur.

Si ce raisonnement est exact, on peut forcer les particules de l'auréole à se diriger sur un même point d'un conducteur, et alors elles se comporteront comme celles du trait. C'est justement ce que M. Perrot a obtenu dans une autre expérience (fig. 62—4).

Nous connaissons le phénomène de l'insufflation de l'étincelle. Il sépare nettement le trait de l'auréole. Nous allons le voir rassembler, dans la même direction les particules incandescentes.

Un tube de verre plat est effilé à son extrémité et recourbé. On a soudé dans le verre deux fils de platine A et B, dont les extrémités intérieures aboutissent à une petite distance de la pointe recourbée, et laissent entre eux un petit intervalle. On fait communiquer l'un des fils B avec le pôle négatif de la bobine, et l'autre fil A avec le pôle positif P. Puis on ajoute à ce dernier pôle un fil conducteur dont l'extrémité libre C est placée vis-à-vis de la pointe du tube de verre. Lorsqu'on lance un jet d'air continu dans le tube, à l'aide d'une soufflerie, on voit l'auréole quitter le trait ; celui-ci jaillit entre les deux bouts des fils de platine A et B, tandis que l'auréole rejoint l'extrémité du conducteur auxiliaire C. On s'assure aisément que le courant de la décharge suit les deux voies PA, PC, comme s'il y avait deux sortes d'électricité distinctes, celle qui suit le trait de feu et celle qui suit l'auréole.

L'explication mécanique, que nous venons de donner, des phénomènes découverts par M. Perrot est conforme aux notions que nous avons acquises sur la constitution de l'étincelle. Dans le trait il y a un mouvement de particules orienté dans une direction déterminée, comme si elles oscillaient parallèlement le long de la ligne de moindre résistance qui réunit les deux électrodes. Dans l'auréole, comme dans l'aigrette, le mouvement des particules n'est plus orienté de la même manière ; elles semblent se distribuer par files indépendantes qui s'étendent dans des directions diverses à partir des électrodes.

En restant dans des termes généraux, nous pouvons espérer qu'une telle explication contribue au progrès de nos connaissances sur l'électricité. On ne peut la préciser davantage qu'en faisant quelque hypothèse sur la nature des mouvements dont il est question.

L'arc voltaïque ne paraît pas influencé par l'approche d'un corps ordinaire. C'est pour cela qu'on dit que l'électricité voltaïque a très peu de tension. Ayant adapté aux extrémités du fil d'un galvanomètre des fils de platine insérés dans des tubes de verre, M. Matteucci plongea ces fils dans l'arc, et vit le galvanomètre indiquer un courant. Cette expérience est analogue à celle de M. Perrot (fig. 62—3). C'est ce qu'on appelle la dérivation du courant. Mais M. Matteucci remarqua que la partie centrale et très éclatante de l'arc ne disparaissait pas entre les deux fils de platine : ce qui s'explique par la puissance directrice que possède l'électricité développée dans un circuit voltaïque.

Il y a une gradation marquée dans les propriétés de l'étincelle que nous venons de passer en revue. Avec les machines à frottement, l'action sur les corps extérieurs est considérable ; la tension électrique s'exerce dans toutes les directions, avec une égale intensité, en chaque point du conducteur. Avec la bobine d'induction, l'action extérieure est moindre ; la plus grande tension s'exerce dans la direction du fil conducteur. Avec la pile voltaïque l'action extérieure est insensible ; toute la tension s'exerce dans la direction des électrodes. Cette gradation prouve que la constitution de toutes les étincelles est la même, que les particules matérielles qui y produisent la lumière obéissent aux mêmes forces, et que les différences observées sont dues à l'inégale distribution du mouvement dans les particules. Le passage de l'état statique à l'état dynamique est une orientation graduelle de ces mouvements.

2. — Action d'un aimant.

Rappelons deux propriétés fondamentales des aimants. D'abord ils agissent sur tous les corps, attirant les uns qu'on appelle *paramagnétiques* et repoussant les autres qu'on appelle *diamagnétiques*. Le fer est le type des corps de la première classe ; le bismuth celui des autres. Ensuite les aimants exercent sur les conducteurs, qui sont le siège d'un courant électrique des actions découvertes par Ampère, qu'on appelle *électro-magnétiques*.

Nous pouvons nous attendre à retrouver ces deux sortes d'actions dans les changements que l'approche d'un aimant détermine dans l'étincelle. Les particules incandescentes étant ou paramagnétiques ou diamagnétiques subiront l'attraction ou la répulsion de l'aimant ; en outre, la chaîne conductrice qu'elles forment, étant le lieu d'un courant électrique soit temporaire, soit continu, se comportera comme une portion de courant, et subira l'action attractive, répulsive ou rotative de l'aimant. Tels sont en effet les caractères de tous les phénomènes que nous allons étudier dans ce paragraphe.

Après la découverte d'Œrstedt, Arago avait soupçonné l'action des aimants sur l'arc voltaïque : c'est Davy qui le premier la constata. L'arc voltaïque était produit dans l'air raréfié, et il atteignait une longueur de 10 centimètres. Quand on approchait de l'œuf électrique un puissant aimant, l'arc était attiré ou repoussé avec un mouvement rotatoire, suivant la position du pôle de l'aimant et le sens du courant.

M. de la Rive plaça sur l'un des pôles d'un puissant électro-aimant une plaque de platine, et au-dessus de cette plaque une pointe de même métal, et il fit jaillir entre elles l'arc voltaïque. Quand on aimante l'électro-aimant ainsi disposé on entend un sifflement, et il faut rapprocher la pointe de la plaque pour que l'arc continue, la plaque étant positive. Si la plaque est négative, l'arc est projeté vers les bords de la plaque et se rompt avec un bruit sec analogue à celui d'une décharge de bouteille de Leyde.

Avec une plaque et une pointe d'argent, les particularités de l'expérience sont très remarquables. Voici comment M. de la Rive les décrit[1]. « Quand la plaque est positive, la portion de la surface qui se trouve au-dessous de la pointe présente une tache en forme d'hélice qui semble indiquer que le métal fondu dans cette portion a éprouvé un mouvement gyratoire autour d'un centre, en même temps qu'il est soulevé en forme de cône. La courbe en hélice est, en outre, dans toute sa longueur, bordée de petites ramifications......

[1] *Traité d'Électricité*, tome II, page 259.

« ...... Quand la plaque est négative et la pointe posi-
« tive, les traces sont bien différentes ; c'est un cercle
« d'un très petit diamètre d'où part une ligne plus ou
« moins courbe, qui forme comme une espèce de queue à
« la comète dont le petit cercle serait le noyau ; la direc-
« tion de la queue dépend du sens dans lequel l'arc a été
« projeté. »

M. de la Rive a aussi observé l'arc entre deux électrodes

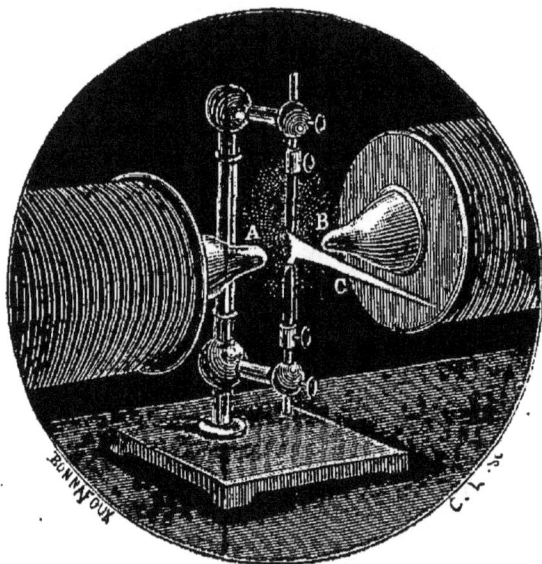

Fig. 65. — Action de l'aimant sur l'arc voltaïque.

de fer placées chacune dans une bobine, de manière à former deux électro-aimants. L'arc ne peut s'établir, quand
le fer est aimanté, que si les électrodes sont très rapprochées l'une de l'autre. Les étincelles jaillissent bruyam-
ment dans toutes les directions ; il semble que les particules se détachent avec peine des électrodes.

La meilleure disposition pour étudier les phénomènes
de ce genre est celle qu'a employée M. Quet (fig. 65). Ce
physicien plaça les électrodes de charbon entre les pôles
rapprochés, A et B, d'un fort électro-aimant. Lorsque le

noyau de fer fut aimanté, l'arc prit la forme du dard que
le chalumeau produit dans une flamme ; sa longueur était
dix fois l'intervalle des électrodes. On entendait un bruissement, et la projection pouvait être assez forte pour rom-
pre l'arc ; alors se produisait une forte détonation.

On répète aujourd'hui la même expérience en se servant
de l'étincelle de la bobine de Ruhmkorff. On obtient

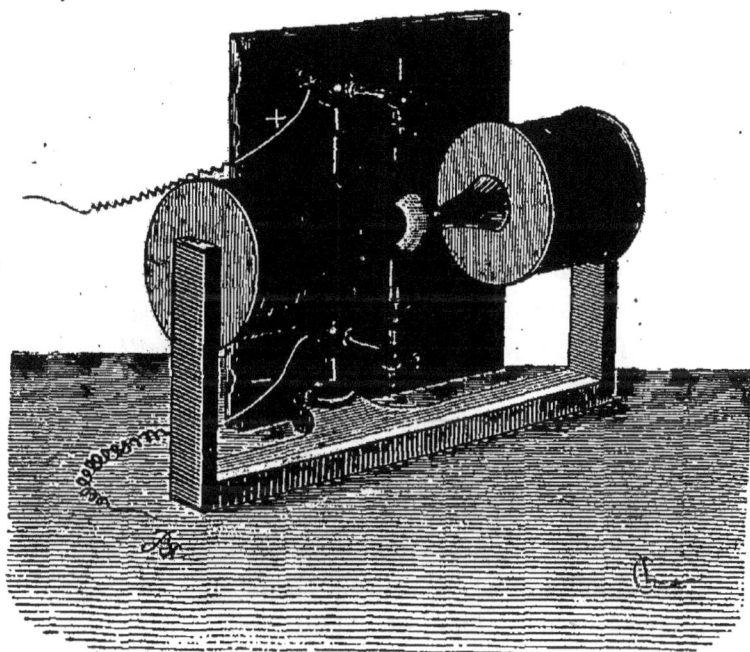

Fig. 64. — Action de l'aimant sur l'étincelle d'induction.

entre les deux pôles une nappe de feu demi-circulaire,
perpendiculaire à la ligne des pôles et dans laquelle on
distingue un grand nombre de traits brillants, qui jaillissent circulairement autour du centre de la nappe
(fig. 64). Quand on change le sens du courant, la nappe
change de côté. Il en est de même, quand on change les
pôles de l'électro-aimant, en renversant le courant qui
produit le magnétisme.

Ce renversement de la nappe lumineuse prouve qu'elle

15

est due à l'action électro-magnétique. Sans doute les particules incandescentes subissent l'action paramagnétique ou diamagnétique suivant leur nature, de même que celles d'une flamme de bougie que l'on place entre les pôles de l'électro-aimant, laquelle forme un dard perpendiculaire à la ligne des pôles. Mais la chaîne des particules se comporte ici surtout comme un conducteur gazeux traversé par le courant voltaïque, et l'explication du phénomène se trouve dans les lois d'Ampère.

Considérons une portion infiniment petite de la ligne droite qui joint les électrodes. Lorsque l'électro-aimant est à l'état naturel, les particules situées dans cette portion transmettent le courant électrique. Dès que l'aimantation est développée, il naît, d'après Ampère, une force perpendiculaire au plan qui passe par la petite ligne considérée et par un pôle de l'aimant; le sens de cette force est donné par la loi d'Ampère; elle a pour effet d'écarter les particules dans ce sens. L'autre pôle de l'électro-aimant ajoute son effet au précédent. Voilà comment les particules primitivement situées sur la ligne des électrodes sont distribuées après l'aimantation sur une ligne courbe passant par les extrémités de ces électrodes.

Comme le charbon est diamagnétique, ses particules sont repoussées par les pôles de l'électro-aimant, abstraction faite du courant qu'elles transmettent; l'action diamagnétique s'ajoute donc à l'action électro-magnétique. Si l'on emploie des électrodes de fer, substance paramagnétique, les particules de l'arc sont attirées par la force paramagnétique et l'action électro-magnétique est la même que précédemment; de là une différence entre la nappe lumineuse de l'arc obtenu avec les électrodes de charbon et celle que donnent les électrodes de fer; mais la différence n'est pas très grande, ce qui prouve que l'action électro-magnétique est prédominante.

Dans l'expérience de M. de la Rive, où les électrodes étaient de véritables électro-aimants, l'action électro-ma-

gnétique paraît moins intense que l'action paramagnétique; celle-ci retenant les particules du fer sur les électrodes, on se rend compte de cette manière des bruits
singuliers que fait entendre l'arc voltaïque et des apparences lumineuses qu'il présente.

L'étincelle d'extra-courant se comporte comme l'étincelle d'induction, quand elle éclate dans le voisinage d'un
aimant. Au lieu d'avoir la forme d'une flamme allongée,
elle prend celle d'une nappe demi-circulaire, orientée
conformément aux lois d'Ampère. Cette observation confirme l'analogie que nous avons constatée entre cette étincelle et les autres, en nous appuyant sur d'autres observations.

L'action d'un électro-aimant sur l'étincelle d'induction
a été étudiée par un grand nombre de physiciens dans des
circonstances variées. Nous compléterons l'étude que
nous venons d'en faire dans l'air, en citant les récentes
expériences que M. Trèves a faites dans divers gaz. La nature du gaz influe sur l'apparence de la nappe lumineuse,
comme on pouvait le prévoir. M. Trèves a vu l'azote donner lieu à une nappe jaune d'or, sans les traits obscurs
que présentent les autres gaz. Il est probable que le magnétisme du gaz joue un rôle dans ces phénomènes; car
les particules gazeuses qui environnent l'étincelle ne sont
pas dans le courant électrique, et il n'y a pas pour elles
d'action électro-magnétique qui puisse prédominer,
comme cela avait lieu pour les particules qui complètent
le circuit de la décharge entre les électrodes.

Les plus intéressantes de ces expériences sont celles où
l'on a fait usage des tubes de Geissler. Elles ont amené
des découvertes inattendues. M. Plücker a commencé à
observer l'effet de ces tubes en 1858. MM. Gassiot, de la
Rive, Trèves les ont soumis ensuite à de nombreuses investigations. Voici les principaux résultats.

M. Plücker plaça perpendiculairement à la ligne des
pôles d'un électro-aimant un tube de Geissler ayant en son

milieu un renflement sphérique [1]. Il vit la lueur électrique

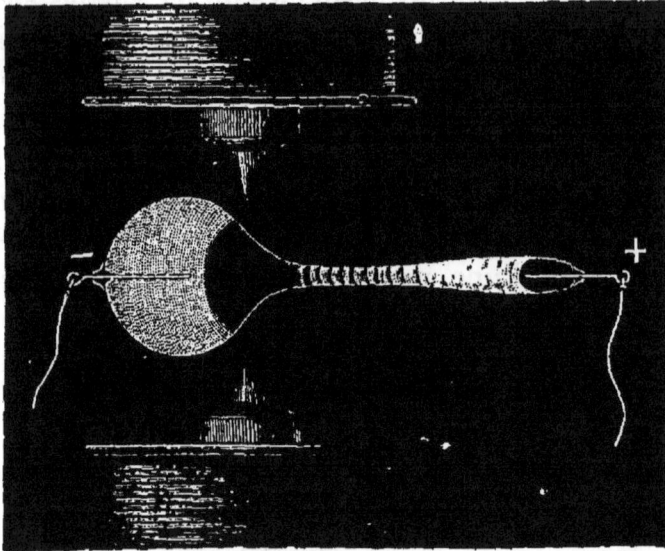

Fig. 65-1. — Action d'un aimant sur un tube de Geissler·

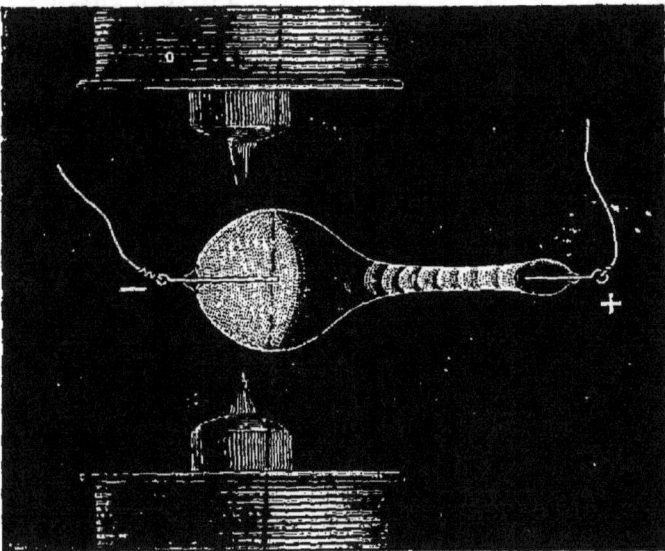

Fig. 65-2. — Action d'un aimant sur un tube de Geissler.

attirée ou repoussée, suivant le sens du courant d'induc-

[1] *Annales de Chimie et de Physique*, 3ᵉ série, tome IIV.

tion et celui des pôles magnétiques. En plaçant le tube
parallèlement à la ligne des pôles, il vit la lueur se briser en deux moitiés et se porter sur les deux côtés opposés du tube. Ces effets s'expliquent par les lois d'Ampère. Pendant ces expériences, M. Plücker remarqua que
l'action magnétique produisait un changement de couleur
dans la lumière du tube. Mais il ne poursuivit pas l'étude
de ce changement.

Il soumit ensuite à l'action des pôles magnétiques la
lueur qui environne l'électrode négative du tube, et qui

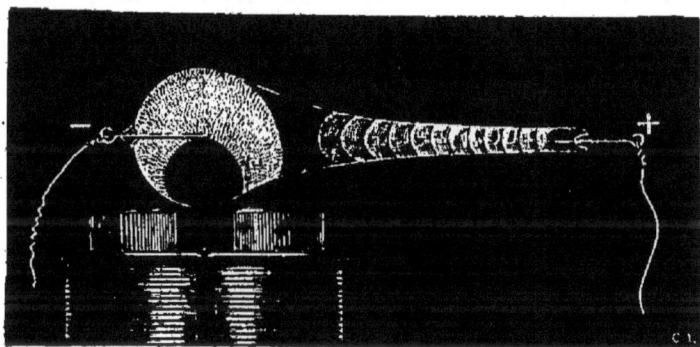

Fig. 65-3. — Action d'un aimant sur un tube de Geissler.

est séparée, comme on le sait, du reste de la lumière par
un espace obscur. Les figures 65 représentent les formes que
prit cette lueur dans diverses circonstances. Elles ont
toutes un caractère commun. La lueur violette qui remplit tout le tube autour de l'électrode négative, lorsque
l'électro-aimant est à l'état naturel, se concentre en une
couche mince et plane sitôt que l'électro-aimant est rendu
magnétique. Cette couche est parallèle à la ligne des pôles
de l'aimant, et est limitée du côté de cette ligne par une
courbe semblable à celle qu'on obtient dans l'expérience
connue des *courbes magnétiques*, en saupoudrant de li-
maille de fer un carton posé sur un aimant.

Dans les deux premières figures, la direction du tube
est perpendiculaire à la ligne des pôles, et l'extrémité

négative du tube est tournée à droite ou à gauche par rapport à cette ligne. Dans la troisième, le tube est parallèle à la ligne des pôles. La partie positive est remplie de lumière stratifiée dans les trois expériences.

M. Plücker a réussi à rattacher ce résultat inattendu à la théorie d'Ampère.

M. Trèves employa des tubes de Geissler, présentant une partie capillaire dans leur milieu (fig. 66), et s'attacha à observer les changements de couleur que M. Plücker avait entrevus.

Un tube de Geissler contenant de l'hydrogène raréfié était placé perpendiculairement à la ligne des pôles d'un énorme électro-aimant. Celui-ci étant à l'état naturel, l'étincelle est d'un bleu violacé dans les extrémités renflées, et d'un beau rouge dans la partie capillaire. Dès que le magnétisme est développé, le rouge disparaît et fait place à une lumière blanche : dès que le magnétisme cesse, le rouge reparaît.

Le spectroscope révèle un changement complet dans la structure de l'étincelle. La lumière blanche de l'hydrogène soumis au magnétisme donne un spectre avec une raie jaune brillante, et un renforcement dans le bleu et le violet.

En répétant la même expérience avec d'autres gaz, M. Trèves observa pour chacun d'eux des changements de couleur caractéristiques. Ainsi l'oxygène passa du blanc au rouge par l'action magnétique, l'azote du bleu pâle au bleu foncé, l'acide carbonique du blanc au bleu, etc. — L'aspect du spectre de ces diverses étincelles éprouvait des changements analogues. Les propriétés magnétiques du gaz raréfié que contient le tube jouent ici un rôle qui paraît prédominant. Ainsi on voit la matière lumineuse attirée vers la partie capillaire dans le tube à oxygène, et, au contraire, repoussée, refoulée vers les extrémités dans le tube à hydrogène. Or le premier de ces gaz est paramagnétique. Ces mouvements de la

matière incandescente déterminent des changements de
densité dans la partie capillaire, qui correspondent aux
changements de couleur.

De nouvelles recherches éclairciront ces questions, et
nous feront mieux connaître les relations du magnétisme
avec la lumière. Déjà Faraday avait observé que le magné-

Fig. 66. — Changement de couleur de l'étincelle produit par un aimant.

tisme modifie certains effets lumineux; les découvertes
de MM. Plücker et Trèves montrent son influence sous un
nouvel aspect, et elles sont appelées à contribuer aux
progrès de l'optique. Au point de vue de l'étude que nous
poursuivons, elles confirment la théorie de l'étincelle,
telle que nous l'avons établie dans les chapitres précédents.

M. de la Rive avait réussi, dès 1849, à démontrer par une expérience très frappante que l'étincelle dans les gaz raréfiés est un véritable conducteur gazeux, qui obéit à l'action électro-magnétique conformément aux lois d'Ampère. Cette expérience consiste à faire tourner l'étincelle autour d'un pôle magnétique d'une manière continue. Parmi les divers appareils que cet habile physicien a imaginés, celui qui est le plus répandu est le suivant (fig. 67).

Un ballon de verre, de forme ovoïde, renferme un cylindre de fer recouvert sur toute sa surface latérale d'une couche isolante très épaisse, formée de gomme laque et d'un tube de verre recouvert lui-même de gomme laque. Un anneau de cuivre entoure le cylindre par-dessus la couche isolante, à l'une de ses extrémités. C'est cette extrémité qui ferme la tubulure du ballon par laquelle le cylindre de fer est introduit, de façon que la base nue du cylindre soit au dehors, et que l'anneau communique avec la douille de cuivre qui est mastiquée sur la tubulure. Une seconde tubulure plus petite est munie d'un robinet, que l'on visse sur la machine pneumatique pour raréfier l'air.; elle sert aussi à introduire de petites quantités d'un liquide volatil, tel que l'éther. Quand la raréfaction a été poussée le plus loin possible, on pose la base nue du cylindre sur un électro-aimant, en faisant communiquer le cylindre de fer et l'anneau respectivement avec les pôles de la bobine de Ruhmkorff. L'étincelle jaillit alors entre cet anneau et la base supérieure du cylindre, en formant un ou plusieurs jets recourbés. Lorsqu'on aimante le fer, ces jets tournent uniformément dans un sens qui dépend du sens de la décharge et de celui des pôles magnétiques. Le sens de la rotation est conforme aux lois d'Ampère.

On obtient plus facilement un seul jet lumineux, en faisant communiquer le cylindre de fer avec le pôle positif de la bobine. Quand il n'y a pas de vapeurs mêlées au

gaz, l'étincelle peut prendre la forme d'une nappe qui
semble se déverser du sommet du cylindre en tournant

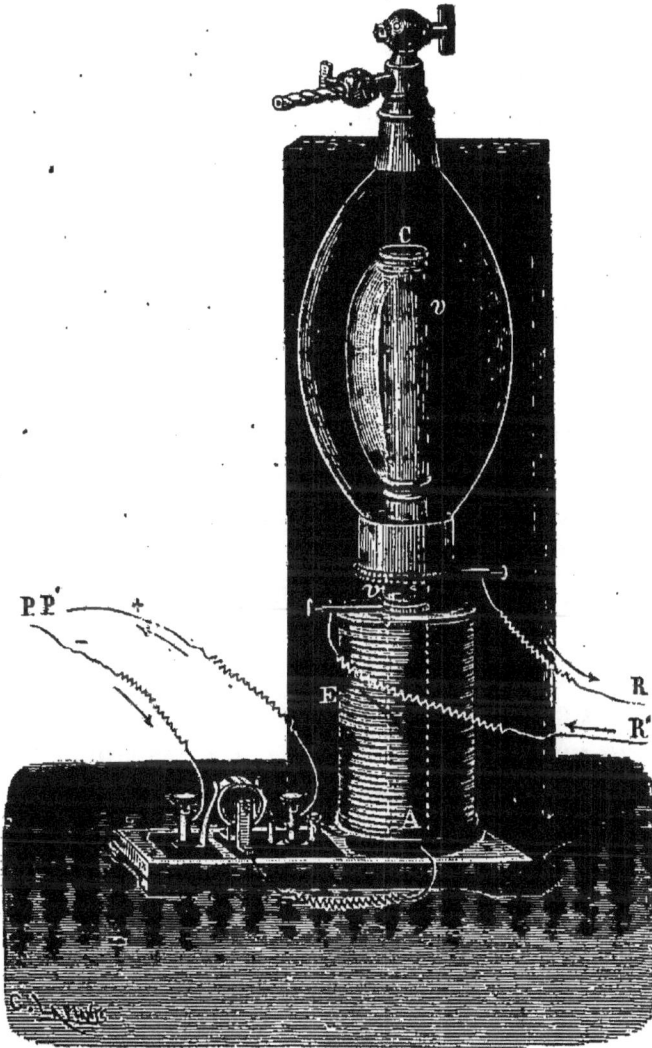

Fig. 67. — Rotation de l'étincelle par un aimant.

sur elle-même ; le degré de raréfaction influe beaucoup
sur son aspect.

M. de la Rive a établi des rapprochements remarquables

entre ces phénomènes et les aurores boréales. Ces brillants météores sont sans doute dus à des décharges électriques qui s'opèrent à de grandes hauteurs dans l'atmosphère, entre les régions équatoriales et les régions polaires. Leurs couleurs, leurs mouvements singuliers, ont pu être imités par le célèbre physicien de Genève, à l'aide d'un appareil qui repose sur le même principe que le précédent.

Le lecteur qui a quelques connaissances de physique demandera sans doute, en voyant l'étincelle obéir aux actions électro-magnétiques, si elle n'obéit pas aussi aux actions électro-dynamiques. Ainsi l'étincelle d'induction et l'arc voltaïque sont-ils attirés ou repoussés par le fil conducteur d'un courant auquel ils sont parallèles, suivant que la décharge est de même sens que le courant ou de sens contraire ?

La réponse affirmative n'est pas douteuse, bien qu'on n'ait pas, à ma connaissance, d'expériences directes sur ce sujet. M. Trèves a observé récemment l'attraction et la répulsion de deux arcs voltaïques parallèles, ce qui est exactement le même phénomène, puisque chacun des arcs est un conducteur de courant à l'égard de l'autre. L'analogie qu'Ampère a montrée entre les aimants et les courants est un guide infaillible relativement à ce genre de question.

On peut demander encore si la terre, qui se comporte comme un aimant à l'égard des aimants et des courants, n'agit pas aussi sur l'étincelle électrique. Nous avons une observation de Despretz qui répond affirmativement.

Ce physicien a reconnu qu'un arc voltaïque vertical a sa plus grande longueur lorsque l'électrode positive est en haut; avec le charbon l'arc atteignait 74 millimètres, et le sens du courant étant renversé, il ne dépassait pas

---

[1] *Comptes rendus de l'Académie des sciences*, tome XXX.

56 millimètres. Si l'arc est horizontal et perpendiculaire au méridien magnétique, l'arc est le plus long quand l'électrode positive est à l'est; il atteignit 21 millimètres dans une expérience, et en renversant le courant, on le fit descendre à 16 millimètres La théorie d'Ampère rend compte de ces curieux effets. Dans le dernier cas, par exemple, l'arc voltaïque conduisant le courant de l'est à l'ouest est attiré par les pôles magnétiques terrestres, ce qui favorise le transport des particules incandescentes.

La variété des expériences que l'on peut imaginer et qui s'expliquent par les mêmes principes que les précédentes est infinie. Il est utile de ne négliger aucune particularité; car on peut découvrir des analogies inattendues entre les faits que l'on observe et d'autres phénomènes naturels, et être amené à leur explication. Ainsi M. Planté faisant usage d'une batterie de 400 couples secondaires, dont le courant temporaire équivalait à celui d'une pile de 600 couples de Bunsen, a fait récemment de très curieux rapprochements entre les trombes et les décharges électriques [1].

« On fait écouler une veine d'eau salée d'un entonnoir, muni d'un robinet communiquant avec le pôle positif de la batterie; le liquide est reçu dans une cuvette où plonge le fil négatif, et au-dessous de laquelle se trouve un électro-aimant. Dès que le circuit voltaïque est fermé, un filet lumineux, accompagné de quelques points brillants, apparaît dans la veine, à sa partie inférieure; des étincelles jaillissent avec bruissement à son extrémité, de la vapeur d'eau se dégage, et le liquide qui entoure le bas de la veine prend un mouvement gyratoire en sens inverse de celui des aiguilles d'une montre, si le pôle de l'électro-aimant est boréal, et dans le même sens si ce pôle est austral. »

On sait que les trombes ont un mouvement gyratoire

[1] Comptes rendus de l'Académie des sciences, 17 janvier 1876.

dont le sens est conforme à la règle précédente, suivant
qu'elles se produisent dans l'hémisphère boréal ou dans
l'hémisphère austral.

Il est donc possible que l'eau qui les forme soit le
conducteur d'une décharge électrique, dans laquelle les
nuages seraient électrisés positivement et le sol négativement, et que les pôles magnétiques terrestres déterminent la rotation. Ce serait la répétition en grand de l'expérience précédente.

3. — Chaleur de l'étincelle.

L'identité de la chaleur et de la lumière semblerait indiquer que l'étincelle électrique est toujours capable de
produire les effets de la chaleur, et que les différences des
phénomènes calorifiques dépendent seulement de l'intensité de la lumière. Une telle interprétation du principe
est vicieuse. Sans doute un corps suffisamment chaud est
lumineux. Mais l'intensité de la lumière dépend à la fois
de la température du corps et de son état physique. Ainsi
nous savons que la flamme de l'hydrogène est très chaude et
très pâle ; qu'elle devient brillante quand est elle mêlée de
particules solides, telles que celles du carbone. La proposition réciproque n'est pas plus exacte : un corps lumineux
peut ne pas émettre de chaleur appréciable. De même un
corps chaud n'émet pas nécessairement de la lumière. On
distingue les divers rayonnements d'un corps par la *réfrangibilité* de leurs *radiations,* c'est-à-dire par la déviation
que chacun de ses *rayons* éprouve en traversant un
prisme. Les radiations les plus réfrangibles sont douées
de l'activité lumineuse seule ; les moins réfrangibles
possèdent l'activité calorifique seule ; ceux qui sont
d'une réfrangibilité intermédiaire possèdent les deux
sortes d'activité.

Les phénomènes calorifiques de l'étincelle offrent donc un sujet d'étude intéressant, parce qu'ils doivent nous apprendre dans quelles circonstances ses particules acquièrent tel ou tel degré de réfrangibilité, qualité qui est une conséquence du mode de mouvement dont ces particules sont animées.

L'aigrette et la lueur de la machine électrique ordinaire ne produisent aucun échauffement appréciable dans les corps voisins. L'étincelle elle-même ne parait pas rayonner la chaleur, d'après les expériences de M. Ed. Becquerel. Pourtant nous avons vu que cette étincelle enflamme l'éther, et il n'est pas de si petite étincelle qui ne puisse enflammer ce liquide, quand on prend quelques précautions. D'un autre côté une étincelle peut enflammer l'éther, l'alcool, la résine, sans enflammer la poudre à canon. Il y a donc une condition nécessaire à l'échauffement d'un corps par l'étincelle, indépendamment de sa température qui est très élevée, puisqu'il s'y trouve des parcelles de métal incandescentes. Cette condition est la durée. Plus la durée d'une étincelle est grande, plus elle échauffe les corps voisins. Ainsi on enflamme la poudre par l'étincelle d'une bouteille de Leyde, en interposant dans le circuit de la décharge une colonne d'eau, ce qui augmente sa durée.

L'inflammation est d'ailleurs un phénomène complexe qui ne donne pas une notion bien nette de la puissance calorifique d'une étincelle. Les combustibles sont ordinairement mauvais conducteurs de la chaleur; l'étincelle échauffe une petite portion de la substance et celle-ci brûle soit en se combinant avec l'oxygène de l'air, soit en subissant un nouvel arrangement chimique. L'éther est dans le premier cas; son carbone, son hydrogène et son oxygène se joignent à l'oxygène de l'air pour former de l'acide carbonique et de l'eau. La poudre à canon est dans le second cas; le carbone et l'oxygène qui s'y trouvent forment de l'acide carbonique, le soufre et le potassium forment du sulfure de potassium et l'azote est mis en liberté.

On ne peut pas mesurer aisément les effets calorifiques de l'étincelle par des expériences de ce genre, et comme d'un autre côté l'effet thermométrique est inappréciable, l'étude de ces effets est très difficile. Le *thermomètre* de Kinnersley, que nous avons pris pour démontrer la commotion de l'air, accuse mieux la chaleur de l'étincelle. Si cette chaleur était insensible, le liquide projeté devrait retomber brusquement après la décharge électrique. Or on le voit revenir lentement à son niveau ordinaire. Il faut admettre que l'air renfermé dans l'appareil et traversé par l'étincelle s'est notablement échauffé, parce que le refroidissement d'un gaz exige toujours un certain temps.

Ces difficultés sont sans doute la cause du peu d'empressement que les physiciens ont montré à étudier avec détail la chaleur de l'étincelle. Le rôle important que cette chaleur joue dans les phénomènes de *dissociation* que M. Henri Sainte-Claire Deville a découverts ne peut manquer de donner lieu à de nouvelles recherches sur ce sujet.

Le principe de la conservation de l'énergie donne aussi de l'intérêt à ces recherches. Pendant la décharge d'une batterie, par exemple, il y a création d'une quantité de chaleur déterminée dans tout le circuit; cette quantité de chaleur présente certaines relations avec la quantité d'électricité disparue. Le principe nous dit que, si la chaleur est le seul effet de la décharge, l'énergie calorifique créée est égale à l'énergie électrique dépensée. Mais l'étincelle n'est-elle pas un phénomène à la fois calorifique et mécanique? La projection de la matière des conducteurs n'est-elle pas une création d'énergie mécanique dont il faut tenir compte? Déjà M. Edlund a constaté l'influence de cette quantité dans l'arc voltaïque; la même chose est à faire dans la décharge d'une batterie de Leyde.

La chaleur de l'arc voltaïque, est considérable, et comme on peut prolonger à son gré sa durée, les expériences offrent de grandes facilités. Néanmoins les lois relatives à cette chaleur sont peu connues, et l'on n'a guère observé que ses effets secondaires, tels que la fusion, la volatilisation des corps qu'on appelait réfractaires avant l'invention de la pile. Ces effets donnent lieu à de brillantes expériences qui nous apprennent que l'arc voltaïque est la plus intense de nos sources artificielles de chaleur.

Il suffit de plonger dans l'arc voltaïque une baguette d'une substance quelconque pour la voir disparaître en un instant. Quand on veut prolonger l'expérience, on prend pour électrode positive, qui est la plus chaude, un creuset de charbon, et on établit l'arc au fond du creuset, en y introduisant l'autre électrode, également en charbon. On peut jeter diverses substances dans ce creuset et les soumettre de cette manière à une température excessive. Dèspretz, avec sa pile de six cents éléments, fondait 250 grammes de platine en quelques minutes; il a pu volatiliser ce métal de manière à en couvrir une capsule de porcelaine de 10 centimètres de diamètre fixée au-dessus du charbon supérieur. Les résultats les plus remarquables de ses recherches sont ceux qui concernent le charbon et le diamant, deux variétés du carbone qui jusqu'alors étaient tout à fait réfractaires aux sources de chaleur connues.

La volatilisation du charbon se fait dans l'œuf électrique; on enlève l'air afin d'empêcher la vapeur de carbone de se combiner avec l'oxygène, et avec six cents couples disposés en six séries parallèles, on voit, dès que l'arc est établi, le charbon positif s'amincir, devenir blanc éblouissant; puis tout à coup un nuage noir s'élève, remplit le vase et se dépose en poudre noire sur ses parois. Bien souvent le vase est brisé dans cette expérience.

Pour la fusion, Despretz produisit l'arc dans un récipient de fonte contenant du gaz azote comprimé à trois atmosphères (fig. 68).

Ce récipient avait environ dix litres de capacité, et il

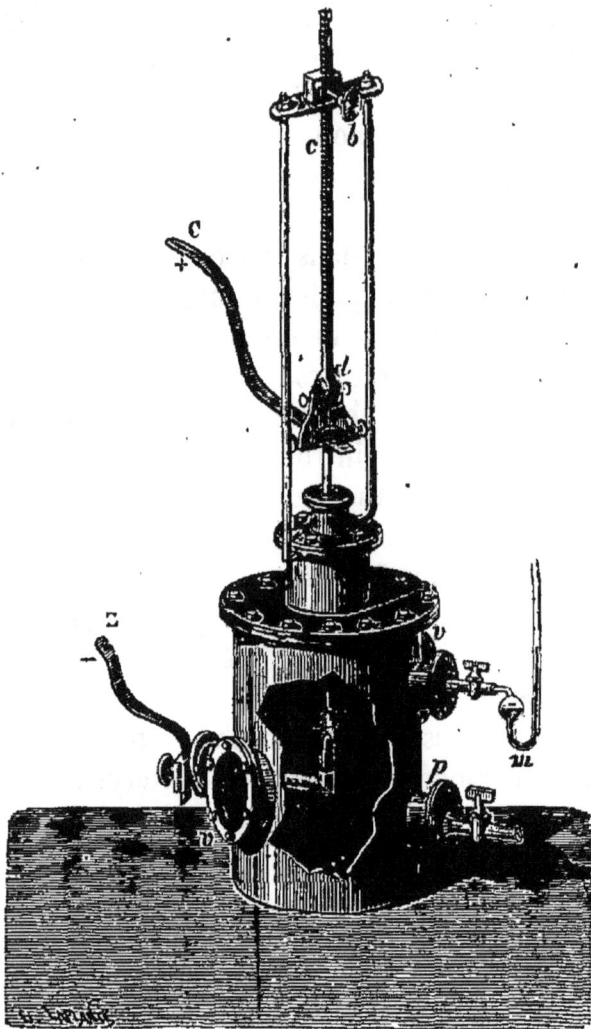

Fig. 68. — Fusion du charbon.

portait quatre tubulures. L'une latérale *p* servait à l'introduction du gaz ; l'autre laissait passer le conducteur Z du charbon inférieur, ayant la forme d'un creuset. Les deux

autres *v*, *v* étaient garnies de glaces afin qu'on pût voir
ce qui se passait dans l'appareil. Le couvercle du récipient laissait passer la tige qui portait le charbon supérieur. Cette tige était isolée et fixée à l'extrémité d'une
crémaillère *cd* qui servait à la faire monter ou descendre
pour régler l'arc voltaïque.

Avec cet appareil, des poussières de divers charbons
mises dans le creuset s'incrustèrent dans la paroi, comme
l'eût fait un verre noir; les diamants se transformèrent
en graphite, en grossissant beaucoup de volume, et don-
nèrent de petits globules fondus. Despretz prouva par ces
mémorables expériences que le diamant n'est pas une
cristallisation du carbone obtenue par la fusion ou par
une volatilisation brusque. Comme on ne peut pas le faire
cristalliser par dissolution, puisqu'il est insoluble dans
tous les liquides connus, l'origine de la plus belle des
pierres précieuses restait inconnue; il était impossible à
l'homme de la reproduire artificiellement : la nature
gardait son secret. Et pourtant la recherche d'un procédé
pour préparer le diamant devait être depuis longtemps
le sujet de mille tentations.

Despretz essaya un autre moyen; puisque la volatilisation brusque transformait simplement le charbon en
graphite, il songea à la volatilisation lente. Il se servit de
l'œuf électrique : l'électrode positive était formée par un
cylindre de charbon de sucre, et l'électrode négative
était terminée par un faisceau de fils de platine très fins.

Après avoir enlevé l'air, il fit jaillir l'étincelle de la
bobine de Ruhmkorff, *pendant plus d'un mois*. Les fils de
platine se couvrirent d'une couche noire très mince. On
l'observa au microscope et on y distingua de petits cris-
taux dont l'éclat et la forme rappelaient le diamant. En
mêlant cette poussière à l'huile, on put polir des rubis,
ce qui ne se faisait jusqu'alors qu'avec la poudre de
diamant. Despretz a-t-il fait la découverte du diamant artificiel? Le produit obtenu était en trop petite quantité

pour qu'on puisse avoir une conviction à ce sujet, et si
c'est là bien réellement la solution du problème, elle ne
peut guère exciter la tentation des industriels. Jusqu'à
présent l'expérience de Despretz est restée dans le domaine purement scientifique ; c'est le premier jalon posé
sur une voie que suivront sans doute de nouveaux cher-
cheurs.

En 1865, M. Tyndall a fait en Angleterre des recherches précises sur les radiations de l'arc voltaïque[1], et il
les a comparées à celles du soleil. Celles-ci avaient été
étudiées pour la première fois avec quelque précision par
William Herschell en 1800. Ce dernier fit passer un thermomètre dans les diverses parties d'un spectre solaire,
et il vit que l'échauffement croissait rapidement de l'extrémité du violet où il était nul jusqu'au rouge. Il continua à observer le thermomètre, en l'avançant graduellement sur le prolongement du spectre au delà du
rouge, et il reconnut que l'échauffement continuait à
croitre, jusqu'à ce que le thermomètre fût à une certaine
distance du rouge, puis qu'à partir de cette position
l'échauffement diminuait jusqu'à une distance du rouge
égale à la longueur du spectre lumineux.

La science entrait donc en possession d'un fait nouveau d'une grande importance aussi bien pour la physique
que pour l'astronomie. En le généralisant, nous dirons
qu'une source de lumière émet non seulement des rayons
capables de produire sur nos yeux la sensation optique
et sur un corps quelconque les effets de la chaleur, mais
encore des rayons *moins réfrangibles* que les précédents,
qui sont purement calorifiques. Le degré de réfrangibilité
est apprécié par la déviation que le prisme imprime aux
divers rayons, et c'est un caractère spécifique pour chacun d'eux, qui lui donne une individualité. Ainsi le
degré de réfrangibilité décroît depuis les rayons violets

1 *Les Mondes*, tome XII. 1866.

jusqu'aux rayons rouges et continue à décroître dans le groupe des rayons calorifiques et invisibles. Chacun de ces rayons a son degré de réfrangibilité particulier, qu'on mesure par son *indice de réfraction*. C'est pour cela que le passage à travers le prisme les sépare les uns des autres et étale un faisceau qui tombe en rayons paral-lèles sur le prisme en un faisceau divergent qui projette sur un écran le *spectre lumineux*, mais qui en réalité dépasse ce spectre du côté du rouge d'une largeur égale.à

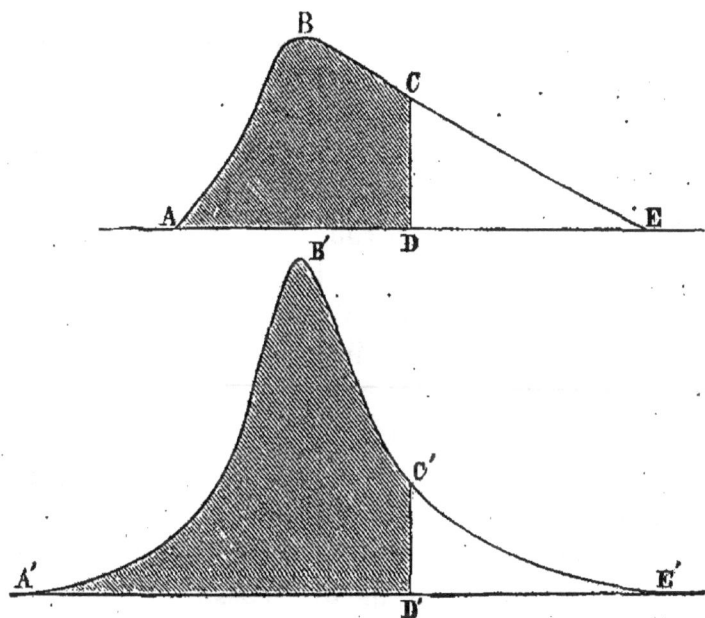

Fig. 69. — Spectres calorifiques.

la sienne. On appelle *spectre calorifique* l'étendue totale de la projection du faisceau.

Herschell représenta les résultats de ses expériences par un tracé graphique très simple (fig. 69). On partage une ligne DE en parties proportionnelles aux principales divisions du spectre lumineux. On peut alors marquer aisément sur cette ligne prolongée les positions succes-sives que le thermomètre occupait par rapport à ces di-visions. On élève ensuite en chaque point une perpendi-

culaire proportionnelle à l'échauffement qu'avait indiqué
le thermomètre dans la position correspondante. Enfin
on joint les sommets de ces perpendiculaires par un trait
continu, et chaque point de ce trait représente approxi-
mativement l'échauffement qu'on eût observé, si le thermomètre eût été placé dans la position correspondante à
ce point.

La figure ne représente pas la figure tracée par Herschell lui-même, mais une figure plus exacte, obtenue
plus tard par M. Müller, de Fribourg, à l'aide de la *pile
thermo-électrique* de Melloni, thermomètre d'une sensibilité extrême, à l'emploi duquel nous devons toutes les
découvertes qui ont été faites depuis Melloni sur la chaleur rayonnante. Sur cette figure l'extrémité du violet
est au point E, l'extrémité du rouge au point D, l'extrémité de la partie invisible au point A. Le point B représente le maximum de chaleur. On a ombré la portion
ABCD qui correspond à la partie invisible du spectre total.
On voit que la chaleur invisible émise par le soleil dépasse
de beaucoup la chaleur visible.

M. Tyndall a étudié de la même manière le spectre de
l'arc voltaïque, en prenant toutes les précautions nécessaires pour ne pas modifier par la disposition même de
l'appareil la nature des rayons dirigés sur le thermomètre. L'arc était produit par des électrodes de charbon
dans la boîte connue sous le nom de *Lampe électrique*;
une lentille de *sel gemme* rendait parallèles les rayons
et les dirigeait sur une fente étroite, derrière laquelle se
trouvait une seconde lentille de la même substance. Cette
lentille formait à une certaine distance une image nette
de la fente. Près de cette lentille était un prisme de sel
gemme qui déviait et *dispersait* les rayons. On recevait
le spectre sur un écran portant une pile thermo-électrique de Melloni, et placé à la même distance du prisme
que l'image dont on vient de parler. La pile étant graduellement amenée en divers points du spectre bien dé-

terminés, on notait pour chacune de ses positions la déviation de l'aiguille du galvanomètre : c'est cette déviation
qui mesurait l'échauffement de la pile.

Le résultat moyen d'un grand nombre d'expériences est
tracé sur la fig. 69 en A'B'C'E', d'après la méthode décrite
pour le spectre solaire. « On voit, dit M. Tyndall, que l'in-
« tensité du pouvoir calorifique augmente graduellement
« de l'extrémité bleue à l'extrémité rouge du spectre et
« que, dans la région des rayons obscurs au delà du rouge,
« la courbe, s'élevant subitement, forme un pic escarpé et
« massif, qui, par sa grandeur, fait paraître très chétive la
« partie de la figure qui représente la radiation visible. »

La pile employée dans ces expériences était de 50 éléments de Grove. Il faut remarquer que la chaleur prove-
nait non seulement de l'arc voltaïque, mais encore des
charbons.

En comparant les deux figures, on voit que le rayonnement invisible du soleil mesuré par la surface ABCD
est à peu près double du rayonnement visible, mesuré
par CDE, tandis qu'avec l'arc voltaïque le rayonnement
invisible A'B'C'D' vaut près de huit fois l'autre, C'D'E'. Si
l'on fait passer le faisceau de l'arc à travers une couche
d'eau d'épaisseur convenable, on met son rayonnement
dans les mêmes conditions que celui du soleil ; ce qui
s'explique par l'absorption que l'eau exerce sur les
rayons obscurs. M. Tyndall pense que la grande différence des spectres électriques et solaires est due semblablement à l'absorption que l'eau atmosphérique exerce
sur les rayons obscurs émanés du soleil. La différence
des deux sources calorifiques devait être beaucoup moindre que celle qui est indiquée sur la figure. C'est sans
doute ce qu'on vérifierait, si l'on étudiait le spectre solaire
à de grandes hauteurs, sur le sommet d'une montagne
élevée, parce que l'épaisseur de la couche aérienne traversée par les rayons solaires y serait moindre que dans
la plaine.

N'avons-nous pas ici un exemple remarquable de l'enchaînement que la science établit entre les phénomènes
les plus divers? Avant les recherches sur le rayonnement
calorifique de l'arc voltaïque, rien ne nous faisait penser
que le rayonnement émané du soleil pouvait être beaucoup plus étendu que celui qui arrive sur la terre. On
savait bien que l'atmosphère éteignait une partie des rayons
solaires; mais dans quelle proportion? L'astre qui détermine sur notre globe les mille transformations de la matière, qui est la source de tout mouvement, de toute activité
terrestre, n'est-il pas incomparablement plus actif et plus
puissant que nos sources artificielles de chaleur les plus
intenses, que l'arc voltaïque lui-même? Et alors les rayons
que nous découvrons dans cet arc peuvent-ils être absents
dans le rayonnement solaire? Magnifique problème qu'il
appartient à la physique de résoudre et dont la solution
doit accroître nos connaissances sur la constitution de
l'univers.

4. — Effets chimiques.

Un grand nombre d'effets chimiques occasionnés par
l'étincelle sont dus à la chaleur seulement, et l'électricité
n'y joue aucun rôle. Les mêmes effets se manifestent toutes
les fois qu'on chauffe par tout autre procédé les substances qui les produisent.

Ainsi les parcelles incandescentes qui se détachent des
électrodes de l'arc voltaïque peuvent se combiner avec
le gaz environnant, suivant leur nature. Les électrodes
de fer produiront dans l'air de l'oxyde de fer qui jaillit
en étincelles, ceux de zinc donneront de l'oxyde de zinc,
dont la poussière blanche s'élève en fumée; le charbon
donnera de l'acide carbonique, ce qui explique pourquoi
il s'use plus vite dans l'air que dans le vide. C'est ce genre

d'action qui rend *étincelante* la lumière de toute décharge
électrique *entre des conducteurs de fer*. Lorsqu'on attache'
à l'un des conducteurs d'une pile ordinaire une lime
d'acier, et qu'on frotte sur cette lime l'extrémité de l'autre conducteur, on voit jaillir une infinité d'étincelles. Ce
sont les parcelles de fer qui, d'abord échauffées par l'étincelle de rupture, se sont combinées avec l'oxygène de
l'air en dégageant à leur tour de la chaleur lumineuse
d'origine chimique.

Outre les actions chimiques auxquelles donnent lieu les
électrodes, la chaleur de l'étincelle agit sur le milieu
fluide, à travers lequel elle éclate, et y occasionne des
combinaisons si ce fluide est un mélange de substances
douées d'affinité chimique. C'est surtout dans les mélan-
ges gazeux que se passent les effets de ce genre.

Un mélange d'oxygène et d'hydrogène produit de
l'eau, quand il est traversé par
l'étincelle la plus faible; c'est
l'expérience connue du pistolet
de Volta, que Lavoisier a rendue
célèbre en trouvant par ce moyen
quelle était la composition de
l'eau. Dans tous les appareils qui
servent à ces expériences, on voit
un récipient clos qui contient le
mélange gazeux, et deux fils de
métal, *e*, *g* (fig. 70), parfaitement
isolés, qui traversent la paroi et

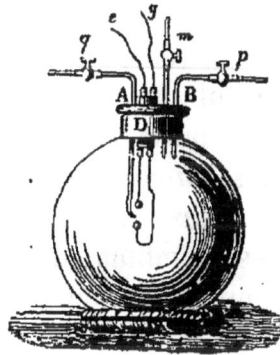

Fig. 70.
Synthèse de l'eau.

laissent un petit intervalle entre eux dans l'intérieur
du récipient. Ces fils servent de conducteurs à la décharge, qui est habituellement celle de la bobine de
Ruhmkorff. Il faut que le récipient soit assez résistant,
parce que la combinaison des deux gaz développe beaucoup de chaleur ; de là résulte un accroissement rapide
de pression, qui diminue ensuite peu à peu, à mesure
que la chaleur se dissipe au dehors. On conçoit combien

est considérable l'élévation de température pendant la combinaison, en remarquant que tout le mélange devient lumineux pendant un instant.

. Voici ce qui se passe au moment où jaillit l'étincelle : une petite portion du mélange, au contact de l'étincelle, est fortement échauffée et se combine ; mais cet acte produit de la chaleur, qui échauffe la portion du mélange la plus voisine. Celle-ci se combine à son tour, échauffe la portion suivante, et ainsi de suite, de proche en proche, jusqu'à ce que tout le mélange ait subi l'action chimique. Ce raisonnement montre pourquoi on met le feu au mélange avec une seule petite étincelle, aussi bien si le volume est grand que si le volume est petit.

. Lavoisier avait disposé son appareil (fig. 70) de façon que la pression ne pût s'élever notablement et que les gaz fussent sans cesse renouvelés, et combinés par petites portions successives ; un grand nombre d'étincelles se succédaient dans le récipient, celui-ci ayant été d'abord rempli d'hydrogène par le tube B ; on amenait l'oxygène par un tube A qui débouchait au-dessus de l'étincelle. La première bulle qui sortait se combinait avec l'hydrogène, puis les gazomètres continuant à amener respectivement les deux gaz dans les proportions voulues, les bulles suivantes se combinaient successivement. Lavoisier put préparer un litre d'eau par ce moyen.

Dans l'expérience du pistolet de Volta, le bouchon forme une partie peu résistante de la paroi ; cette portion cède, au moment de la combinaison chimique, et le gaz sort partiellement ; puis le refroidissement rapide de la partie restée dans l'appareil condense cette partie ; de là résulte une raréfaction qui détermine la rentrée brusque de l'air. Telle est la cause de l'*Explosion*.

. Un mélange de deux gaz qui ont entre eux peu d'affinité ne peut se comporter comme le précédent. Dans ce cas une seule étincelle ne suffit pas ; mais une succession rapide d'étincelles détermine la combinaison graduellement. C'est

ce que Priestley, puis Cavendish ont réalisé avec l'air, qui
est un mélange d'azote et d'oxygène, substances dont l'affinité réciproque est très faible ; ce dernier fit passer les
étincelles pendant huit heures entre deux surfaces de mercure séparées, dans un tube de verre recourbé (fig. 71),
par une petite quantité d'air. Il vit le volume de cet air
diminuer et constata la production de l'acide azotique ;
fait important pour la physique du globe ; car il nous

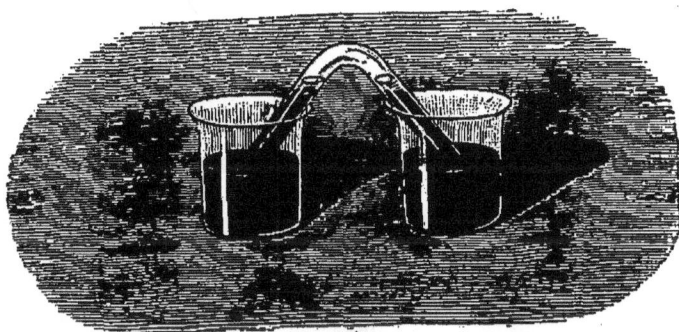

Fig. 71. — Expérience de Cavendish.

explique la présence de cet acide dans les pluies d'o-
rage.

Récemment MM. Ed. Becquerel et Frémy ont étudié
cette réaction dans de meilleures conditions et ils ont
prouvé que les éléments de l'air donnent de l'acide hypoazotique. Leur appareil est un tube de verre fermé,
plein d'air, et laissant passer deux fils de platine, qu'on
met en communication avec les pôles de la bobine de
Ruhmkorff (fig. 37). Au bout d'une heure, on voit des vapeurs rouges remplir le tube, ce qui est dû à la formation de l'acide hypoazotique. Si on laissait un peu d'eau
dans l'appareil, elle détruirait cet acide et on aurait l'a-
cide azotique comme dans l'expérience de Cavendish.

La pression du mélange exerce une influence sur la
combinaison des gaz par l'étincelle. Grotthus a reconnu

que le mélange d'oxygène et d'hydrogène ne s'enflammait plus quand il était raréfié. Les lois de ces phénomènes, et aussi l'influence de la température initiale ne sont pas connues.

L'étincelle occasionne une seconde espèce d'action chimique dans le milieu environnant, lorsqu'il est constitué par un *gaz composé* tel que l'ammoniaque, les oxydes d'azote, l'acide chlorhydrique, les hydrogènes phosphoré, sulfuré, carboné, l'acide carbonique, etc. Mais il

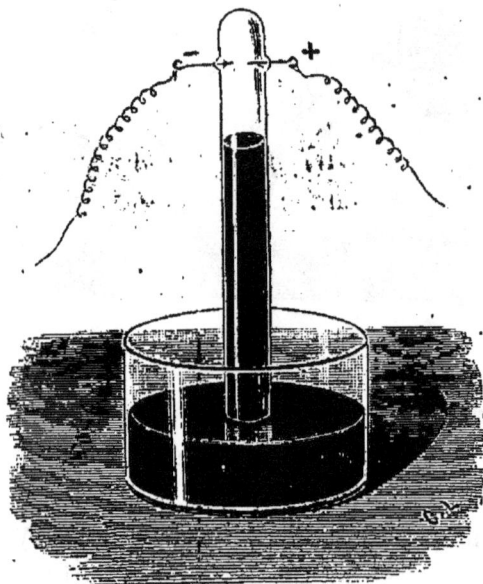

Fig. 72. — Décomposition du gaz ammoniac.

faut pour cela une longue succession d'étincelles. L'exemple le plus facile à vérifier est la décomposition de l'ammoniaque en ses éléments, azote et hydrogène. On se sert d'une cloche de verre (fig. 72) traversée vers le sommet par deux fils de platine, et qu'on remplit de gaz sur le mercure. En faisant passer les étincelles de la bobine de Ruhmkorff, on voit le volume gazeux augmenter peu à peu, jusqu'à ce qu'il ait doublé. Les dépôts de phosphore, soufre, carbone, indiquent nettement la décomposition des gaz qui contiennent ces substances.

M. Grove a prouvé que ces décompositions chimiques sont dues à la chaleur de l'étincelle, en les réalisant à l'aide d'un simple fil de platine fortement chauffé au contact du gaz. Lorsqu'elles ne sont pas complètes, elles obéissent à une loi générale des corps composés que M. H. Sainte-Claire Deville a appelée *Dissociation*. Il s'établit un certain équilibre dans le mélange du composé inaltéré et des éléments que la décomposition a mis en liberté, de sorte que les proportions de ces derniers restent invariables : à mesure que les étincelles se succèdent dans le mélange, une partie des éléments se recombinent, tandis qu'une partie équivalente du composé se décompose.

Pour détruire cet équilibre, il faut séparer les produits de la décomposition, à mesure qu'ils apparaissent ; c'est ce qui ne peut avoir lieu avec les appareils précédents.

En 1861, M. Adolphe Perrot a réussi à produire une décomposition complète de la vapeur d'eau, en opérant cette séparation [1]. L'eau était mise à l'ébullition dans un ballon à trois tubulures (fig. 73). Deux tubulures *a, h* laissaient passer les tubes de verre *cf, dl* chargés de conduire les gaz hydrogène et oxygène, respectivement dans les éprouvettes *e, e'*. A chacun de ces tubes était soudé un fil de platine, s'engageant dans le tube jusqu'à son extrémité inférieure. Les extrémités recourbées des tubes laissaient entre elles un intervalle *cd* de 2 millimètres environ, et les bouts des fils de platine étaient à l'intérieur à 2 millimètres de ces extrémités. On avait donc une étincelle de 6 millimètres entre les fils de décharge ; elle était produite par une bobine de Ruhmkorff. Le circuit du courant induit contenait un *voltamètre*, ou appareil destiné à mesurer l'intensité du courant. M. Perrot vit l'hydrogène se dégager seul au fil négatif, tandis que l'oxy-

[1] *Annales de Chimie et de Physique*, tome LXI, 4ᵉ série.

gène se dégageait sur l'autre fil, et de plus la quantité de gaz obtenue était la même que si l'appareil eût été un voltamètre ordinaire traversé par un courant voltaïque d'intensité égale à celle du courant de la bobine.

Cette expérience nous apprend que l'étincelle d'induction n'agit pas seulement par la chaleur, mais que le courant électrique produit la décomposition de la vapeur

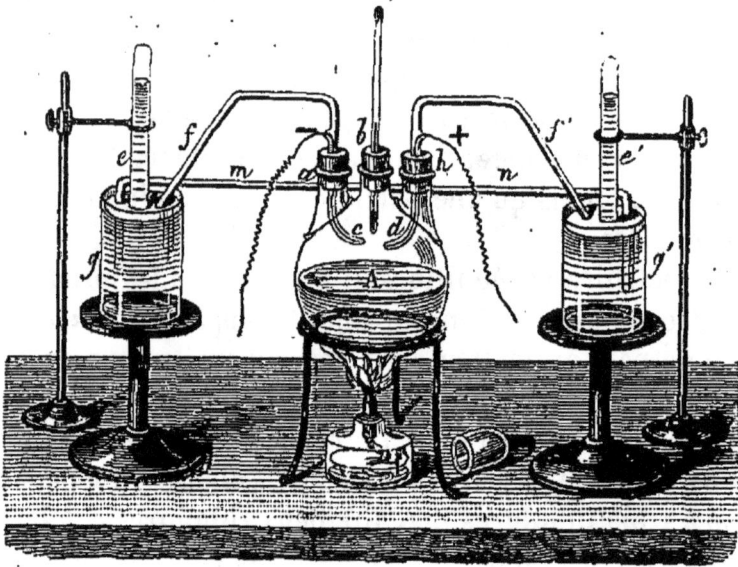

Fig. 73. — Décomposition de la vapeur d'eau.

d'eau, comme il le fait en traversant l'eau liquide. Ce genre de décomposition est appelée *électrolytique*.

En est-il de même des gaz ordinaires? C'est à l'expérience de nous l'apprendre, et la méthode de M. Perrot paraît excellente pour résoudre la question. C'est un sujet d'étude pour les chimistes.

En résumé, l'étude de l'étincelle dans les gaz nous montre quatre sortes d'actions chimiques, la combinaison de la substance des électrodes avec le gaz ou ses éléments, la combinaison calorifique des gaz mélangés, la *décomposition calorifique* des gaz composés, enfin leur *décomposition électrolytique*.

Il y a une cinquième sorte d'action qui jusqu'à présent n'a été observée que sur l'oxygène, mais qui probablement est générale.

En 1786, Van Marum trouva que l'oxygène traversé par un grand nombre d'étincelles électriques acquérait une odeur pénétrante, rappelant celle du phosphore et de l'acide hypoazotique. On remarque cette odeur dans l'air autour de toutes les machines qui donnent de fortes étincelles, et aussi après la chute de la foudre. Van Marum constata en outre que l'oxygène odorant oxydait rapidement le mercure froid, ce que ne fait pas l'oxygène ordinaire.

En 1840, M. Schœnbein, de Bâle, remarqua que l'oxygène dégagé dans le voltamètre par le courant voltaïque avait la même odeur et il appela *ozone* la substance qui jouissait de cette propriété. Ses recherches persévérantes, celles de MM. Marignac, de la Rive, Becquerel, Frémy, Andrews ont conduit à cette conclusion, que l'ozone est une modification de l'oxygène, de la nature de celle qu'on appelle en chimie *isomérie*. Son caractère principal est un pouvoir oxydant beaucoup plus considérable que celui de l'oxygène ordinaire. Ainsi il détruit les couleurs organiques; il décompose l'iodure de potassium, se combinant avec le potassium et mettant l'iode en liberté. Cette réaction a fourni un moyen de reconnaître la présence de l'ozone, quelque faible que soit sa quantité. On imprègne une bande de papier d'amidon et d'iodure de potassium. L'iode libre coloré en bleu l'amidon, de sorte que le papier plongé dans un gaz qui contient de l'ozone prend une teinte bleue, dont l'intensité croît avec la quantité d'ozone renfermée dans le mélange. Ce moyen n'est malheureusement pas suffisamment caractéristique, parce que d'autres substances, telles que les vapeurs nitreuses, les exhalaisons des arbres résineux, un grand nombre d'essences bleuissent le papier imprégné d'amidon et d'iodure de potassium.

L'oxydation par l'ozone exige la présence de l'eau : la chaleur le détruit ; aussi convient-il d'employer à sa production des étincelles qui donnent très peu de chaleur, telles que les aigrettes. La meilleure disposition consiste à faire passer l'oxygène ou simplement l'air entre deux lames de verre, recouvertes extérieurement de substances conductrices que l'on fait communiquer avec les pôles de la bobine de Ruhmkorff. Nous avons vu que la lumière électrique apparaît, sous forme d'aigrette, entre les deux lames de verre, qnand elles sont placées à une petite distance l'une de l'autre.

La question de l'ozone n'est pas encore complètement résolue ; elle donnera sans doute lieu à de nouvelles recherches qui permettront d'expliquer le rôle que joue l'électricité dans sa production.

Il arrive ordinairement que plusieurs des cinq sortes d'actions chimiques dont nous venons de constater l'existence se passent simultanément. Nous en avons un bel exemple dans les anneaux colorés que produit l'étincelle lorsqu'elle jaillit entre une pointe et une plaque de métal, et il est difficile de faire la part de chacune de ces actions.

Ces anneaux ont été observés, pour la première fois, par Priestley, avec les décharges d'une batterie de Leyde. Plus tard M. de La Rive obtint des effets analogues avec l'arc voltaïque. Nobili et M. Grove ont étudié particulièrement ces phénomènes. Voici les principales observations qui ont été faites par ce dernier :

L'étincelle d'une bobine d'induction jaillissait entre une pointe de métal et une plaque polie, de bismuth, de plomb, d'étain, de zinc, de fer ou d'argent. C'est avec ce dernier métal que l'effet est le plus intense. Nous supposons, dans notre description, qu'il s'agit de ce métal, et qu'il forme l'électrode positive. La distance de la pointe à la plaque était de 3 millimètres, au plus. Le milieu environnant était un mélange d'un volume d'oxygène, et de quatre volumes d'hydrogène sous la pression de 18 millimètres de mercure.

Il se produisit sur la plaque, en face de la pointe, une tache circulaire jaune, verdâtre au centre, bleue verdâtre sur les bords ; ensuite venait un anneau d'argent inaltéré, puis un anneau rouge cramoisi, passant à l'orangé sur le bord intérieur, et au pourpre foncé sur le bord extérieur. En partant d'une distance de $\frac{1}{2}$ millimètre et l'augmentant graduellement, on obtenait des anneaux de plus en plus grands.

On reconnaît dans ces apparences l'effet de la chaleur de l'étincelle, dont la forme est conique, comme nous l'avons vu précédemment, et celui de l'oxydation. La coloration des anneaux est due à la mince couche d'oxyde d'argent formée, qui se comporte à l'égard de la lumière comme la pellicule d'eau d'une bulle de savon. Cette oxydation est sans doute facilitée par la transformation de l'oxygène en ozone.

Quand on renverse le sens du courant, la tache disparaît ; il ne reste qu'une petite altération due à la fusion ; mais les anneaux colorés ne se montrent plus. Remarquons que, dans ce cas, la plaque étant négative attire l'hydrogène, comme dans la décomposition électrolytique, et que ce gaz décompose l'oxyde d'argent, pour reformer de l'eau avec son oxygène.

C'est en faisant ces expériences que M. Grove observa, à la même époque que M. Ruhmkorff, le phénomène de la stratification entrevu précédemment par M. Abria.

Lorsque l'étincelle jaillit à travers un liquide, les phénomènes qui se produisent sont analogues à ceux que nous venons d'examiner, sauf le cinquième genre d'action, dont on n'a pas d'exemple.

Les cas les plus intéressants sont ceux qui s'expliquent par la décomposition calorifique du liquide et par sa décomposition électrolytique. Cela suppose que le liquide est formé par une seule combinaison chimique et non, par un mélange, et que les électrodes n'ont pas d'action chimique sur ce liquide.

Vers 1790, Paetz et Van Troostwik décomposèrent l'eau par l'étincelle d'une bouteille de Leyde, en employant comme conducteurs de la décharge deux fils d'or très fin. Ils obtenaient ainsi sur chacun de ces fils des bulles gazeuses formées d'hydrogène et d'oxygène. Cette expérience fut répétée par Cuthberston, Pearson et en 1801 par Wollaston qui réussit à opérer la décomposition, sans bouteille de Leyde, avec l'étincelle d'une machine électrique ordinaire. Il enferma un fil de platine ayant $\frac{1}{30}$ de millimètre de diamètre dans un tube de verre, fondit l'extrémité de ce tube à la lampe, de sorte que le fil fût soudé hermétiquement, et usa à la lime l'extrémité fondue jusqu'à ce que le fil de platine apparût au milieu de la paroi de verre. Un tube ainsi préparé s'appelle *baguette de Wollaston*. Deux tubes semblables recourbés et contenant du mercure furent plongés dans l'eau, de façon que l'intervalle laissé entre les extrémités immergées fût de 3 millimètres. On plaça dans le mercure des fils de métal, communiquant respectivement avec la machine électrique et avec le sol, et quand la machine fut mise en mouvement, on vit les bulles gazeuses se dégager nettement au bout des fils. L'effet est dû ici à la chaleur de l'étincelle. Car il suffit de plonger dans l'eau un fil de platine incandescent, comme a fait M. Grove, pour voir apparaître des bulles, formées d'un mélange des gaz constitutifs de l'eau.

M. Grove a vu l'étincelle d'induction opérer à la fois la décomposition calorifique et la décomposition électrolytique de l'eau. Il se servait de baguettes de Wollaston, et il obtint autour de chaque pointe un mélange d'hydrogène et d'oxygène avec excès de l'un ou de l'autre de ces gaz. S'il n'y avait eu qu'une décomposition calorifique, le volume de l'hydrogène eût été double de celui de l'oxygène, parce que ce sont là les proportions dans lesquelles ces deux gaz forment l'eau. Si l'on trouve à l'une des pointes un volume d'hydrogène plus grand que le double de l'oxygène, il faut admettre que les éléments d'une partie de l'eau ont été séparés par le courant électrique, que l'hydrogène de cette partie s'est dégagé à la pointe considérée, tandis que l'oxygène se dégageait à l'autre.

En soudant une petite plaque de platine au fil d'une des baguettes, M. Grove a vu les gaz se dégager seulement à l'autre baguette. Lorsque les fils de platine dépassaient les extrémités des baguettes, les gaz étaient séparés. Enfin avec deux baguettes terminées par des petites plaques de platine, il n'y avait plus de dégagement gazeux.

Il y a d'ailleurs avec l'étincelle d'induction une complexité du phénomène, qui tient à l'induction. Quand les étincelles se succèdent par le jeu de l'interrupteur, il se produit des courants alternatifs de sens contraire, de sorte que l'hydrogène et l'oxygène obtenus par l'électrolyse peuvent se trouver mêlés autour de la même électrode. Ajoutons à cela que l'oxygène se combine aisément avec l'eau pour former du *bioxyde d'hydrogène*, et nous aurons l'explication de la variété des effets que l'on peut observer suivant les circonstances. On élimine l'une des causes de complexité, en établissant dans le fil induit une solution de continuité, de façon qu'une étincelle jaillisse dans l'air; alors les gaz se trouvent mieux séparés, parce que l'étincelle ne laisse passer qu'un des deux courants, celui qui naît à l'ouverture du circuit inducteur.

L'étincelle de rupture opère aisément des décompositions calorifiques. M. Melly a décomposé ainsi l'alcool, les huiles, ce que Morgan avait déjà fait avec l'étincelle ordinaire, l'éther, l'huile de naphte, le sulfure de carbone, le chlorure de soufre, l'eau pure. Parmi les procédés qu'il a mis en usage, le plus ingénieux consiste à plonger dans le liquide une roue de métal, dentée, sur le contour de laquelle s'appuie un ressort de métal. La roue et le ressort communiquent respectivement avec les

pôles d'une pile. Quand on fait tourner la roue, le ressort
cesse de la toucher dans l'intervalle de deux dents, et une
étincelle de rupture jaillit : c'est un moyen très simple
d'obtenir à la même place une succession rapide d'étincelles. Il se produit de la vapeur du liquide quand il est
volatil ; c'est le premier effet de la chaleur : puis les produits de sa décomposition apparaissent tantôt sous forme
de bulles, tantôt sous forme de poussière, suivant leur
nature. Ainsi l'huile d'olive donne un mélange d'hydrogène et de carbure d'hydrogène, l'alcool et l'éther donnent un peu de charbon, le sulfure de carbone donne du
charbon et du soufre, etc. Il faut que le métal de l'appareil soit sans action chimique sur les produits de la décomposition, si l'on veut les séparer. On se sert ordinairement du platine, excepté pour les chlorures. Dans ces
expériences l'eau distillée donne lieu à un dépôt abondant de poussière de platine.

L'action électrolytique de l'étincelle se démontre très
facilement par une expérience de Faraday. On met en contact sur une lame de verre un morceau de papier de curcuma, et un autre de tournesol bleu, imprégnés l'un et
l'autre d'une solution de sulfate de soude. Puis on met en
face du tournesol une pointe métallique communiquant
avec le conducteur positif de la machine électrique et, en
face du curcuma, une autre pointe semblable communiquant avec le conducteur négatif. Sitôt que la machine est
en activité, on voit rougir le tournesol, ce qui indique la
présence de l'acide sulfurique, et brunir le curcuma, ce
qui indique la présence de la soude. Ainsi l'étincelle
opère la décomposition du sel, attirant l'*acide* du côté
de l'électrode positive et la *base* du côté de l'électrode
négative.

On observe la plupart de ces actions chimiques en produisant l'arc voltaïque dans les liquides. Quand la pile
est très puissante, une particularité remarquable se manifeste. Observée d'abord par Hare, Mackrell, Grove, elle

a été étudiée avec soin par M. Quet. Les électrodes d'une
pile de 40 grands éléments de Bunsen étant plongées dans
l'eau acidulée, et trop éloignées l'une de l'autre pour que
l'arc s'établît, les fils de platine, qui servaient d'électrodes, parurent entourés d'une gaine lumineuse, violette
du côté négatif, rouge du côté positif. La décomposition
électrolytique était très faible, tant que durait cette lueur.
Ce phénomène se rattache à ceux de la *caléfaction*. Quand
un corps incandescent est plongé dans un liquide volatil, il se recouvre d'une couche de la vapeur de ce liquide, et cette vapeur empêche le contact du corps avec
le liquide lui-même. Ici les gaz que l'action électrolytique
met en liberté contribuent avec la vapeur à la formation
de la couche isolante où se montre la lueur électrique.

M. Planté a observé plusieurs effets de ce genre avec sa
pile secondaire de 400 éléments.

Dans tout ce qui précède, nous avons examiné les
actions chimiques qui résultent du contact des corps avec
l'étincelle. Il y a un autre mode d'action chimique, qui
se manifeste à distance, et qu'on peut regarder comme
une propriété des *radiations* émises par l'étincelle.

Quelque temps après l'expérience de Davy sur l'arc
voltaïque, Brande reconnut que cette source lumineuse
provoquait, comme le soleil, la combinaison du chlore et
de l'hydrogène, et la décomposition du chlorure d'argent
qui est le point de départ de la photographie. M. De la Rive
réussit ensuite à photographier à la lumière électrique,
comme on photographie au soleil. C'est une analogie de
plus entre le rayonnement de l'arc et celui du soleil que
nous devons ajouter à celle que nous a fait connaître la
comparaison des pouvoirs calorifiques de ces deux
sources. On sait que le spectre solaire s'étend, non seulement du côté du rouge, comme nous l'avons dit, mais
encore au delà du violet, de sorte que la partie moyenne
est seule visible. Les rayons *ultra-violets* ne sont ni visibles, ni calorifiques; mais ils possèdent l'activité chimique

au plus haut degré. Par eux une partie de l'énergie engendrée dans le soleil se transmet sur les corps planétaires sous la forme d'énergie chimique ; ils y opèrent mille réactions chimiques dans les êtres vivants, particulièrement dans les végétaux, qui, on le sait, ne respirent que sous l'influence du soleil. Sous cette influence l'acide carbonique et la vapeur d'eau de l'atmosphère sont décomposés ; le carbone et l'hydrogène se fixent dans les tissus et de cette manière l'énergie demeure emmagasinée, tant que ces tissus restent inaltérés. Vienne plus tard l'élaboration de ces tissus dans la nutrition des animaux ou leur destruction dans la combustion au milieu de nos foyers, nous retrouvons cette énergie sous forme de chaleur. Admirable exemple de la conservation de l'énergie, à laquelle les phénomènes les plus variés doivent leur harmonie !

Chaque étincelle électrique qui jaillit dans notre laboratoire dépense l'énergie de la même manière. Mais elle n'est pas perdue pour nous, elle se retrouve quelque part, dans les corps environnants, sous forme de chaleur ou d'action chimique. Si une plante vivait sous la protection d'un arc voltaïque, elle absorberait cette énergie, et si nous la prenions ensuite comme aliment, c'est en nous que cette énergie reparaîtrait, pour subir à notre gré de nouvelles transformations.

5. — Phosphorescence et fluorescence.

La phosphorescence est une propriété qu'on a attribuée pendant longtemps à un petit nombre de corps, et qui paraît être au contraire assez générale d'après les récentes recherches de M. Ed. Becquerel.

Elle se manifeste dans les circonstances suivantes :

Quand on met de la poussière de spath fluor sur du

mercure bouillant, ou même sur l'alliage de Darcet
fondu au-dessous de 100°, elle émet une lueur verdâtre.
D'autres substances se conduisent de même sous l'influence
de la chaleur et émettent une lumière dont la teinte est
spécifique pour chacune d'elles.

Le frottement produit sur certaines substances un effet
analogue. Ainsi la dolomie émet dans cette circonstance
une lueur rouge qui persiste pendant quelque temps.
Deux morceaux de cristal de roche frottés l'un contre
l'autre donnent aussi une lueur. La plupart des métaux
ne produisent rien. On a naturellement comparé ces
lueurs à celle que produit l'électricité. Mais l'électricité
n'est pas la cause de la phosphorescence par le frottement. Car Dufay a montré que certaines substances
acquièrent cette propriété sans devenir électriques, tandis
que d'autres deviennent électriques par le frottement
sans devenir en même temps phosphorescentes.

Canton avait vu l'insolation développer la même
propriété dans le sulfure de calcium, qu'on appelait à
cause de cela *phosphore de Canton*. L'azotate de chaux
s'appelait, pour une raison semblable, *phosphore de Bau-
douin*. La craie se comporte de la même manière et
M. Becquerel a vu dans cette propriété une cause possible des effets lumineux que les voyageurs ont remarqués
sur les montagnes d'Afrique après le coucher du soleil.
En 1858, M. Ed. Becquerel a montré qu'une foule de corps
sont comme les précédents, lumineux dans l'obscurité,
après avoir été exposés au soleil, et il a imaginé le *phos-
phoroscope*, qui permet d'*insoler* le corps pendant un
temps connu, et de l'observer dans l'obscurité après un
intervalle de temps connu aussi. Parmi les corps, les uns
tels que ceux que nous avons cités luisent dans l'obscurité pendant plusieurs minutes ; les autres pendant un
instant très court que M. Becquerel a vu être inférieur
à $\frac{1}{5000}$ de seconde. La couleur de la lumière émise dans
ces circonstances dépend toujours de la nature du corps.

On a aussi fait agir, au lieu de la lumière blanche du soleil, chacune des lumières simples que le prisme sépare, et on a vu la couleur de la phosphorescence rester *inférieure* en réfrangibilité à celle de la lumière excitante. Ainsi un corps impressionné par la lumière rouge ne peut émettre que des rayons rouges ; impressionné par la lumière orangé, il peut émettre des rayons rouges et orangés ; par la lumière jaune, des rayons rouges, orangés et jaunes, etc. Il n'émet aucun rayon plus réfrangible que ceux qui ont causé l'excitation. Cette loi est une des plus importantes qui concernent la phosphorescence par insolation.

Les liquides et les gaz ne deviennent pas phosphorescents dans les circonstances précédentes.

La *fluorescence* peut être définie la propriété que possèdent certains corps d'émettre, quand ils reçoivent des rayons d'une réfrangibilité donnée, une lumière composée de rayons moins réfrangibles que les précédents. Par exemple une infusion d'écorce de marronnier d'Inde exposée aux rayons violets du soleil émet une lumière d'un bleu de ciel magnifique. Il suffit de projeter sur le vase de verre ordinaire qui la contient les rayons solaires, en interposant un verre violet, pour que le phénomène se produise.

Cette propriété était connue depuis longtemps, le père Kircher en parle ; Gœthe cite justement l'écorce de marronnier. Mais c'est M. Stokes qui a montré qu'elle appartenait à diverses substances, et qui en outre a découvert la loi de la réfrangibilité. Cette loi est la même que celle de M. Ed. Becquerel sur la phosphorescence par insolation, et elle établit un lien entre ces deux phénomènes. Il résulte d'ailleurs de tous les faits connus qu'ils sont dus tous les deux à la même cause, et qu'ils constituent une seule propriété. On peut dire que la fluorescence est une phosphorescence par illumination de durée infiniment petite, et d'une intensité très grande.

Le lecteur peut se demander si les rayons invisibles ultra-violets sont capables de produire la fluorescence, et par conséquent de rendre certains corps lumineux, quand ils ont reçu l'impression de ces rayons invisibles. M. Stokes a en effet découvert ce phénomène avec la solution de sulfate de quinine dans l'acide tartrique. On fait l'expérience de la manière suivante.

On trace quelques caractères sur une feuille de papier blanc avec la solution ; quand les traits sont secs on ne les distingue pas à la lumière du jour. On projette ensuite un spectre solaire sur la feuille, de façon que les caractères soient sur son prolongement au delà du violet ; alors ils apparaissent nettement avec une couleur lavande caractéristique. Ainsi le sulfate de quinine excité par les rayons plus réfrangibles que le violet émet des rayons violets moins réfrangibles que les précédents, ce qui est bien conforme à la loi de Stokes.

Certains corps solides jouissent de la fluorescence. Ainsi un verre qui contient de l'urane donne une belle lumière verte quand il est excité par les rayons solaires bleus ou violets.

L'analogie de la lumière électrique avec la lumière solaire que nous avons déjà observée au point de vue de l'intensité, de l'action calorifique, et de l'action chimique, existe encore au point de l'action *phosphorogénique*. Les phénomènes que l'on observe sur les corps excités par les rayons solaires se produisent très bien quand on emploie les rayons de l'étincelle ou de l'arc voltaïque. L'étincelle convient particulièrement pour la phosphorescence : car, à cause de sa faible durée, on est dispensé de l'usage d'un appareil pour séparer l'excitation de l'observation dans l'obscurité. L'étincelle jaillissant dans la chambre noire à côté de la substance phosphorescente, on voit celle-ci luire, quand la lumière de l'étincelle a disparu, pourvu toutefois que la durée de la phosphorescence soit supérieure à la durée de l'impression optique.

Les coquilles d'huîtres calcinées, pulvérisées avec du soufre, servent habituellement d'exemple, parce que l'effet est très durable. Il y a des changements de teintes, qui s'expliquent par l'inégalité de la durée pour les diverses espèces de rayons émis. En rangeant les substances suivantes dans l'ordre indiqué dans le tableau, on verra simultanément les principales couleurs spectrales ; mais elles n'auront pas toutes la même durée.

Bleu.	Spath fluor.
Vert.	Composés de l'urane.
Jaune.	Sulfate de quinine fondu.
Orangé.	Leucophane.
Rouge.	Composés de l'alumine.

M. Geissler, en préparant les tubes à gaz raréfiés destinés à la lumière électrique, observa par hasard la phosphorescence du gaz qui se trouvait dans quelques-uns de ces tubes. Ruhmkorff fit connaître à Paris cette propriété vers 1858 et M. Ed. Becquerel en fit l'étude. Il reconnut que l'oxygène mêlé de vapeur d'acide sulfurique donnait surtout lieu au phénomène. M. Morren a Marseille et M. Sarrasin à Genève ont fait de nombreuses recherches à ce sujet ; mais la difficulté de se procurer l'oxygène parfaitement pur a empêché jusqu'à présent de savoir quelle est la substance gazeuse qui est réellement mise en activité. L'air adhérent au verre des appareils suffit pour que l'oxygène se trouve mêlé d'une petite quantité d'azote et il semble assez difficile de s'en débarrasser. L'ozone joue un rôle important ; car nous savons qu'il se produit sous l'influence de l'étincelle, et M. Sarrasin a observé qu'en mettant dans le gaz raréfié de la poudre d'argent, substance qui détruit l'ozone, la phosphorescence n'avait plus lieu. Le rôle de la vapeur de l'acide sulfurique serait expliqué par la décomposition électrolytique de sa vapeur, transportant l'oxygène ozonisé à l'électrode positive, et, à l'appui de cette conjecture, nous avons l'observation suivante de M. Morren relative à la distribution de la lumière dans le tube.

Lorsqu'on a fait passer dans le tube une série d'étincelles d'induction et qu'on arrête le courant, l'intérieur du tube possède une teinte d'un blanc vaporeux, semblable à un brouillard. Cette teinte ne se montre pas à l'électrode négative, elle s'évanouit peu à peu, comme toute lueur phosphorescente.

L'étincelle électrique produit la fluorescence, et tout le monde peut voir dans les cabinets de physique de charmants tubes de Geissler, aux formes les plus variées, les plus gracieuses, que la bobine de Ruhmkorff colore des nuances les plus vives et les plus inattendues. A la lumière du jour toutes les parties de ces tubes semblent incolores; dès que l'étincelle les traverse dans l'obscurité, ces parties se distinguent par leurs couleurs. Voici les principaux faits qui se trouvent rassemblés dans ces curieux appareils.

Les solutions de certaines substances étant renfermées dans des tubes de verre, et ces tubes étant enveloppés ou traversés par des tubes contenant de l'air raréfié et des fils de platine servant d'électrodes, l'étincelle qui jaillit entre ces fils excite la fluorescence des liquides. La couleur verte s'obtient avec la racine de curcuma, le bois de Cuba; la couleur bleue avec le gaïac, l'écorce de marronnier d'Inde, l'écorce de frêne, le pétrole, le sulfate de quinine. Les tubes étant composés de diverses qualités de verre, dans lesquelles entrent l'urane, l'alumine, etc., on obtient la fluorescence verte, rouge, etc. Enfin la couleur même de l'étincelle ajoute son effet à tous les précédents; elle dépend de la nature du gaz.

Les liquides fluorescents ne se comportent pas toujours de la même manière au soleil et à la lumière de l'étincelle. Ainsi l'extrait de menthe poivrée donne une couleur rouge à la lumière du soleil et à celle du magnésium en combustion; il ne produit presque rien avec le

tube de Geissler. Il en est de même de la solution alcoo-
lique du *rose de Magdala*.

Parmi les nombreuses expériences auxquelles se sont
livrés les physiciens dans ces dernières années, nous
signalerons encore une curieuse observation de M. Müller:
le spectre de l'étincelle d'induction parut dix fois plus
long sur une plaque de verre, que sur une feuille de papier blanc, les électrodes étant en zinc, et neuf fois, lorsque les électrodes furent en aluminium [1].

Les phénomènes que nous venons de décrire nous montrent un corps transmettant simplement aux corps environnants l'énergie qu'il a puisée dans l'étincelle, sans
que cette énergie ait changé sa forme, qui est celle de la
lumière. Mais les éléments de cette énergie ont subi une
modification, qui correspond à la diminution de réfrangibilité des radiations. On peut comparer l'étincelle à un
corps vibrant, qui produit un son, le corps phosphores-
cent aux cordes d'un piano, qui renvoient le son en le
modifiant suivant leurs natures, leurs diamètres, leurs
longueurs et leurs tensions. Quelques-unes restent immobiles ; les autres vibrent harmoniquement avec le corps
sonore ; ce sont les plus longues et le son qu'elles font
entendre est plus grave que le son excitateur. C'est l'air
qui a transmis la vibration de la source aux cordes. C'est
aussi l'air qui transmet la vibration composée des cordes
à notre oreille. Telle est l'image de la fluorescence et de
la phosphorescence par illumination.

---

[1] *Annales de Chimie et de Physique*, 4ᵉ série, tome XIII. 1868.

CHAPITRE VI

APPLICATIONS DE L'ÉTINCELLE

L'industrie a su tirer parti des propriétés de l'étincelle électrique, par exemple de l'instantanéité de son apparition au moment de la décharge, de la chaleur qu'elle développe, de l'intensité de sa lumière. Nous ne considérerons ici que les applications techniques, celles qui ont trouvé place dans les arts et dans les sciences appliquées, et nous laisserons de côté les nombreux usages qu'en en fait dans les laboratoires pour les recherches scientifiques. Nous passerons rapidement en revue ces applications dans l'ordre que nous venons d'indiquer.

1. — Appareils fondés sur l'instantanéité de l'étincelle.

Nous avons déjà vu qu'au milieu du dix-huitième siècle une expérience faite en Angleterre sur la bouteille de Leyde avait montré que la décharge par étincelle a une durée inappréciable, même avec un très long circuit. Il faut recourir au miroir tournant, comme l'a fait M. Wheatstone, pour observer quelque intervalle de temps entre l'apparition de deux étincelles, dont l'une jaillit entre l'armature intérieure d'une bouteille non isolée et un fil conducteur isolé, et l'autre entre l'extrémité de ce fil long de plusieurs kilomètres et un conducteur communiquant avec le sol.

En 1794, Reiser imagina un télégraphe fondé sur cette propriété, et son système fut mis en pratique avec quelque succès par Salva en Espagne. Entre les deux stations étaient tendus des fils conducteurs parfaitement isolés, ce qui est une des difficultés de ce système ; chacun de ces fils portait une lettre à l'extrémité située à la station de départ, et à son autre extrémité était placée à une petite distance la même lettre de métal communiquant avec le sol. Quand on voulait désigner une lettre, on chargeait une bouteille de Leyde à la station de départ en la tenant à la main par l'armature extérieure, et on approchait du fil correspondant à cette lettre le bouton de l'armature intérieure. L'étincelle jaillissait simultanément aux deux extrémités du fil, et montrait à la station d'arrivée la lettre qu'on voulait désigner.

La découverte de la pile et celle de l'électro-magnétisme ayant amené l'invention d'un télégraphe beaucoup plus simple et plus sûr, le système de Reiser est tombé dans l'onbli. Il est juste de lui donner une place dans l'histoire de la télégraphie, parce que c'est la première tentative qui ait été faite en vue d'appliquer l'une des principales propriétés de l'électricité.

Vers 1858, M. Martin de Brettes, officier de l'artillerie française, a imaginé plusieurs appareils fort ingénieux, destinés à mesurer des intervalles de temps très courts, séparant le passage d'un mobile par des positions successives connues. Il avait surtout en vue la détermination exacte de la vitesse des projectiles lancés par les armes à feu ; mais la solution qu'il trouva lui suggéra beaucoup d'autres applications, dont les sciences appliquées peuvent tirer un parti avantageux.

Fig. 74. — Vitesse d'un projectile.

La propriété de l'étincelle que ces appareils utilisent, indépendamment de l'instantanéité de la décharge, est celle que nous a fait connaître l'expérience du perce-carte.

Imaginons un disque de métal, revêtu sur un côté d'une feuille de papier et tournant uniformément autour de son centre. A une petite distance du papier se trouve une pointe de métal, fixe, communiquant avec l'un des pôles de la bobine de Ruhmkorff. Le disque de métal communique avec l'autre pôle par l'intermédiaire d'un ressort sur lequel il s'appuie constamment. Dès qu'une étincelle jaillira entre la pointe et le disque, un petit trou se produira dans le papier, et on pourra observer sa place à loisir, quand on aura arrêté le disque.

S'agit-il de mesurer la vitesse d'un projectile, voici comment on pourra opérer. On mettra sur la ligne que doit suivre le projectile une cible formée par un fil métallique, replié en zigzag, et fixé sur un châssis isolant (fig. 74); puis on formera un circuit voltaïque avec la cible, le fil inducteur de la bobine de Ruhmkorff et une pile de quelques éléments. Une seconde cible placée plus loin formera un second circuit semblable, disposé de façon que son courant neutralise l'action du premier sur le fer de la bobine. Quand le projectile rencontrera la première cible, il ouvrira le circuit correspondant, et l'autre mettant la bobine en activité, les étincelles se succéderont rapidement; on aura une suite de points marqués sur le disque tournant. Atteignant ensuite la seconde cible, le projectile rompra le second circuit et la bobine rentrera au repos; la ligne de points marqués sur le disque correspondra au passage du projectile entre les deux cibles et fera connaître sa durée. En divisant par cette durée la distance des cibles, on aura la vitesse moyenne du projectile.

Les appareils de M. Martin de Brettes ne sont pas identiques à celui que nous venons d'étudier, mais on y retrouve les mêmes principes. On peut les appliquer de diverses manières.

Nous donnerons une idée de l'extension qu'on peut

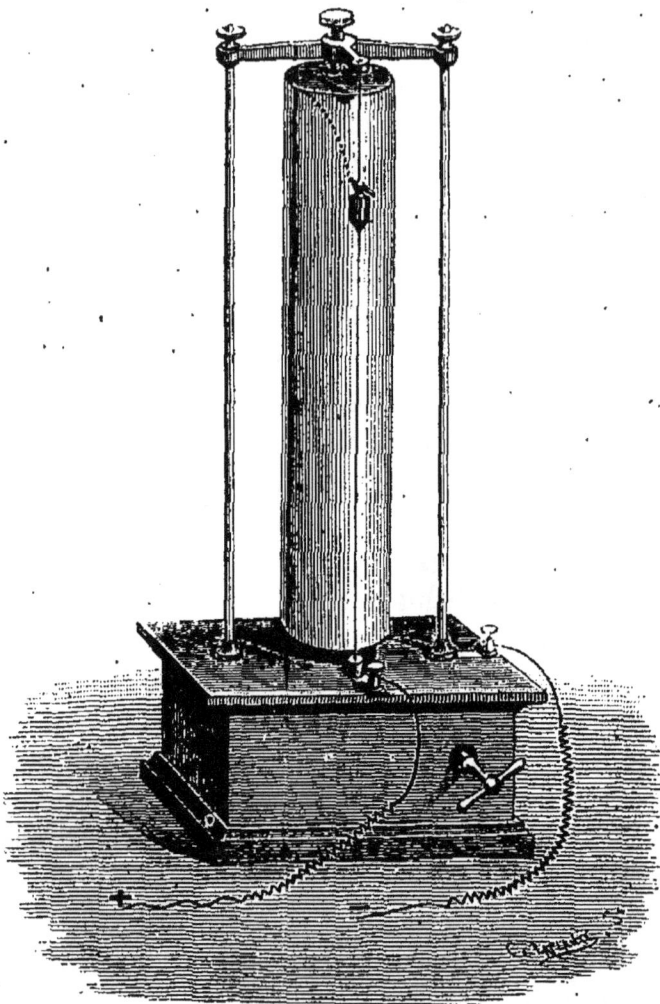

Fig. 75. — Appareil pour la chute d'un corps.

donner à l'*Indicateur par étincelle*, en résolvant cet autre problème : Inscrire le mouvement d'un corps pesant qui tombe librement.

Un cylindre de métal, recouvert d'une feuille de papier, est placé verticalement, et reçoit d'un mouvement d'horlogerie une rotation uniforme autour de son axe (fig. 75). Ce cylindre communique avec l'un des pôles de la bobine de Ruhmkorff, munie de son interrupteur à vibrations rapides. Le corps pesant est un petit cylindre de plomb, terminé en cône à sa partie inférieure ; il est traversé par un fil de cuivre isolé, tendu verticalement à une petite distance du cylindre, et muni d'une pointe de platine qui est très près de la feuille de papier ; ce fil communique avec le second pôle de la bobine.

Supposons que le corps pesant soit en repos, l'interrupteur fonctionnant : les étincelles vont se succéder rapidement entre la pointe et la surface du cylindre ; elles produiront une série de petits trous dans le papier, sur une circonférence horizontale.

Abandonnons le corps pesant à lui-même ; il tombera en glissant très légèrement le long du fil vertical, qui lui sert de guide, et la série de petits trous dessinera sur toute la hauteur parcourue une courbe *parabolique* qui résout le problème.

2. — Appareils utilisant la chaleur de l'étincelle.

Après l'invention de son électrophore, Volta imagina un appareil pour allumer une bougie à l'aide de l'étincelle électrique.

L'électrophore est placé dans le socle de l'appareil (fig. 76). Le gâteau de résine r a été électrisé par le frottement d'une peau de chat, et il conserve assez longtemps son électricité, si l'on entretient près de lui une substance qui absorbe l'humidité. Au-dessus du socle est un générateur d'hydrogène. Il est composé d'un flacon de verre A, muni d'un robinet de cuivre R, et d'un récipient de verre B qui sert à fermer le flacon ; le prolongement de ce récipient est ouvert et descend jusqu'au fond de l'appareil. Un cylindre de zinc *z* est suspendu le long de ce prolongement, sans dépasser son extrémité inférieure. Quand on verse de l'eau aiguisée d'acide sulfurique dans le récipient, elle descend dans le flacon jusqu'à ce que son niveau atteigne le robinet, celui-ci étant ouvert. On le ferme alors, et le zinc se trouve plongé entièrement

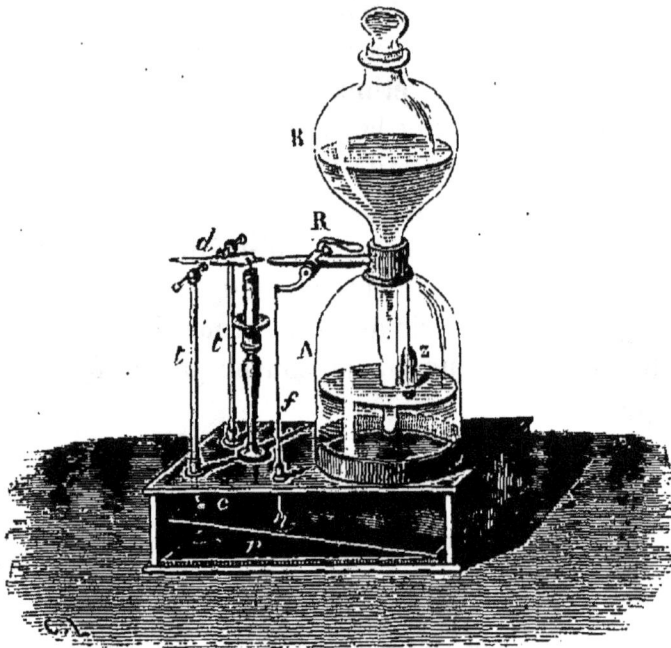

Fig. 76. — Briquet électrique.

dans l'eau ; de l'hydrogène se dégage, et fait monter l'eau du flacon dans le récipient B, jusqu'à ce que le zinc *z* soit complètement sorti du liquide. On a ainsi une petite provision de gaz hydrogène, possédant une pression supérieure à celle de l'atmosphère.

Si on ouvre le robinet, un jet de gaz sort ; c'est ce jet qui doit allumer la bougie, après avoir été enflammé par l'étincelle.

Pour cela, le robinet est en face de deux pointes de
métal dont l'une est isolée, et dont l'intervalle d est assez
petit. La pointe isolée communique avec un conducteur
vertical tc, également isolé, qui traverse la paroi du socle et aboutit à une petite distance du plateau métallique
de l'électrophore. A la clef du robinet est attaché un
cordon de soie f qui traverse la même paroi et soutient
ce plateau. Quand le robinet est fermé, le plateau touche
le gâteau de résine, et aussi une feuille d'étain collée sur
le bord du gâteau, ce qui le fait communiquer avec le
sol. Quand on tourne le robinet, on soulève le plateau,
et on l'amène en contact avec le conducteur ct de la pointe
isolée. Une étincelle jaillit entre les deux pointes, au milieu du jet d'hydrogène, et l'enflamme. Le jet, devenu incandescent, allume enfin la bougie.

Le *briquet à hydrogène* de Volta n'est qu'un appareil
de physique; mais il est le premier exemple d'une utile
application de la chaleur de l'étincelle. Après l'invention
de l'éclairage au gaz, dû au français Lebon, on songea
à l'allumage électrique des becs; mais c'est seulement
après celle de la bobine d'induction que la question fut
résolue d'une matière pratique. MM. du Moncel et Liais
furent les promoteurs de ce procédé.

Imaginons un grand nombre de becs, munis chacun de
deux pointes métalliques isolées (fig. 77), qui soient reliées entre deux becs par un fil de cuivre recouvert de
gutta-percha, et supposons que les pointes extrêmes de
la série soient mises en communication avec les pôles
de la bobine de Ruhmkorff. Nous aurons ainsi un circuit présentant une solution de continuité à chaque bec.
Voulons-nous allumer tous ces becs simultanément; il
suffira d'ouvrir un robinet livrant passage au gaz, et de
fermer le circuit inducteur de la bobine. Aussitôt les
étincelles jaillissent à chaque solution de continuité, et
enflamment le gaz du bec correspondant. On ouvrira ensuite le circuit inducteur, pour arrêter la production des

étincelles, et l'appareil sera prêt à fonctionner pour le rallumage suivant.

Cet ingénieux procédé a été fréquemment utilisé dans les amphithéâtres, lors-qu'on avait besoin d'é-teindre momentanément les becs, comme cela a lieu à la scène et dans les cours de physique.

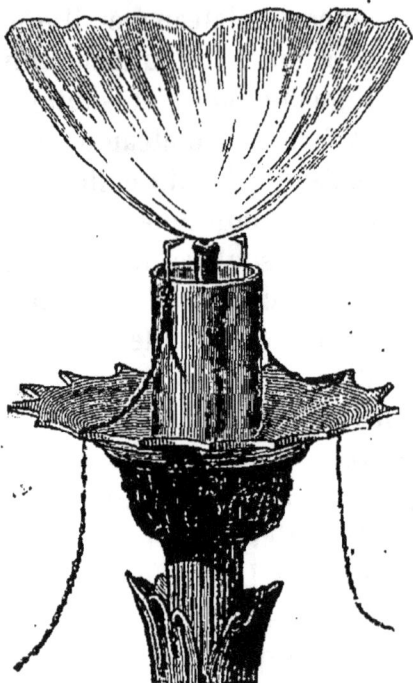

Fig. 77. — Allumage électrique.

On l'emploie égale-ment depuis plusieurs années pour allumer les appareils à gaz destinés à éclairer les salles d'as-semblée, celle du Sénat par exemple. L'allumage se fait en quelques ins-tants sans aucune inter-ruption de la séance, au moyen d'une bobine Ruhmkorff actionnée par des piles Léclanché de grandes dimensions.

Cette pile présente l'avantage de ne donner aucune émana-tion, d'exiger fort peu d'entretien et d'être, par consé-quent, toujours prête à fournir le courant nécessaire.

Il y a une autre circonstance où l'allumage électrique est encore fort utile. C'est pour la production des signaux de nuit. Au lieu de hisser des fanaux au sommet d'un mât, ce qui exige une manipulation assez compliquée et peu rapide, il vaut mieux établir ces fanaux à poste fixe, et les allumer au moment voulu par l'étincelle. Cette ap-plication est due à M. Trèves, officier de la marine fran-çaise.

L'éclairage des wagons de chemins de fer trouverait aussi dans ce procédé un avantage sérieux, et il est bien à désirer que la routine n'entrave pas le développement d'une excellente application industrielle.

Nous trouvons une seconde application de la chaleur de l'étincelle dans une classe de moteurs à gaz, qu'on désigne habituellement sous le nom de moteurs Lenoir.

En 1801, Lebon, l'inventeur de l'éclairage au gaz, décrivait ainsi la machine à gaz, dans une addition à son brevet du 25 août.

« Dans le cylindre A s'opère la combustion du gaz inflammable, qui est introduit au moyen du tuyau B, tandis que l'air atmosphérique nécessaire pour la combustion y est refoulé par le tuyau C..... On sait qu'on peut déterminer l'inflammation par l'étincelle électrique même dans des vaisseaux fermés. On pourrait disposer une machine électrique qui serait mue par celle à gaz, de manière à répéter les détonations dans des instants dont l'intermittence pourrait être réglée et déterminée[1]. » L'idée d'appliquer l'étincelle électrique aux moteurs à gaz appartient donc à Lebon.

Nous arrivons à la principale application de la chaleur de l'étincelle, c'est l'inflammation des mines à grande distance. Les appareils employés sont surtout la bobine de Ruhmkorff, et, depuis 1867, le coup de poing Bréguet, qui est d'une installation plus facile, mais qui produit l'étincelle avec moins de sûreté.

C'est M. du Moncel qui eut le premier l'occasion de faire servir l'étincelle de la bobine de Ruhmkorff à l'inflammation de la poudre dans les mines. Avant 1854, le procédé en usage consistait à faire des trous dans le rocher, à y placer une fusée munie d'une longue mèche à laquelle on mettait le feu. La mèche se consume graduellement, et, quand la chaleur atteint la poudre, l'explosion a lieu. Ce procédé expose les ouvriers à un danger

---

[1] *Annales du Conservatoire des Arts et Métiers*, 1861. Rapport de M. Tresca sur la machine Lenoir.

sérieux, soit parce que l'inflammation a lieu avant qu'ils aient eu le temps de s'éloigner, soit parce que, au contraire, elle a lieu trop tard, et que les ouvriers se sont déjà rapprochés. Ce dernier cas se présente le plus souvent, parce qu'on fait habituellement partir plusieurs mines ensemble, et qu'on ne peut savoir si toutes ont fait explosion simultanément.

Hare songea le premier à enflammer les mines à l'aide d'un fil de platine très fin, rougi par le courant voltaïque. Roberts imagina le premier appareil assez simple pour entrer dans la pratique. Mais la bobine de Ruhmkorff offrit une solution inespérée.

Voici dans quelles circonstances M. du Moncel la réalisa[1] :

On creusait à Cherbourg un bassin dans le roc, sur une longueur d'un kilomètre et une profondeur de 20 mètres. Quinze ans de travail par les procédés ordinaires n'avaient donné qu'un mince résultat, au prix d'une somme considérable. Le gouvernement eut recours à l'industrie privée et MM. Dussaud et Rabattu se mirent à l'œuvre. Ils firent usage de *mines monstres*, formées de cavités ayant 3 ou 4 mètres cubes de capacité, qu'on creusait au nombre de deux au fond d'un puits de 12 mètres de profondeur (fig. 78). Là poudre était renfermée dans de grands sacs en gutta-percha, que l'on plaçait dans les cavités ; chaque sac contenait en outre une fusée d'explosion, qui terminait un tuyau flexible, rempli de poudre, qu'on appelle *saucisson*. Les saucissons ayant été amenés jusqu'à l'orifice du puits, on maçonnait la galerie inférieure, on remplissait de terre le puits.

Pour déterminer l'explosion, on faisait communiquer à la surface du sol les saucissons avec des traînées de poudre, aboutissant à un point central, où l'on mettait une mèche d'amadou : on allumait cette mèche, et le feu

---

[1] *Notice sur l'appareil de Ruhmkorff*, par M. du Moncel.

se communiquait par les traînées de poudre à chaque
saucisson, puis de chaque saucisson au sac de poudre
correspondant. Malheureusement, toutes les mines ne partaient pas, la chaleur ne se communiquant pas jusqu'aux
cavités souterraines, et de plus, elles ne partaient pas à la
fois, ce qui nuisait beaucoup à la vivacité de l'ébran-
lement. MM. Dussaud et Rabattu prièrent M. du Moncel

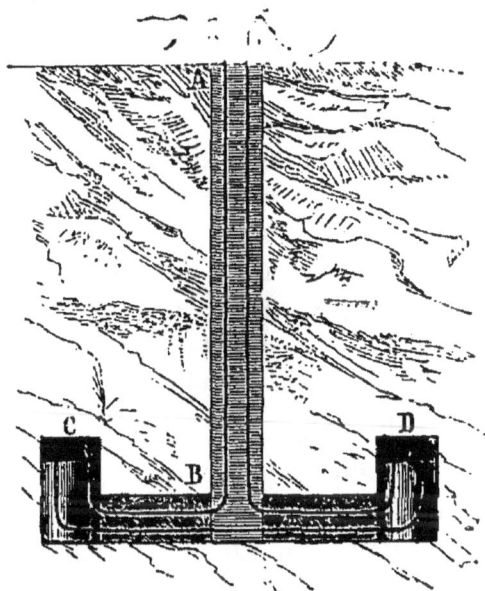

Fig. 78. — Mine monstre.

de tenter l'emploi de l'électricité. Les premiers essais furent faits le 1er septembre 1854. Six mines monstres écla-
tèrent à la fois. On n'entendit qu'une seule détonation, et
plus de 50000 mètres cubes de rochers furent détachés ;
ce qui représente une tranchée ayant 500 mètres de longueur, 10 mètres de largeur et 10 mètres de profondeur.

« L'effet de l'explosion des mines monstres, dit M. du
Moncel, est tout à fait différent de celui des petites mines.
Peu de fragments de petite pierre sont projetés en l'air ;

mais on voit le terrain se soulever comme une enveloppe
qui se gonfle. Quand ce soulèvement a atteint 1 ou 2 mètres, des déchirures se forment de tous côés, et la fumée,
quelques instants comprimée, en s'échappant à travers
ces fissures, donne à ces mines l'apparence d'un cratère
volcanique en éruption. La détonation n'est pas extrêmement forte ; c'est un bruit sourd, qui semble venir de loin,
et à la suite duquel se produit un petit tremblement de
terre qui, du reste, ne se propage pas assez loin pour en-
dommager les bâtiments dans le voisinage. »

Pour employer l'électricité à ces travaux gigantesques,
on remplace la fusée d'explosion par une *amorce*, dans
laquelle se trouvent une substance explosible et deux fils
de platine dont les extrémités noyées dans cette substance
laissent entre elles un petit intervalle. Ces fils sont mis
en communication avec les pôles de la bobine d'induction par l'intermédiaire de fils de cuivre recouverts de
gutta-percha. Ceux-ci remplacent les saucissons dont il
était question plus haut, et les traînées de poudre à la
surface du sol. Les difficultés principales qu'il a fallu surmonter sont la confection des amorces, et la disposition
des conducteurs, quand on doit faire partir plusieurs
mines à la fois.

Les amorces les plus employées avec la bobine de
Ruhmkorff sont les fusées de l'ingénieur anglais Statcham.
Leur découverte est due au hasard. Un câble sous-marin
ayant été mis à l'essai, présenta une solution de continuité. M. Statcham aperçut des étincelles se succédant
rapidement le long de l'enveloppe de gutta-percha, et il reconnut que cet effet était dû à l'empreinte du fil de cuivre sur la gutta-percha, qui constituait un corps médiocrement conducteur interposé entre les deux bouts du fil
rompu. Comme la gutta-percha est imprégnée de soufre,
le contact prolongé du cuivre y produit une pellicule de
sulfure de cuivre, qui adhère à l'enveloppe du fil de métal. Quand ce fil seul est coupé, la pellicule reste sur la

gutta-percha et la solution de continuité n'est pas complète. Il est probable que la pellicule rougit par l'effet du courant et qu'il s'établit ensuite un petit arc voltaïque.

La fusée de Statcham présente une solution de continuité de ce genre. Il y a une échancrure dans l'enveloppe de gutta-percha et une interruption dans le fil. On met dans l'échancrure un peu de fulminate de mercure, de la poudre, et on dispose le tout dans une cartouche remplie de poudre. M. Statcham employait ses fusées à l'explosion des mines par la pile voltaïque. Ruhmkorff s'en servit ensuite avec sa bobine. L'étincelle ordinaire, nous l'avons vu, n'enflamme pas la poudre, à cause de son instantanéité. Grâce à l'invention de M. Statcham, cette première difficulté fut vaincue.

Avec le *coup de poing* Bréguet (fig. 12), on emploie un autre système d'amorces plus sûres que les précédentes. Elles ont été imaginées par M. Abel, officier du génie anglais. Deux fils de cuivre enveloppés de gutta-percha ont leurs extrémités nues et distantes d'un millimètre ; ils sont engagés dans une petite capsule d'étain qu'on remplit d'un mélange de chlorate de potasse, de sulfure de cuivre et de phosphure de cuivre. On fait communiquer ces fils respectivement avec les pôles de l'*exploseur*.

Quelles sont les dispositions adoptées pour enflammer simultanément plusieurs mines, à l'aide d'un seul appareil exploseur. On a songé naturellement à former un seul circuit comprenant la bobine induite, et les fils conducteurs isolés reliant chaque mine à la suivante, de manière qu'il y eût une solution de continuité dans chaque amorce ; l'étincelle doit jaillir à peu près au même instant à chaque solution de continuité. Mais on a reconnu par l'expérience qu'on ne pouvait faire partir par ce moyen plus de quatre mines à la fois, quand on emploie la bobine de Ruhmkorff. On a cherché d'autres moyens ; M. Savare, en France, a réussi à enflammer dix mines à la fois, à 700 mètres de distance. M. Verdu, en Espagne, a enflammé

six mines et il a conclu qu'on ne pouvait guère dépasser
le nombre cinq. Veut-on faire partir vingt mines à peu
près simultanément, on les divise en quatre groupes de
cinq. Les cinq mines de chaque groupe sont reliées les
unes aux autres, de manière à constituer un conducteur
unique, interrompu à chacune des cinq amorces, ayant
une de ses extrémités enfoncée dans le sol, et l'autre placée
près d'un pôle de la bobine. On a ainsi quatre bouts de
fil que l'on tient ensemble à la main, et avec chacun des-
quels on touche successivement le pôle de la bobine. A
chaque contact, cinq mines font explosion et comme on
peut faire cette manipulation en moins d'une seconde, les

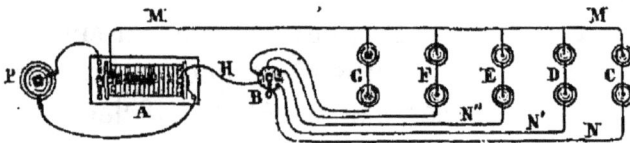

Fig. 79. — Explosion de plusieurs mines.

vingt explosions sont à peu près simultanées ; on n'entend
guère qu'une seule détonation .

M. du Moncel a perfectionné cette méthode et sans entrer dans le détail de son commutateur, nous en ferons
connaître le principe.

De l'un des pôles de la bobine A (fig. 79) part un fil M
qui aboutit aux mines les plus éloignées C, et sur lequel
sont embranchés les fils des autres groupes de mines, D,
E, F, G. De l'autre pôle part un fil H qui aboutit à un axe
métallique B, placé au centre d'un disque de verre ou de
caoutchouc durci. Sur le contour de ce disque
sont des pièces de cuivre saillantes, qui communiquent respectivement aux groupes C, D, E...., par l'intermédiaire des fils N, N', N''...... Enfin un ressort de métal peut tourner autour de l'axe B, en touchant successivement les pièces de cuivre qui font saillie sur le bord du

Fig. 80. — Explosion d'une mine par un fil télégraphique.

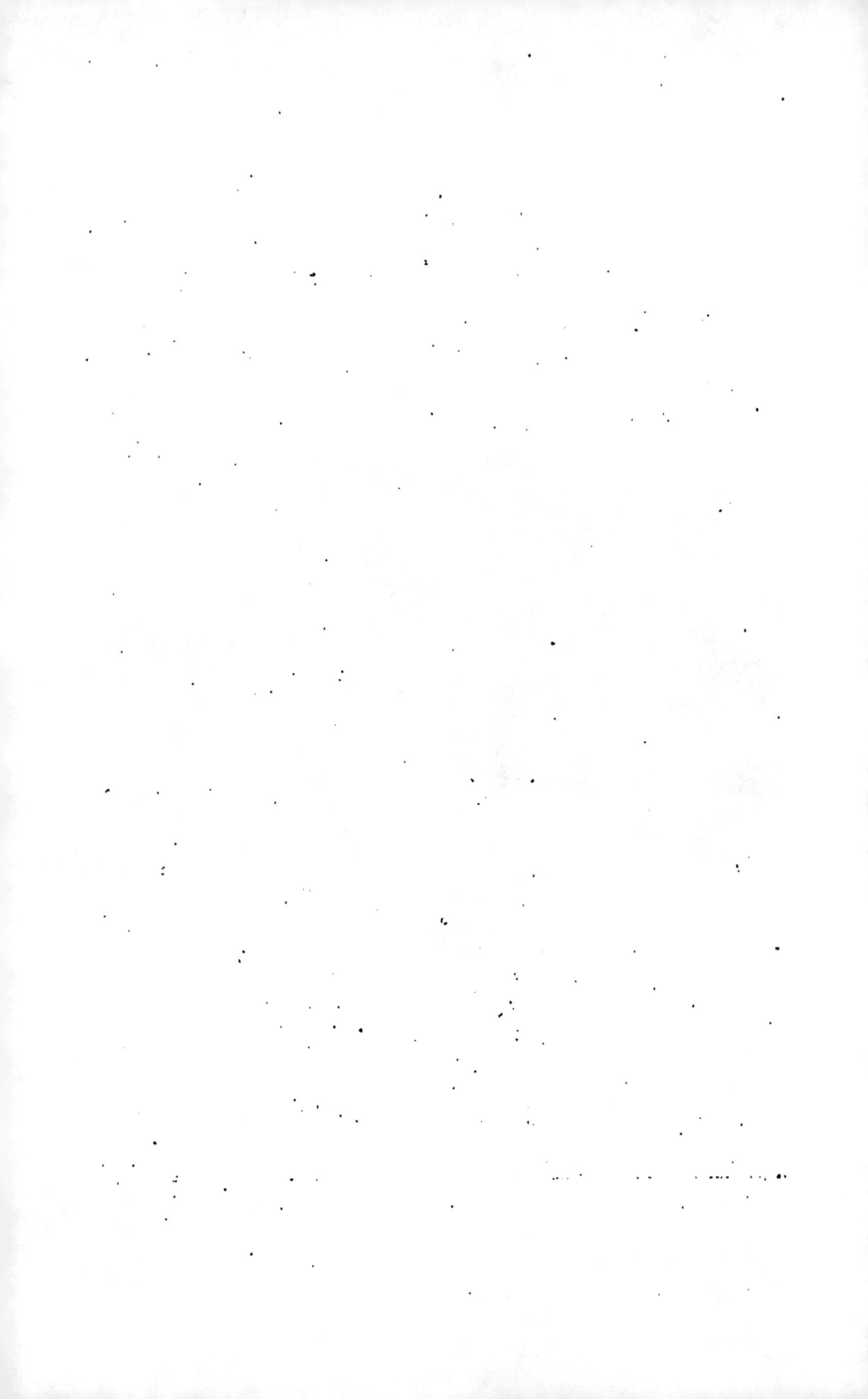

disque. D'après la disposition indiquée sur la figure, quand on fera tourner le ressort en sens inverse du mouvement des aiguilles d'une montre, on enflammera successivement les groupes C, D, E...... Si la rotation est très rapide, les inflammations auront lieu à des époques très rapprochées, comme dans le système de M. Verdu.

A quelle distance peut-on produire l'explosion? Cette question a été étudiée en 1853 par M. Ruhmkorff et M. Verdu dans les ateliers de M. Herkmann, à Paris. On formait le circuit avec la bobine de Ruhmkorff et un long fil de cuivre recouvert de gutta-percha. On a donné à ce fil jusqu'à 26 kilomètres de longueur, et l'étincelle se produisait très bien : la pile était composée de deux éléments Bunsen. On a aussi essayé, dans cette série d'expériences, à remplacer la pile par une machine de Clarke, et on eut le même succès.

M. Bréguet, en 1868, a enflammé une amorce de Paris à Rouen en se servant de son exploseur et d'un seul fil télégraphique, les communications avec la terre étant établies comme le représente la fig. 80. En 1869, M. Francisque Michel a obtenu le même résultat entre Paris et Bordeaux. Ce sont de merveilleux résultats, qui assurent le succès de cette utile application de l'étincelle.

Les tristes nécessités de la guerre devaient trouver de nouveaux engins meurtriers dans ces terribles moyens de destruction. C'est la marine militaire qui paraît avoir employé les premières *torpilles* sous-marines. Ce sont des amas de poudre que l'on fait sauter pour anéantir les navires qui sont dans le voisinage. On s'en servit dès 1585 au siège d'Anvers [1], en 1628 au siège de la Rochelle. On distingue deux sortes de torpilles, les *automatiques*, qui sautent au moment où un navire les choque, et les *dormantes*, qui font explosion au gré du chef de service. Ces

---

[1] *Notice sur les appareils magnéto-électriques de Bréguet.* 1869.

dernières sont exclusivement électriques ; leur inflammation a lieu par les procédés que nous avons décrits.

Ces machines infernales ont une puissance extraordinaire. Voici ce que disait l'amiral Dahlgren, dans un rapport sur la perte d'un navire, pendant la guerre d'Amérique.

« Il y eut un choc, le bruit d'une explosion, un nuage « de fumée à bâbord, et en moins d'une demi-minute le « pont du navire était sous l'eau..... Cinq officiers et « trente-huit hommes furent sauvés, soixante-deux hom- « mes ou officiers ont disparu. Les survivants sont ceux « qui se trouvaient sur le pont. » M. Bréguet, auquel nous empruntons ces détails, raconte l'effet d'une torpille mise en expérience en 1866 dans la pièce d'eau du parc de Villeneuve-l'Étang. L'eau était soulevée jusqu'à une hauteur de 60 mètres ; mais la projection se faisait sur une petite étendue, de sorte qu'à une faible distance de l'explosion, on ne courait aucun danger. Un instant avant que l'eau fût arrivée à sa plus grande hauteur, une seconde projection soulevait une nouvelle masse d'eau à une moindre hauteur. On a même vu une troisième projection succéder à la seconde, à une hauteur moindre encore.

On emploie aussi l'étincelle électrique pour enflammer les fourneaux de mine ou *fougasses* que le génie dispose pour défendre l'approche d'une position retranchée, ou d'une enceinte fortifiée. La poudre est alors placée dans un trou profond et recouverte de pierres. Quand l'explosion a lieu, elle projette les pierres sur une grande étendue de terrain ; on couvre ainsi la colonne d'attaque d'une pluie de mitraille.

Nous voici bien loin des arts pacifiques, qui devraient être la seule préoccupation de l'humanité. Ah ! combien la science déplore le triste usage que tant d'hommes font des trésors qu'elle prodigue ! Puisse l'instruction répandre sur les peuples des flots de lumière, pour que leur entente fraternelle anéantisse de coupables ambitions.

Hommes instruits de toutes les nations, formez une sainte
ligue, pour que le fruit de vos labeurs ne soit pas avili
par un coupable usage ; que votre légitime autorité pré-
vale dans le monde ; elle vous vient de Dieu et ne devrait
servir qu'au bien-être de l'humanité.

3. — Éclairage électrique.

L'arc lumineux produit entre deux pointes de charbon
soit par le courant voltaïque, soit par le courant magnéto-
électrique nous offre un procédé d'éclairage incompara-
ble, lorsqu'il s'agit d'éclairer à une grande distance. C'est
aussi un excellent moyen, quand on veut éclairer temporairement un grand travail de nuit.

L'intensité de l'arc voltaïque doit être constante. Or
l'usure des charbons accroît peu à peu sa longeur, et
quand elle a atteint une certaine limite, l'arc s'éteint.
Jusqu'à ce terme, l'intensité lumineuse va en diminuant.
Il faut donc qu'un mécanisme particulier rapproche graduellement les charbons, à mesure qu'ils s'usent. En
outre, le charbon positif s'use plus rapidement que
l'autre; le mouvement doit donc être différent pour chacun des charbons. On appelle *régulateur* l'appareil qui
porte les charbons et qui leur donne un mouvement capable de maintenir constantes la longueur et la position
de l'arc.

C'est en 1848 que MM. Foucault, en France, Staite et
Pétrie en Angleterre, construisirent les premiers régulateurs. Depuis cette époque MM. Archereau, Breton, Duboscq, Martin de Brettes, Liais, Serrin ont successivement
imaginé diverses dispositions.

Ces appareils, excepté celui de M. Liais, sont fondés
sur les propriétés des électro-aimants. Le courant qui produit l'arc lumineux passe dans le fil d'un électro-aimant,

qui agit par son magnétisme sur un organe mécanique
chargé de mettre les charbons en mouvement. Lorsque
l'arc augmente de longueur, le courant s'affaiblit, le magnétisme diminue ; l'organe mécanique rapproche les
charbons, jusqu'à ce que le courant ait repris son intensité primitive. De la
délicatesse et de la rapidité de ce mouvement
dépend la fixité de la
lumière.

Le plus simple des
régulateurs, et par
conséquent le plus fa-
cile à comprendre, est
celui de M. Archereau
(fig. 81). Le charbon
supérieur est porté par
une tige qui peut glis-
ser et tourner au bout
d'une traverse horizon-
tale de cuivre. Le con-
ducteur négatif de la
pile communique avec
cette traverse, qui est
isolée. Le charbon in-
férieur est adapté au
sommet d'un cylindre

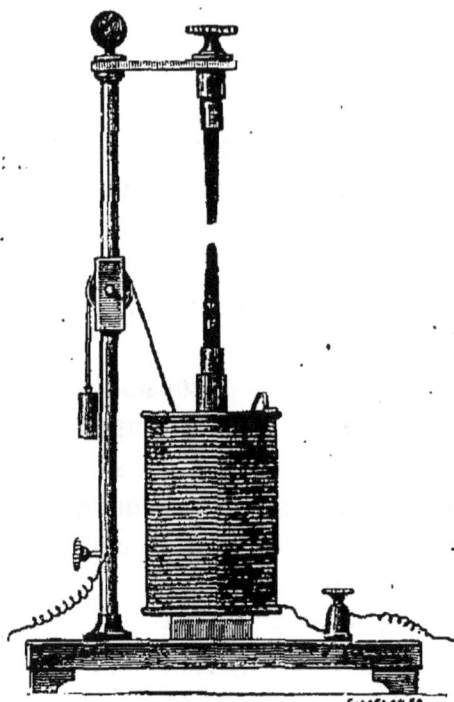

Fig. 81.
Régulateur d'Archereau.

vertical, qui peut monter ou descendre suivant l'axe d'une
bobine creuse, recouverte d'un fil de cuivre isolé. Le canon de la bobine est en cuivre, et il est maintenu fixe.
L'un des bouts du fil aboutit au canon, et l'autre à une
pince à vis, à laquelle on adapte le conducteur positif de
la pile. De cette manière le charbon inférieur communique avec la pile par l'intermédiaire du cylindre mobile
et du canon de la bobine qui se touchent toujours en
plusieurs points, surtout si la bobine est très longue. Le

cylindre porte à son extrémité inférieure une poulie par
laquelle il s'appuie sur un cordon, qui s'enroule sur une
poulie fixe et est tendu par un poids. De cette manière
le cylindre porte-charbon et le poids se font presque équilibre, et le charbon monte ou descend, sans que ce mouvement exige une force considérable; elle doit seulement
vaincre le léger frottement du cylindre contre la paroi
intérieure de la bobine. C'est le courant lui-même et l'action du contrepoids qui doivent opérer ce mouvement.
Pour atteindre ce but, on a composé le cylindre de deux
parties, l'une en fer, celle du haut, l'autre en cuivre, celle
du bas. Le courant passant dans la bobine attire le fer et
fait descendre le cylindre; dès que le courant cesse, le
contrepoids relève le cylindre.

On comprendra sans peine le jeu de l'appareil. Pour le
mettre en activité, on amène le charbon supérieur au
contact du charbon inférieur, puis, en agissant sur le
premier, on sépare les deux charbons. Là position du cylindre central est celle que l'action de la bobine doit lui
donner, lorsqu'elle est traversée par le courant ; cette
position persiste donc après la séparation des charbons
et l'arc lumineux s'établit. Le charbon inférieur s'use
plus vite que l'autre puisqu'il sert d'électrode positive;
dès que l'arc est devenu un peu plus long, le courant
est un peu plus faible ; il n'attire plus le fer du cylindre
avec autant de force ; le contrepoids n'est plus exactement équilibré et il fait remonter le charbon. Mais alors
le courant se rétablit; la bobine retient le cylindre et
l'empêche de continuer son mouvement ascensionnel.
L'arc lumineux reste stationnaire, jusqu'à ce que l'usure
soit assez grande pour que la même opération recommence.

On remarquera que le centre de l'arc s'élève graduellement à mesure que le charbon supérieur s'use. Il y a
ainsi déplacement du foyer de lumière, ce qui dans certains cas est très incommode. On doit corriger ce défaut

en agissant sur le pignon du charbon supérieur. L'appareil n'est pas complètement automatique.

Les autres systèmes de régulateur réunissent, avec une perfection plus ou moins grande, les deux conditions que nous venons de signaler, à savoir la constance dans l'intensité de la lumière, et la fixité du foyer. Celui de M. Duboscq est le plus répandu ; mais il n'est pas complètement automatique : il faut un opérateur pour mettre les charbons en contact, les séparer ensuite. Cela n'a aucun inconvénient pour les expériences de physique ; il est même utile de changer à la main l'écartement des électrodes, lorsqu'on veut, par exemple, interposer diverses substances et projeter l'arc, ou le spectre de ces substances. S'il s'agit d'un éclairage continu, durant plusieurs heures, cet appareil offre un inconvénient sérieux : non seulement il faut qu'un opérateur exercé allume la lampe électrique, mais encore si par une diminution imprévue de l'intensité du courant l'arc s'éteint, il faut que l'opérateur remette les charbons en contact, les sépare et les règle de nouveau ; la nécessité de sa présence à côté de l'appareil rendrait cette sorte d'éclairage peu pratique. Construire un régulateur s'allumant de lui-même dès qu'on ferme le circuit, conservant invariable la longueur et la position de l'arc et enfin se trouvant toujours prêt à servir, en cas d'extinction accidentelle, sans que la main intervienne, tel est le problème du régulateur complètement automatique. Il a été résolu à Paris par M. Serrin et par M. Foucault.

Dès 1852, M. Serrin entreprit de dompter cette magnifique source de lumière, à laquelle on ne reprochait qu'une capricieuse variation d'intensité. Après de patien efforts, non seulement M. Serrin construisit un bon appareil, mais encore, ce qui était peut-être plus difficile, il obtint que son système fût adopté dans les services de l'État, particulièrement dans celui des phares. Dans un compte rendu de l'Exposition universelle de

1867[1], M. l'abbé Moigno l'appelle *l'homme de la lumière électrique*, de même que Cicéron disait *l'homme* de tel livre, de telle chose. On l'a vu conduire seul une véritable armée de régulateurs, qui fonctionnaient sans variations pendant des nuits entières.

L'appareil Serrin éclaire les phares du Havre depuis 1863 ; l'arc y est produit par les machines magnéto-électriques de Nollet. Il a servi aux travaux de nuit du fort Chavagnac, à Cherbourg, du chemin de fer du Midi, des réservoirs de Ménilmontant, des mines du Guadarrama en Espagne, etc. : c'est lui qui illumine brillamment nos fêtes de nuit. M. Brul, ingénieur du chemin de fer du nord de l'Espagne, a donné dans les *Mondes* d'intéressants détails sur le travail de nuit. Deux régulateurs de M. Serrin étaient placés sur la même colonne, afin qu'il n'y eût pas d'interruption dans l'éclairage. Quand les charbons de l'un étaient usés, on allumait l'autre instantanément. On disposait deux piles de cinquante éléments Bunsen ; d'abord une seule fonctionnait, et quand elle commençait à s'affaiblir, on mettait l'autre en activité ; à la fin on les réunissait en deux séries parallèles. La lumière éclairait avec profusion plus de cent ouvriers, sans blesser la vue par son intensité. Dix chantiers furent ainsi éclairés pendant cinq mois en 1863. L'économie de ce mode d'éclairage sur celui des torches était de 60 pour 100. Dans les galeries souterraines l'emploi de la lumière électrique présente des avantages considérables, parce qu'elle ne vicie pas l'air. C'est ainsi qu'on a eu recours à l'appareil Serrin dans les montagnes de Guadarrama avec le plus grand succès. Il est bien désirable que cet éclairage soit universellement adopté dans les mines, au double point de vue de la salubrité et de l'économie.

Voici comment est disposé cet ingénieux régulateur

---

[1] *Les Mondes,* tome XIV.

(fig. 82). Le charbon supérieur C est porté par un cylindre vertical B qui glisse à frottement doux dans un tube fixe, et qui est terminé à son extrémité inférieure par une crémaillère A. Le tube et le cylindre sont isolés et reçoivent l'un des conducteurs de la pile. La crémaillère engrène avec une roue dentée GF dont l'axe est relié par un cordon GH au bas de la tige métallique K qui porte le charbon inférieur. Le poids de la crémaillère, du cylindre B et du charbon supérieur C suffit pour faire descendre le système de ces trois pièces; alors la crémaillère fait tourner la roue GF et le cordon s'enroulant sur l'axe de cette roue fait monter le charbon inférieur K. L'appareil met ainsi lui-même les

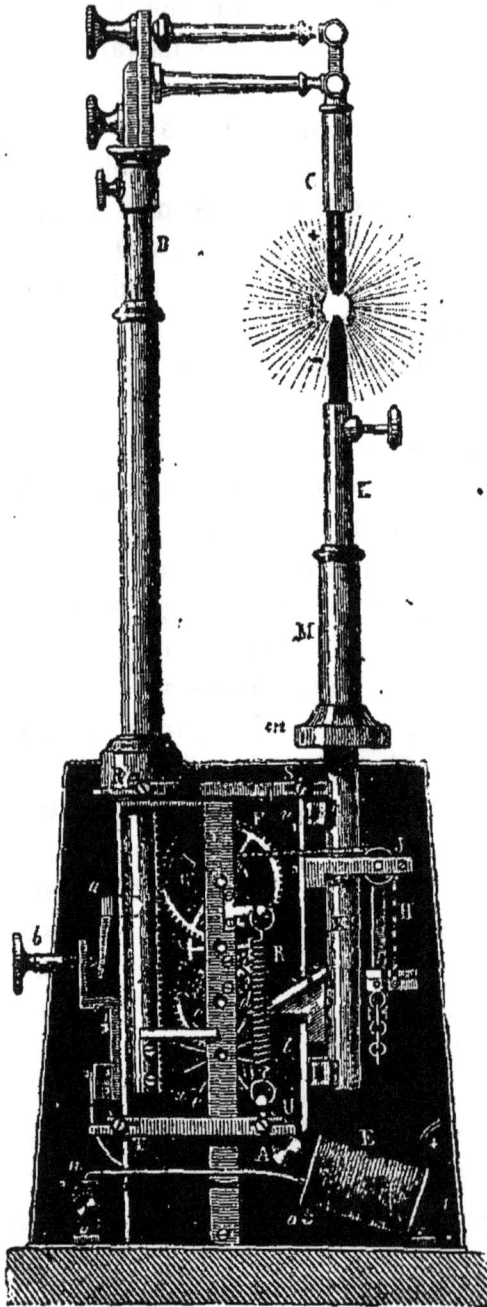

Fig. 82. — Régulateur Serrin.

charbons en contact. Le charbon inférieur communiquant
avec le second pôle de la pile, le courant suit le chemin
ABCK. Mais il passe aussi dans un électro-aimant E, dont
l'armature a pour fonctions d'écarter les charbons pour
produire l'arc lumineux, d'arrêter à temps l'écartement,
et enfin de maintenir l'arc au même point, avec la même
intensité. A cet effet l'armature de fer U fait partie d'un
système de tiges articulées RSUT. La tige inférieure TU
porte l'armature, et peut tourner autour d'un axe fixe T.
La tige supérieure RS porte la tige du charbon inférieur
K, qui est isolée, et en outre peut tourner autour d'un
axe fixe R. La tige verticale SU, qui relie les deux précédentes, porte une pointe d qui aboutit à une petite
distance d'une roue dentée, lorsque le courant ne passe
pas. Cette roue peut transmettre son mouvement à la première roue F par un engrenage, de façon qu'un très petit
déplacement de celle-ci entraîne un très grand déplacement de l'autre, lequel est rendu uniforme par un petit
moulinet. Ajoutons enfin qu'un ressort l équilibre le poids
du charbon inférieur et du système de tiges articulées, de
façon qu'une force très légère puisse déplacer ce charbon
dans un sens ou dans l'autre.

Dès que le courant passe, l'électro-aimant attire l'armature de fer U, et le système articulé entre en mouvement; la tige du charbon inférieur K s'abaisse, et tirant
le cordon GH fait tourner la roue supérieure F, et monter la crémaillère A ainsi que le charbon supérieur C.
Voilà donc l'arc établi; il faut que l'écartement s'arrête.

Pour cela la pointe d s'étant abaissée en même temps
que le charbon inférieur vient s'engager entre deux
dents de la roue inférieure et arrête le mouvement que
celle-ci avait reçu de la roue supérieure F. Alors toutes
les pièces de l'engrenage s'arrêtent, ainsi que les charbons.

Quand l'usure des charbons augmente la longueur de
l'arc, le courant s'affaiblit graduellement; l'attraction de

l'armature U diminue ; le ressort *l* fait remonter la tige TU, et par suite la tige US qui porte la pointe *d* ; celle-ci cesse d'embrayer l'engrenage, et le poids du charbon supérieur et de son support ABC détermine sa descente, ainsi que l'élévation de l'autre charbon par l'intermédiaire de l'engrenage. Le rapprochement des charbons augmente l'intensité du courant ; l'électro-aimant attire l'armature U, et la pointe *d* vient de nouveau embrayer la roue de l'engrenage. Tout s'arrête encore jusqu'à ce que l'usure des charbons donne lieu à la même série de mouvements.

Lorsqu'on emploie la pile voltaïque, l'usure des charbons est inégale ; elle est la plus grande pour le charbon positif. Dans ce cas la roue supérieure F a un diamètre double de celui du petit treuil sur lequel s'enroule le cordon HG. L'expérience a montré que ce rapport était suffisant. Avec la machine magnéto-électrique, les charbons s'usent également, parce que chacun d'eux est alternativement positif et négatif, les courants induits n'étant pas ramenés dans le même sens par un *commutateur*. Dans ce cas la roue et le treuil ont le même diamètre, et les deux charbons se déplacent ensemble également.

Le régulateur Serrin rend de très bons services dans l'éclairage, lorsqu'il reste fixé verticalement ; mais on ne peut l'incliner, et surtout le renverser, puisque le moteur est le poids du charbon supérieur et des pièces qui le portent. C'est un grave inconvénient dans certaines circonstances, par exemple sur un navire : lorsque la mer est très agitée, le mouvement des charbons ne peut être régulier. En outre on remarquera qu'au point de vue mécanique il est fâcheux d'employer l'électro-aimant à faire mouvoir une masse aussi grande que celle des pièces mobiles de l'appareil.

Le régulateur Foucault, construit dans ces dernières années par M. Duboscq, résout le problème d'une manière plus complète ; il présente les avantages du précédent, sans en avoir les inconvénients. Au point de vue mécanique, c'est un appareil d'une rare perfection, comme toutes les productions de l'illustre physicien.

Les charbons sont portés par deux crémaillères D, H (fig. 83), parallèles et s'engrenant avec deux roues dentées, montées sur l'axe d'un barillet L′ semblable à celui d'une horloge. On tend le ressort de ce barillet avec une clef, et si rien ne retient les roues, la tension du ressort les fait tourner de façon que les charbons se rapprochent l'un de l'autre. Nous avons ainsi un moteur indépendant, chargé du rapprochement des charbons. Il faut arrêter ce rapprochement au moment convenable. C'est ce que doit faire le courant lui-même. Pour cela ce courant passe dans le fil d'un électro-aimant E,

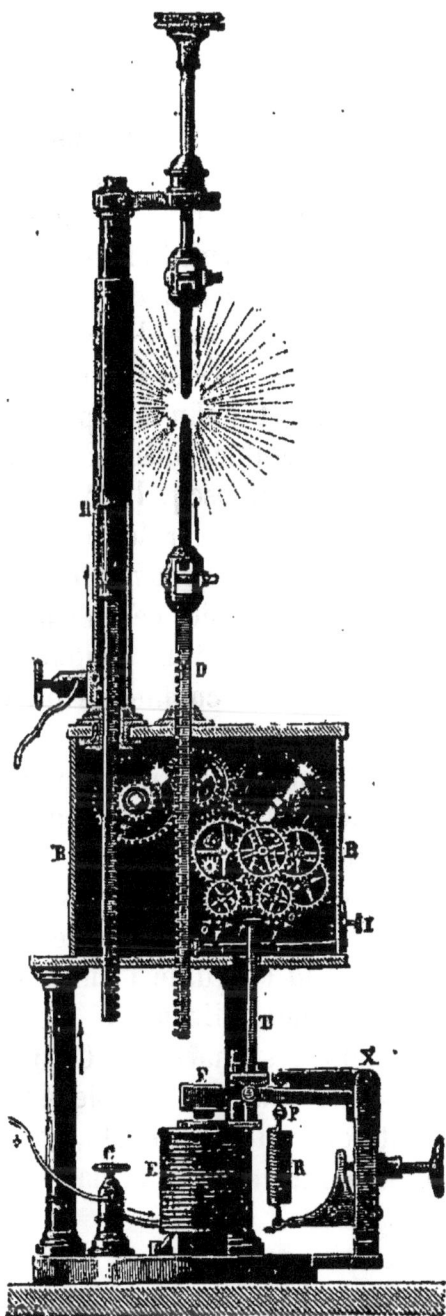

Fig. 83. — Régulateur Foucault-Duboscq.

placé au bas de l'appareil, dans la monture métallique qui porte les rouages B, dans la crémaillère D du charbon inférieur, dans le charbon supérieur et enfin dans le tube H qui est isolé. L'électro-aimant attire l'armature de fer F, laquelle entraîne dans son mouvement l'aiguille T. La tête *t* de cette aiguille vient alors buter contre les ailettes d'un petit moulinet O, mis en mouvement par le barillet L' par l'intermédiaire d'une série de roues dentées. Ces roues ont pour but de produire une rotation rapide du moulinet O, à l'aide d'une petite rotation du barillet. Ainsi se trouvent arrêtés la rotation du moulinet O, celle du barillet L', et enfin le rapprochement des charbons.

Jusqu'à présent ce mécanisme est celui de l'appareil primitif de M. Duboscq. Il fallait écarter à la main les charbons, pour régler leur position et leur distance. L'électro-aimant ne pouvait qu'arrêter leur rapprochement. Maintenant voici ce qu'y a ajouté Foucault.

Un second barillet L, contenant un ressort que l'on tend avec une clef comme le précédent, sert de moteur pour écarter les charbons l'un de l'autre. Pour cela la roue du barillet s'engrène avec une roue dentée qui transmet le mouvement aux roues dentées du barillet L', de sorte que celles-ci tournent en écartant les charbons. D'ailleurs ce barillet met aussi en mouvement un petit moulinet O', par l'intermédiaire d'une série de roues dentées ; et quand l'aiguille T vient buter contre les ailettes de ce moulinet, elle arrête son mouvement ainsi que l'écartement des charbons. C'est lorsque l'intensité du courant est devenue trop faible, à cause de cet écartement, que cette opération s'exécute, parce que l'électro-aimant attire moins fortement l'armature de fer F, et que le ressort R l'élève.

Voilà donc deux moteurs L, L', chargés respectivement d'écarter et de rapprocher les charbons, et c'est le courant lui-même qui règle la longueur de l'arc, en arrêtant par le déplacement de la tige T soit le rapprochement,

soit l'écartement. Mais comment réaliser l'indépendance
de ces deux moteurs inverses, de façon que les mêmes

Fig. 84. — Roue satellite dans les régulateurs électriques.

roues dentées, celles du barillet L', obéissent soit à l'un,
soit à l'autre des deux ressorts moteurs? Foucault a fait
usage de la *roue satellite* d'Huyghens, placée en S et dont
la fonction sera expliquée sur la figure 84.

Cette figure représente les barillets L, L′ en rapport
avec la roue satellite S, les porte-charbon en rapport
avec le barillet L′,. et les moulinets O et O′ destinés à
arrêter l'un ou l'autre des deux moteurs. Elle diffère de
la figure 83 par la suppression des roues dentées intermé-
diaires, qui sont destinées à donner aux pièces mobiles
une vitesse convenable, et qui ne sont pas nécessaires
pour l'intelligence de la roue satellite ; on a aussi placé
les parties de l'appareil dans une autre position, afin de
les rendre visibles.

La roue satellite S est fixée sur l'axe gh, et porte deux
pignons inégaux e, f, qui sont solidaires et mobiles autour d'un axe parallèle à gh. Ces pignons peuvent donc
tourner autour.de cet᾽ axe excentrique, et en outre leur
axe $commun$ peut tourner avec la roue S autour de la
ligne gh. De chaque côté de cette roue, sont deux roues
a, c auxquelles sont fixés respectivement les pignons
concentriques b, d. Ainsi le système ab forme une seule
pièce mobile comme une poulie folle autour de l'axe gh ;
il en est de même du système cd. Le pignon d est identique au pignon e, et le pignon b identique au pignon f.
Ce système jouit de la propriété suivante. Quand ab est .
fixe, les roues S, c peuvent tourner dans le même sens,
les pignons d, e roulant respectivement sur les pignons
f, b; ces deux roues ont d'ailleurs des vitesses différentes. Quand cd est fixe, les roues S, a peuvent tourner en
sens opposés, avec des vitesses également différentes.

Supposons que le moulinet $o′$ soit arrêté, de·façon que
la roue c soit fixe, et que le ressort L soit tendu. En se
détendant il fait tourner la roue du barillet L dans le
sens de la·flèche. Ce·mouvement se transmet à la roue a,
et la roue S tourne en sens contraire ; elle transmet le
mouvement à la roue du barillet L′ et les crémaillères
écartent les charbons l'un de l'autre.

Supposons au contraire que le moulinet o soit arrêté;
c'est alors la roue a qui est fixe, et si le ressort L′ est

tendu, il fait tourner la roue S dans un sens opposé à celui de la flèche marquée sur la figure ; la roue c tourne dans le même sens que la roue S et le moulinet o' entre en mouvement. En même temps, les crémaillères D, H rapprochent les charbons l'un de l'autre.

Ainsi se trouve très ingénieusement réalisée l'indépendance des deux moteurs.

La disposition de l'armature de l'électro-aimant est encore une des ingénieuses particularités de ce régulateur (fig. 83). Il ne faut pas que le mouvement de l'aiguille T soit saccadé, si l'on veut que les variations de la longueur de l'arc voltaïque se succèdent régulièrement. Si l'armature F et l'aiguille T n'avaient d'autre appui que l'axe de rotation, ils oscilleraient sans cesse sous l'action alternative du ressort qui les équilibre et de l'électro-aimant. Voici comment Foucault a remédié à cet inconvénient :

Le ressort R qui équilibre l'armature F est fixé à sa partie inférieure à une pièce que l'on peut faire tourner autour d'un axe à l'aide d'une vis, afin d'allonger ou de raccourcir le ressort, suivant l'intensité du courant. La partie supérieure est attachée à une pièce X mobile autour d'un axe, et présentant une face courbe ; cette face s'appuie sur le levier rectiligne qui porte l'armature F et l'aiguille T. C'est donc par l'intermédiaire de la pièce X que le ressort équilibre l'armature.

Supposons que l'intensité du courant diminue, l'attraction de l'armature par l'électro-aimant placé au-dessous diminue, et le levier P s'abaisse un peu, sollicité par le ressort. Le point de contact de ce levier avec la pièce courbe X se déplace graduellement, de sorte que sans changer notablement sa tension le ressort agit sur un bras de levier moindre ; la courbe est telle que les changements de ce bras de levier suffisent pour maintenir l'équilibre de l'armature et du ressort, sans qu'il y ait aucune secousse.

Dans certaines circonstances, on est obligé de modifier considérablement l'intensité du courant, afin d'augmenter ou de diminuer l'éclairage. Supposons par exemple qu'on ait besoin de l'augmenter.

On obtiendra ce résultat en augmentant la surface des éléments de la pile, par la disposition en séries parallèles. Mais alors l'intensité du courant augmentant beaucoup, l'attraction de l'armature F par l'électro-aimant ne sera plus équilibrée par le ressort R. M. Duboscq a ingénieusement résolu cette difficulté. L'armature F a la forme d'un cylindre tournant autour d'un axe excentrique. Pour rétablir l'équilibre du ressort et de l'armature, il suffit de faire tourner celle-ci, de manière qu'elle s'éloigne des pôles de l'électro-aimant ; l'attraction magnétique devient plus petite, et le ressort suffit pour l'équilibrer, sans que rien soit à changer dans le régulateur.

Ajoutons pour terminer cette description que l'une des roues qui conduisent les crémaillères porte-charbon se meut à la main, indépendamment du barillet L', ce qui est nécessaire quand on a besoin d'ajuster le foyer lumineux à diverses hauteurs.

Le fonctionnement du régulateur a lieu de la manière suivante (fig. 83) :

Les ressorts étant montés, et l'armature réglée de façon que l'aiguille T retienne les deux moulinets o, o', on met les charbons en contact. Puis on fait passer le courant. Immédiatement l'armature F est attirée, la tête de l'aiguille T lâche le moulinet de droite et le barillet L opère l'écartement. Le courant diminuant alors graduellement, l'attraction de l'armature décroît, le ressort antagoniste R détermine le retour de la tête vers le moulinet de droite, et bientôt celui-ci se trouve arrêté. L'arc est donc établi. Peu à peu les charbons s'usent ; le positif, situé en bas, s'use environ deux fois plus vite que l'autre. L'arc s'allongeant, le courant diminue d'intensité ;

l'attraction de l'armature décroît, et le ressort continue à rapprocher la tête *t* vers le moulinet de droite. C'est ainsi que le moulinet de gauche finit par être mis en liberté. Le barillet L' entre aussitôt en action, et les charbons se rapprochent avec les vitesses convenables pour que le milieu de l'arc conserve sa position. Le rapprochement est accompagné d'un accroissement d'intensité du courant, par suite d'une augmentation dans la force attractive de l'électro-aimant, l'aiguille T se meut vers le moulinet de gauche et finit par l'arrêter.

Si par une cause quelconque l'intensité du courant augmentait, le moulinet de droite se trouverait mis en liberté et le barillet L opérerait l'éloignement des charbons, afin de rétablir l'intensité primitive.

Veut-on exhausser le point lumineux, il suffit d'élever à la main le porte-charbon supérieur, en tournant la roue dentée L' qui le commande ; alors l'autre charbon le suit par l'action du barillet L'. Si on veut abaisser le foyer on tourne dans l'autre sens, et c'est le barillet L qui écarte le charbon inférieur. Cette dernière manipulation est tout à fait impossible avec l'appareil Serrin : il faut élever ou abaisser tout l'appareil.

Nous venons de décrire les parties essentielles du régulateur Foucault. Mentionnons encore quelques perfectionnements que M. Duboscq y a ajoutés, pour faciliter son usage, par exemple pour pouvoir faire passer le courant dans les charbons aussi bien de haut en bas que de bas en haut, pour faire marcher les deux charbons avec la même vitesse, ce qui est le cas du courant des machines magnéto-électriques. Ainsi construit, cet appareil doit être appelé le *régulateur Foucault-Duboscq;* car si Foucault l'a amené à un degré inespéré de perfection par l'addition du barillet L, de la roue satellite et du levier articulé de l'armature, une moitié, celle qui contient le barillet L', n'est autre chose que le régulateur Duboscq primitif.

C'est en 1864, que Foucault a réalisé son régulateur. Déjà à cette époque celui de M. Serrin commençait à se répandre dans l'industrie, et il est juste de reconnaître qu'il a puissamment contribué à mettre en évidence les avantages de la lumière électrique.

Depuis que ces pages ont été écrites dans la première édition de l'*Étincelle électrique*, en 1876, des essais très nombreux ont été faits en vue de modifier ou de simplifier les régulateurs électriques. Le lecteur, curieux de connaître les principaux systèmes inaugurés dans ces derniers temps, les trouvera décrits dans l'*Éclairage électrique*, publié dans la « Bibliothèque des Merveilles » par M. le comte de Moncel. Nous nous bornerons à dire que pour la constance et la fixité du point lumineux, les régulateurs de Foucault-Duboscq et de Serrin méritent toujours le premier rang.

Deux autres solutions de la question de l'éclairage par l'électricité ont d'ailleurs été données : nous voulons parler des bougies électriques et des lampes à incandescence.

Vers la fin de l'année 1876, M. Jablochkoff, renonçant à la disposition ordinaire des charbons en prolongement l'un de l'autre, eut l'idée de les placer parallèlement en ayant soin de les séparer par une matière isolante susceptible de se fondre ou de se volatiliser lors du passage du courant.

Si l'on emploie un courant ordinaire continu, une difficulté se présente : elle résulte de l'inégale usure des charbons entre lesquels jaillit l'arc voltaïque. On chercha d'abord à surmonter cet obstacle en prenant des électrodes d'inégales dimensions, le charbon positif ayant un diamètre à peu près double de celui du charbon négatif. Le brûleur fut alors composé d'une enveloppe cylindrique d'amiante dans laquelle étaient disposés les charbons noyés dans la matière isolante. Le tout avait la forme d'une bougie ; d'où le nom de *bougie électrique* donné au brûleur Jablochkoff.

Il était facile de prévoir que le charbon de plus petit diamètre s'échaufferait beaucoup plus que l'autre : aussi rougissait-il sur une grande longueur. Il fallut renoncer à l'inégalité des diamètres des charbons et employer une machine à courants alternatifs, de sorte que chacun des charbons étant alternativement positif et négatif, l'usure était aussi rapide pour l'un que pour l'autre : on emploie aujourd'hui la machine Gramme (fig. 28). En outre, l'amiante utilisé comme corps isolant fut remplacé d'abord par le kaolin et ensuite par du plâtre, substance bien plus facile à travailler.

La bougie Jablochkoff, telle qu'on l'emploie aujourd'hui dans l'éclairage public ou dans celui des grands magasins se compose donc de deux charbons (fabrication E. Carré) de 25 centimètres de longueur et de 4 millimètres de diamètre (fig. 85). Ils sont isolés l'un de l'autre par une bande solide de 2 millimètres d'épaisseur et de 3 millimètres de largeur entre les charbons : on l'obtient en gâchant avec de l'eau un mélange de plâtre de sculpteur et de sulfate de baryte réduit en poudre fine. A leur partie inférieure, les charbons sont pourvus d'une sorte de tube de cuivre qui leur sert d'organe de communication pour les mettre en rapport avec le circuit et une ligature M, faite avec

Fig. 85. — Bougie Jablochkoff.

une pâte solide à base de silicate de potasse ou autre substance agglomérante, enveloppe la partie inférieure des deux tubes et relie le tout de manière à empêcher les charbons de se séparer de leur cloison isolante. L'extrémité des charbons est taillée en pointe, et pour permettre l'allumage, les deux pointes étaient, dans l'origine,

réunies par une aiguille de plombagine *a* retenue au
moyen d'une bande de papier d'amiante *ab*. Aujourd'hui
on se contente d'imprégner l'extrémité de la couche isolante d'un enduit formé de plombagine et de gomme.

Pour l'usage les bougies sont placées, la pointe en
haut, dans une monture ou chandelier, qui peut recevoir
plusieurs bougies destinées à être brûlées successivement : le tout est enveloppé d'un globe (fig. 86) en verre
opalin ou craquelé qui diffuse la lumière, mais qui malheureusement en absorbe une forte proportion, quelquefois jusqu'à 45 pour 100. Enfin, grâce à l'addition d'un
large condensateur, un certain nombre de ces brûleurs
peuvent être placés dans un même circuit; ce qui permet
d'obtenir plusieurs foyers lumineux à l'aide d'une seule
machine et donne, par conséquent, une première solution
du problème de la division de la lumière électrique.

Les bougies Jablochkoff ont eu un grand succès et ont
rendu certainement de grands services : en raison de
l'absence de tout mécanisme régulateur, elles ont pu
être appliquées à l'éclairage public et ont provoqué, en
même temps qu'un engouement général pour la lumière
électrique, des études sérieuses sur ce sujet.

Il faut reconnaître cependant qu'elles sont loin d'être
l'idéal du luminaire électrique. La lumière émise
éprouve des variations continuelles d'intensité et de
couleur : elle varie d'intensité parce que l'appareil repose sur un principe faux, la constance d'écartement des
charbons supposant la constance absolue de la source
d'électricité ; les changements de couleur sont dus à la
présence des sels calcaires dans l'arc voltaïque, d'où
résultent des éclats d'une teinte rougeâtre désagréable.
Les extinctions des bougies sont fréquentes et leur rallumage impossible : pour qu'il n'y ait pas interruption de
lumière, il faut qu'une autre bougie du même globe
s'allume au moment de l'extinction, ce qui n'a pas toujours lieu. Comme source de lumière électrique isolée,

elles n'ont aucune valeur : on ne peut, en effet, em-

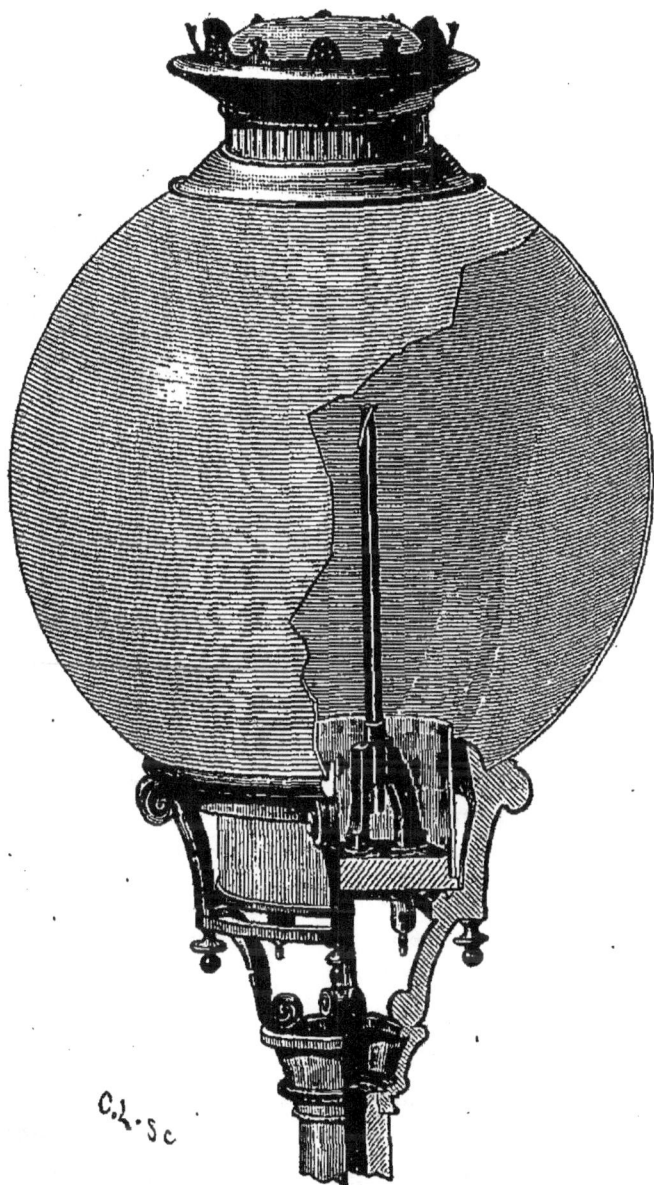

Fig. 86. — Bougie Jablochkoff montée dans un globe.

ployer dans leur construction que des charbons de petite dimension, et par suite on ne saurait utiliser avec elles

les sources puissantes d'électricité qui exigent des charbons de 2 centimètres de diamètre. Enfin l'arc lumineux de la bougie change de position à mesure qu'elle
s'use et ne pourrait par suite être employé dans les appareils qui exigent un point lu-
mineux fixe, par exemple
dans les phares ou dans les
instruments à signaux.

M. Jamin a donné aux bou-
gies électriques une autre
disposition qu'il a fait connaître par une communication
à l'Académie des sciences, le
28 avril 1879. Les deux charbons placés parallèlement ne
sont séparés par aucune substance isolante : ils sont simplement fixés dans des tubes
métalliques qui permettent
d'y amener le courant et l'on
force l'arc voltaïque à se produire à l'extrémité des charbons par l'emploi d'un système fondé sur le principe de
l'attraction exercée par un
courant sur un autre courant
qui lui est parallèle. A cet
effet, on force le courant qui
passe dans les charbons à

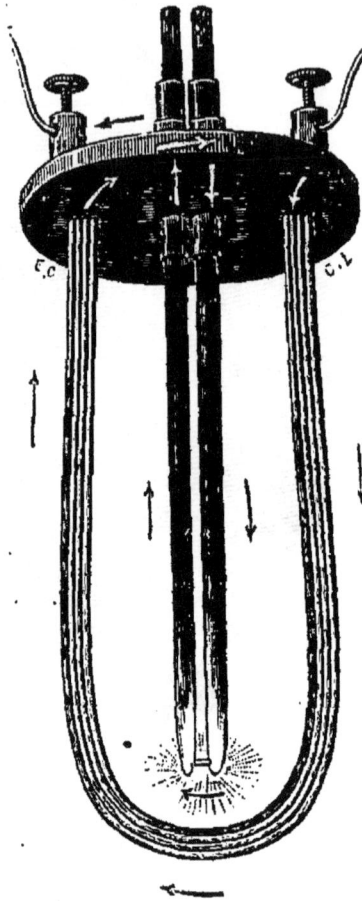

Fig. 87. — Bougie Jamin.

circuler dans un cadre directeur (fig. 87) dont le plan
coïncide avec celui qui passe par les axes des deux
charbons. Ce cadre a 40 centimètres de longueur, 15 centimètres de largeur et une épaisseur très faible afin de ne
pas gêner l'émission de la lumière : il est recouvert de
15 à 20 tours de fil ; les flèches tracées sur la figure indiquent le sens dans lequel le courant parcourt le cadre

ou les charbons. On voit que l'attraction réciproque des deux circuits doit retenir l'arc voltaïque mobile à l'extrémité libre des charbons, le plus près possible du circuit directeur.

Les charbons sont fixés de haut en bas : la disposition inverse présente cet inconvénient que le courant d'air ascendant déterminé par la chaleur aurait pour effet d'entraîner l'arc voltaïque dans le sens où il est attiré par le courant et pourrait, par suite, le diviser, c'est-à-dire souffler la bougie et l'éteindre. L'allumage du brûleur et l'entretien de la lumière sont ainsi rendus plus faciles, et la bougie suspendue à un plafond est dans les meilleures conditions pour répandre sa lumière de tous côtés.

Plusieurs modifications ont déjà été apportées par M. Jamin à cette première disposition. Aujourd'hui son brûleur présente la forme suivante (fig. 88). Le cadre directeur contient plusieurs groupes (ordinairement trois) de deux charbons chacun destinés à être brûlés successivement et placés tous dans le plan du cadre. L'un des charbons de chaque groupe, celui de gauche, par exemple, est fixe; les tubes qui portent ceux de droite sont articulés à leur base et réunis ensemble à un mécanisme composé d'un morceau de fer qu'un électro-aimant peut attirer et d'une barrette dont le poids fait incliner les charbons mobiles. Chacun de ceux-ci peut, sous l'action de l'électro-aimant, s'écarter de son compagnon jusqu'à la distance la plus convenable pour la production de l'arc voltaïque et, sous l'action de la barrette, s'en rapprocher jusqu'à ce qu'il y ait contact pour l'un des groupes. Ce contact aura lieu pour la bougie la plus longue ou pour celle dont les pointes sont le plus rapprochées.

Le courant électrique, après avoir traversé le circuit directeur, arrive à la fois aux trois charbons mobiles et peut revenir indifféremment par les trois charbons fixes;

il passe entre ceux qui se touchent et les allume. Aussitôt l'aimantation se produit dans l'électro-aimant, les
trois couples de charbons s'écartent à la fois, deux res-

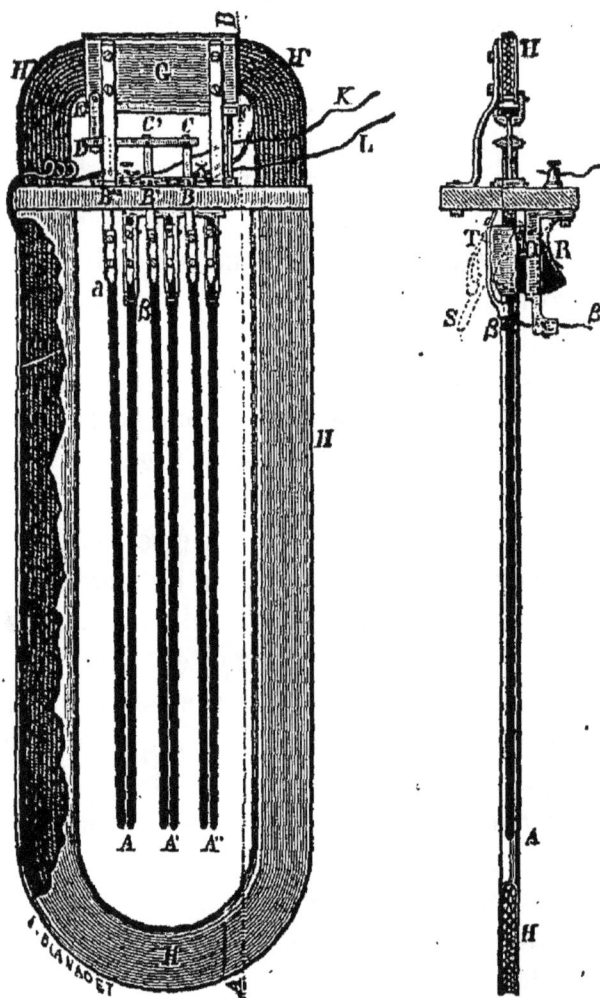

Fig. 88. — Bougie Jamin : nouveau modèle.

tant froids et l'arc voltaïque s'étalant dans le troisième.
Il persiste tant qu'il y a de la matière à brûler, maintenu
aux pointes par l'action du courant directeur et y reve-
nant aussitôt si une cause étrangère l'en écarte. Si le

courant s'arrête, le poids de la barrette agit et le contact se *rétablit*; s'il passe de nouveau, les charbons se rallument et s'écartent comme la première fois. Aussi l'allumage est automatique, instantané, et de plus peut se renouveler à volonté, ce qui n'a pas lieu pour la bougie Jablochkoff. Il est vrai que le mécanisme est plus compliqué.

Il nous reste à faire connaître au moins en principe un dernier système d'éclairage électrique dans lequel il n'y a plus, à proprement parler, ni étincelle, ni arc voltaïque. Il est simplement l'application *des lois que nous avons exposées dans le paragraphe 5 de l'introduction :* « Incandescence par le courant voltaïque ».

Lorsqu'une portion d'un courant voltaïque présente une plus faible section et une conductibilité moindre que le reste du circuit, la chaleur qui s'y développe par le passage du courant peut en élever considérablement la température et la porter à l'incandescence. Si donc deux gros charbons, constituant les électrodes d'une pile *ou d'une machine magnéto-électrique,* sont réunis par une baguette de charbon de petite longueur et de faible section, il est certain que cette dernière devra s'échauffer fortement et pourra, avec un courant d'intensité donnée, arriver jusqu'à l'incandescence et émettre alors une lumière extrêmement vive. Afin de s'opposer à la combustion dans l'air du charbon incandescent, on avait d'abord songé à renfermer ce système dans un globe de verre clos où l'on aurait pu soit faire le vide, soit empêcher le renouvellement de l'air. Les résultats n'ont pas été bons : les petites baguettes ne brûlaient pas, mais elles se brisaient fréquemment par le passage du courant. Il faut donc laisser le charbon se consumer dans l'air : la lumière en devient plus éclatante; et il suffit pour l'entretenir que la petite baguette de charbon soit poussée dans le sens de sa longueur afin que la partie incandescente soit remplacée au fur et à mesure de sa combustion.

Un certain nombre de lampes fondées sur ce principe ont déjà été construites par MM. King, Lodyguine, Konn, Bouliguine, Sawyer-man, Reynier, Varley, Werdermann, Trouvé, Ducretet, Edison. Les principales sont celles de M. Reynier et de M. Werdermann.

Nous donnons (fig. 89) le dessin des dernières dispositions adoptées par M. Reynier. La petite baguette de charbon est contenue dans une sorte de tube, où elle peut se mouvoir verticalement de haut en bas sous l'action d'un poids p qui descend avec elle. Elle s'appuie par son extrémité inférieure contre un gros charbon communiquant à l'un des pôles de la pile : un autre gros charbon auquel aboutit le second pôle s'appuie latéralement sur la baguette qui devient incandescente sur toute la portion de sa longueur comprise entre le contact latéral et le contact en bout. L'appareil est généralement suspendu à un plafond ; mais on peut aussi le placer horizontalement : dans ce cas le poids p doit être remplacé par un ressort qui agit sur la baguette mobile et la fait progresser.

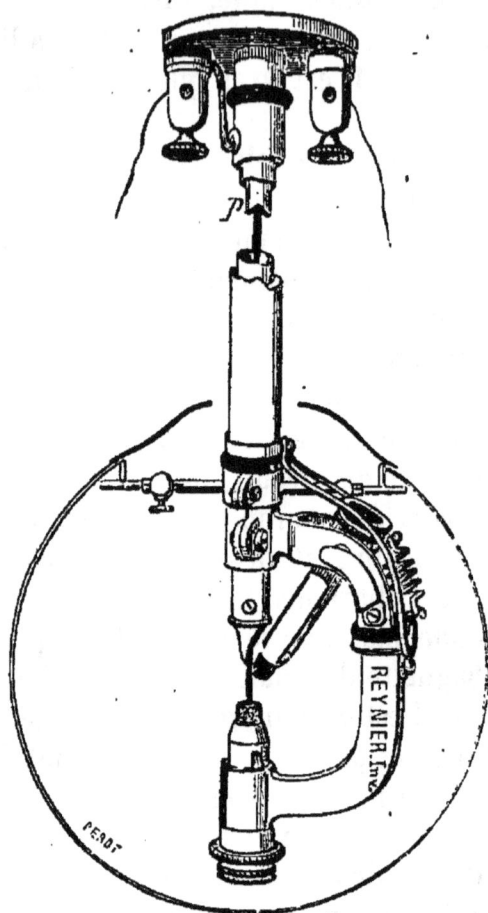

Fig. 89. — Lampe à incandescence.
Système Reynier.

· Les lampes Reynier permettent d'obtenir des sources de lumière variant en intensité de 1 à 20 becs Carcel, suivant les dimensions des charbons employés : elles n'exigent qu'une faible puissance électro-motrice ; on a pu, en effet, en faire fonctionner cinq avec le courant d'une seule pile de 30 éléments Bunsen : elles se prêtent mieux que tous les autres appareils connus jusqu'ici à la division de la lumière électrique ; une machine Gramme à courants continus, type d'atelier (fig. 27), peut, avec une force motrice de 3 chevaux-vapeur, fournir le courant nécessaire à 10 ou 12 lampes Reynier, représentant chacune 10 becs Carcel ; c'est une consommation de 1/3 de cheval par lampe : ajoutons enfin que ce brûleur donne sans aucun régulateur un point lumineux de position constante très propre à être employé dans les appareils à signaux.

On peut, par ce qui précède, juger des progrès énormes de la science électrique dans ces dernières années et l'on voit combien l'auteur avait raison d'écrire en 1876 : « Sans doute, le dernier mot n'est pas dit sur les applications de l'arc voltaïque ; mais déjà aujourd'hui l'industrie en a pris possession, et la voie des perfectionnements est largement ouverte. »

Il y a une autre application de l'étincelle à l'éclairage, plus modeste que les précédentes, mais digne du plus grand intérêt ; car elle a pour but de soustraire les malheureux ouvriers des houillères aux terribles dangers du feu grisou.

Dans la houille sont logées de petites cavités contenant des hydrocarbures gazeux. Quand la pioche du mineur détache les blocs, les parois de ces cavités sont brisées, et le gaz se mêle avec l'air, en formant un mélange explosif. L'approche d'un corps incandescent détermine l'explosion du mélange qui produit d'affreux ravages dans les galeries souterraines. Davy avait imaginé, en Angleterre, une lampe de sûreté, qui fut perfectionnée en-

suite par divers ingénieurs. Mais elle ne fonctionne sans
danger qu'entre les mains d'ouvriers très soigneux et
très prudents. Étant composée d'une lampe à huile ordinaire et d'une enveloppe métallique qui empêche la
flamme d'échauffer le mélange explosif, elle exige que
cette toile soit toujours en très bon état et qu'il n'y ait
de communication entre l'intérieur et l'extérieur que par
les mailles de la toile. C'est en quelque sorte le foyer et
l'aliment d'un incendie, séparés l'un de l'autre par une
cloison fragile.

On a imaginé de substituer à la lampe de Davy un
simple tube de Geissler, rendu lumineux par l'étincelle
d'une petite bobine de Ruhmkorff. La pile est formée
d'un seul couple; elle est renfermée avec la bobine dans
un étui que l'on porte en bandoulière (fig. 90), et le tube
lumineux peut être tenu à la main et dirigé au gré de l'ou-
vrier, ou bien placé le long de l'étui, qui ressemble alors
à une lampe ordinaire. Avec cet appareil, on n'a plus de
foyer d'incendie. L'étincelle brille sans chaleur appréciable dans un tube complètement clos et vide
d'air. Si la paroi est brisée par accident, l'air rentre,
et l'étincelle ne jaillit plus; l'inflammation du grisou
est impossible. Sans doute la clarté n'est pas très vive,
c'était l'inconvénient de la première lampe de Davy;
mais ne vaut-il pas mieux s'y soumettre au profit de la
sécurité?

Nous avons passé en revue les principales applications de l'étincelle électrique, surtout celles qui ont reçu
la sanction de la pratique. Déjà, dans l'état actuel de la
science, elles occupent un rang honorable dans l'industrie. Leur importance ne peut que s'accroître dans l'avenir. Jusqu'à présent la lumière électrique est empruntée
à la pile voltaïque et aux machines magnéto-électriques;
c'est-à-dire qu'elle dérive de l'action chimique ou du
travail mécanique. Indépendamment des perfectionnements que la pile et les machines de Nollet, de Wild, de

Gramme, sont susceptibles de recevoir, n'y a-t-il pas d'autre source d'électricité encore inexploitée? L'atmosphère terrestre est un réservoir inépuisable de cet agent. Ne peut-on espérer que la découverte de Franklin domptant la foudre et la rendant inoffensive, soit complétée par

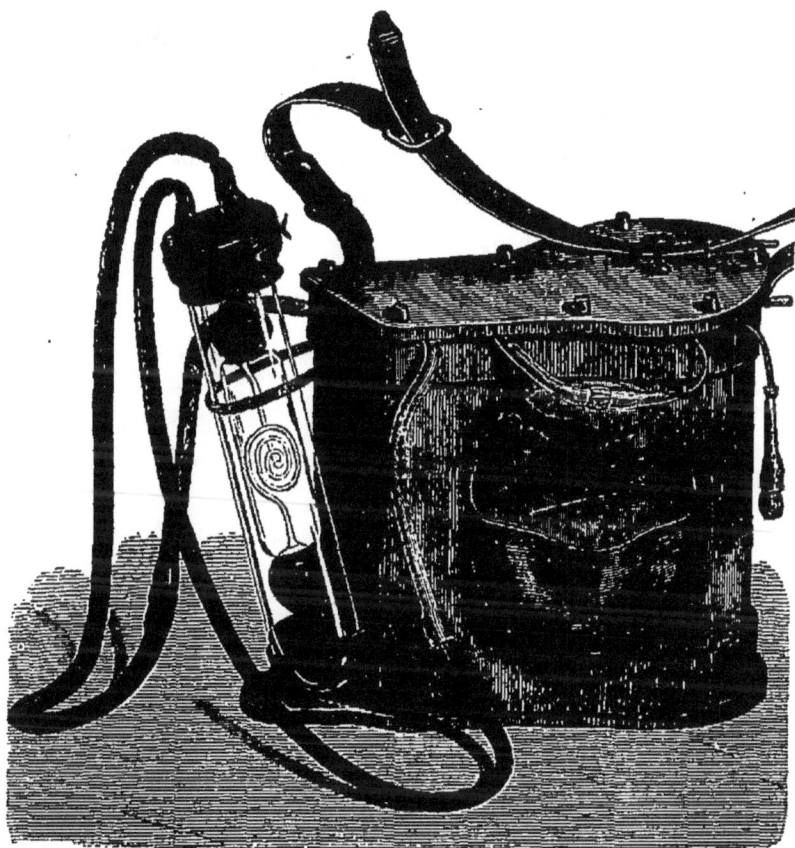

Fig. 90. — Lampe électrique de sûreté.

quelque nouveau génie, trouvant le moyen de la rendre utile, de lui faire produire de puissants courants, charger d'immenses batteries de Leyde? Et alors l'arc étincelant aura sa source gratuite dans l'atmosphère; c'est aussi dans cet immense réservoir que la télégraphie et l'art des moteurs électro-magnétiques puiseront la force dont ils ont besoin.

L'enveloppe gazeuse de notre globe, à laquelle nous empruntons l'action chimique qui nous fait vivre par la respiration, et celle qui alimente nos foyers, nous offre dans son électricité une source féconde de lumière et de force motrice que l'homme n'a pas encore su utiliser. Que la contemplation des merveilles de l'univers enhardisse sa pensée, que son labeur incessant agrandisse son domaine ! Qu'une communication incessante avec la nature soit pour lui la source pure des joies terrestres et le souverain remède de ses misères !

FIN

TABLE DES GRAVURES

TABLE DES MATIÈRES

CHAPITRE VI

Applications de l'étincelle

1116.—Typographie Lahure, rue de Fleurus, 9, Paris.

www.ingramcontent.com/pod-product-compliance
Lightning Source LLC
Chambersburg PA
CBHW060406200326
41518CB00009B/1265